古村脉 古墟情

——深圳市光明区公明古墟保护和更新设计

主 编 漆 平 赵 炜 陈 桔
副主编 骆尔提 周志仪 王量量
　　　 赵渺希 赵 逵 肖 宇

西南交通大学出版社
·成都·

图书在版编目（CIP）数据

古村脉 古墟情：深圳市光明区公明古墟保护和更新设计 / 漆平，赵炜，陈桔主编. -- 成都：西南交通大学出版社，2024. 11. -- ISBN 978-7-5774-0208-6

Ⅰ．TU984.191

中国国家版本馆 CIP 数据核字第 20243E811D 号

Gucunmai Guxuqing
——Shenzhen Shi Guangming Qu Gongming Guxu Baohu he Gengxin Sheji

古村脉 古墟情
——深圳市光明区公明古墟保护和更新设计

主编　漆 平　赵 炜　陈 桔

策 划 编 辑	李晓辉
责 任 编 辑	杨 勇
封 面 设 计	漆 平
出 版 发 行	西南交通大学出版社
	（四川省成都市金牛区二环路北一段 111 号
	西南交通大学创新大厦 21 楼）
营销部电话	028-87600564　028-87600533
邮 政 编 码	610031
网　　　址	http://www.xnjdcbs.com
印　　　刷	四川玖艺呈现印刷有限公司
成 品 尺 寸	250 mm×250 mm
印　　　张	13
字　　　数	241 千
版　　　次	2024 年 11 月第 1 版
印　　　次	2024 年 11 月第 1 次
书　　　号	ISBN 978-7-5774-0208-6
定　　　价	100.00 元

图书如有印装质量问题　本社负责退换
版权所有　盗版必究　举报电话：028-87600562

编委会

主　任　邱衍庆

副主任　马向明　罗　勇　王　磊
　　　　　漆　平

主　编　漆　平　赵　炜　陈　桔

副主编　骆尔提　周志仪　王量量
　　　　　赵渺希　赵　逵　肖　宇

编　委　石　艳　项振海　张欣雁
　　　　　江婉平　梁步青　郁珊珊
　　　　　牛韶斐　车　乐　李　昕
　　　　　万　谦　刘晓晖　李世雄
　　　　　王　飞　蔡焕仪

序 言

毕业设计是同学们在大学学习过程最后阶段总结性的学习实践环节，不仅是对在校几年所学基础知识和专业知识的综合应用，更是对同学们所学知识的检测，是再学习、再提高的过程，对每一名即将踏入社会的大学生来说，具有重要意义。

广东省城乡规划设计研究院有限责任公司（下称"粤规院"）作为改革开放前沿、粤港澳大湾区腹地的省级规划大院，历来高度重视推动产学研一体化发展，连续十余年出资支持联合毕业设计竞赛活动，吸引了众多毕业生参与活动，形成了一套相对成熟的多所著名高校+粤规院的"N+1"校企合作模式和教学组织方式。这不仅是粤规院每年"南粤杯"系列学术活动中的重要品牌，更是粤规院鼓励技术创新，推动人才培养的重要抓手和依托。

2023年是粤规院创院65周年，也是粤规院支持联合毕设10周年。本届竞赛选题位于深圳光明科学城畔，以"古村脉，古墟情"为主题，联合来自广州大学、华南理工大学、厦门大学、四川大学、昆明理工大学、南昌大学、华中科技大学等7所院校毕业生参赛。600年前，合水口开基立村，94年前它和楼村共建公明墟——光明城市的雏形。600年后的今天，光明实现了从农耕聚落向科学城的历史性跨越。如何让历史之"光"给科学城的未来增添浓墨重彩的文化底色，如何让科学之"光"照亮古村墟的颜值与活力，这是一个在当前城市发展背景下具有代表性、综合性和复杂性的选题。本次竞赛中将实现理论与实际的结合，充分体现同学们的专业所长，以更开阔的规划视野和思路，让教育和生产实践紧密结合。

联合毕业设计历时近半年，经历现场调研、动员会、启动大会、工作营开营、中期成果汇报、终期答辩与评奖等阶段，得益于7所高校领导的高度重视，专家和老师们的悉心指导，同学们的努力投入，确保了各项流程的完美运行、最终成果的充实丰硕，并于今日编纂出版成果作品集。

联合毕设创办至今，成果丰硕。祝贺粤规院第十册"南粤杯"联合毕业设计作品集出版。希望同学们毕业后仍以饱满的设计热情和创新的城规精神投入到实际工作中，为城乡规划建设事业和社会发展添砖加瓦！

是为序。

广东省城乡规划设计研究院有限责任公司
董事长

2023年12月

前 言

今年的联合毕设是三年来第一次全面回到了线下教学活动，一切恢复正常后感觉新鲜而又熟悉，师生细心的踏勘，热烈的交流，生动的汇报，又回到了期盼已久的日子。七校师生和广东省规划院的专家们通力合作，嘉宾的精心指导，使得今年依然呈现了多彩而有深度的作品。

今年的选题是第一次走向一线城市的城中村。深圳是我国改革开放的第一批城市，几十年来一直处于改革开放的前沿，从一个小渔村走到如今的超大型都市，其面临的问题和取得的经验具有一定的普遍性和先导性。

光明区的合水口村立村近六百年，公明墟开墟近百年，在快速城镇化的进程中，农耕文化的本底逐渐被蚕食，曾经兴盛一时的公明墟如今已物是人非，取而代之的是密集的小工厂、小作坊，外来人口占比远超本地村民。在这个新时代的转折期，历史文化如何保护与更新，传统村落如何适应时代的发展，是未来的从业者乃至全社会都必须面对的现实问题。虽然答案可能有无数个，但教学组秉承多年来坚持的"温暖"的理念，把对人的关怀，对历史的尊重贯穿在教学活动中。今年的主题是"古村脉，古墟情"，教学团队希望延续古村人文、空间的脉络，再现古墟市承载的情感。七校小组从空间、产业、文化、模式等不同角度诠释了各自的理解，在小品表演、微电影、装置艺术几个环节展现了对村民生活、村落空间和规划构思的认知，最后呈现的作品虽有瑕疵，未必完美，但同学们面对复杂的课题，严苛的要求，表现出了活跃的思维、探索的精神和对创新的追求，得到了嘉宾和教学团队的高度认可。

今年恰逢联合毕设教学活动十周年，十年来，在广东省规划院的全方位支持下，在各校同仁的通力协助下，在众多行业嘉宾的热心关怀下，我们培养了一批又一批优秀的学子，见证了活动的成长过程。

我们探索通过多种教学方式，引导学生在规划中体现对生活的关注，对人文的关注，对生态的关注。我们相信，教学过程的设计决定了设计成果的质量，全体教学小组同仁为此多年磨合，反复探讨。

一个教学活动，不知不觉中坚持了十年，有赖于各方的共同努力和相互包容，在此，我期待下一个十年精彩的乐章。

广州大学建筑与城市规划学院

2023年10月2日

深圳市光明区公明古墟保护和更新设计

近年来国家高度重视历史文化保护与传承的工作，2021年9月印发的《关于在城乡建设中加强历史文化保护传承的意见》对历史文化保护与传承又提出了新的更高要求，历史风貌区是历史文化保护和传承的重要载体。广东省、深圳市深入贯彻国家政策要求，不断加强历史风貌区的保护与活化利用工作。深圳市自2020年1月印发《深圳市历史风貌区和历史建筑保护办法（试行）》以来，陆续编制了《深圳市城市紫线规划（修编）》，公布了深圳市历史风貌区（第一批）和历史建筑（第二批）保护名录。合水口古村和公明老墟是光明区第一批仅有的两片历史风貌区。

光明区坐落于深圳市西北部，是广深港澳科技创新走廊核心节点、综合性国家科学中心核心承载区（图1）。光明区提出打造一座高质量、高颜值世界一流科学之城，一座历史底蕴浓厚的烟火之城的目标。公明中心区域是光明区历史文化资源最为集聚的片区，是保护和传承光明特色历史文化，增添科学城文化底色，提升科学城文化软实力的核心载体。

合水口古村和公明老墟相邻，项目南侧紧邻主干道松白路和6号线合水口地铁站，对外交通便利。规划范围南侧为公明排洪渠，中间有1条暗渠穿过，向西北侧汇入茅洲河。历史风貌区内及周边区域文保单位、历史建筑和传统风貌建筑等物质文化遗产和非物质文化遗产资源丰富（图2、图3）。

本次设计需深入溯源光明发展脉络，进行高水平规划设计。我们希望以前瞻性的视野，让光明的历史之"光"给科学城的未来增添浓墨重彩的文化底色，让科学城的科学之"光"照亮一座600年古村的颜值与活力。主要关注以下几点内容：

（1）历史文化资源的保护

一是落实上位规划和相关规划对历史风貌区、文保单位等历史文化资源的保护要求，细化对街区传统格局、传统街巷、环境风貌、建筑风貌的控制要求。二是提出对历史风貌区内人居环境品质提升的策略和方案，破解历史风貌区内部存在的主要问题。

图1 项目地块区位图

（2）"村墟一体"的联动活化

深入研究合水口古村、公明老墟的历史发展脉络、空间和功能演变关系，突破历史风貌区外围现代建筑的重重包围，提出"村墟一体"联动活化的具体策略。关注本地居民和外来游客关系平衡，活态保护历史风貌区的传统生活场景，激活历史风貌区活化的内生动力。

（3）光明历史与科学城的互动

多维度梳理研究光明城市发展历史，强化与历史风貌区外部城市功能板块的互动，重点关注与科学城联系互动和功能互补的关系，提出相应的规划策略。

（4）保护与活化的实施运营

从项目可实施性、可操作性角度出发，充分研判与周边更新整备项目的关系，提出经济可行的实施和运营策略。

图2 场地周边现状图

图3 场地现状图

开启: 2022年12月15日、2023年2月23日　广州 深圳·竞赛开题

广州大学学生　　　昆明理工大学师生　　　南昌大学学生　　　厦门大学师生

2022-12-15 鉴于课题所在地深圳的疫情形势,七所高校师生于2022年12月15日开启网络动员会,为下一步召开联合毕业设计开题会做好预热。

2023-2-22 华南理工大学建筑红楼举办学术讲座,来自天南海北的高校师生们齐聚华南理工大学,共同聆听陈昌勇副所长的专题讲座《新时代城乡历史文化保护传承思考》和彭高峰副主任的讲座《城市设计的构与造》。

2023-2-23 "南粤杯"联合毕业设计竞赛启动大会如期而至。七校师生一行在广东省城乡规划设计研究院有限责任公司(以下简称粤规院)总工程师室主任陈静的带领下,参观创院历史文化展厅和大数据展厅。省城规院总规划师罗勇、深圳分院院长肖宇,广州大学教授漆平以及七校参赛师生等共计60人参会。

当天中午,各校师生乘车前往深圳市光明区的合水口村与公明古墟,随后各位老师及各学生组长前往深圳市规划和自然资源局光明管理局,与光明区自然资源局领导、合水口社区,公明社区的工作人员等座谈。

2023「南粤杯」7+1联合毕业设计竞赛 深圳市光明区公明古墟保护和更新设计

四川大学师生　　　　　　　　　华南理工大学学生　　　　　　　　华中科技大学师生

2月22日学术讲座，到场嘉宾与七校老师合照

2月23日，七校老师在粤规院合照

老师们在深圳市合水口村进行调研

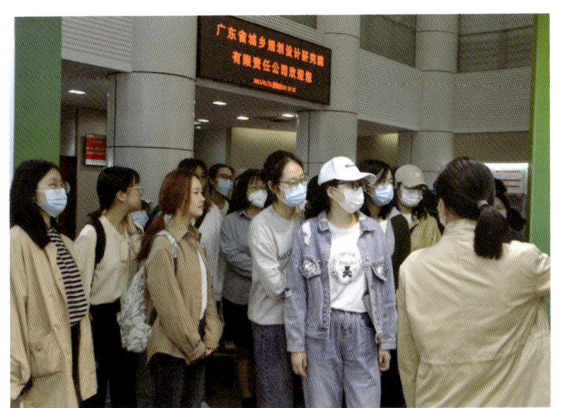

2月23日，七校师生在粤规院进行参观

2月23日，七校师生在粤规院参加竞赛启动大会

师生在深圳市合水口村走访社区人员

中期: 2023年3月26日　　　昆明·中期工作营

2023-3-26　胜日寻芳彩云边，无限风光一时新

开营仪式由昆明理工大学陈桔老师主持，昆明理工大学副院长毛志睿表示"南粤杯"为学校师生提供了一个交流学习的平台，希望各高校能长期保持交流与互动。广州大学漆平老师表示本次工作营需要同学们在两周内完成较大的任务量，希望大家能够利用好教学资源，珍惜每一分钟，最后做出一份出彩的工作成果。各校同学对前期现状分析工作内容进行了简单汇报，昆明理工大学老师与漆平老师对汇报内容进行了点评。

2023-4-7　赵渺希、高雪梅两位嘉宾受邀作为主讲人，为大家带来了精彩的专题讲座。

赵渺希老师以《互联网环境下的城市意象衍化》为题，讲述了网络社会城市意象的内涵与生成机理，以侨乡文化为例，分析了网络社会的岭南城镇意向，并对全球地方感的意向提出探索。

高雪梅副总规划师以《昆明文明街历史街区更新实施评述与启示》为题，介绍了我国历史街区保护历程、历史文化遗产保护体系、历史文化街区的保护内容和一般规定，以文明街为例介绍了昆明市历史文化遗产保护的历史和现状，并分享了经验与启示。

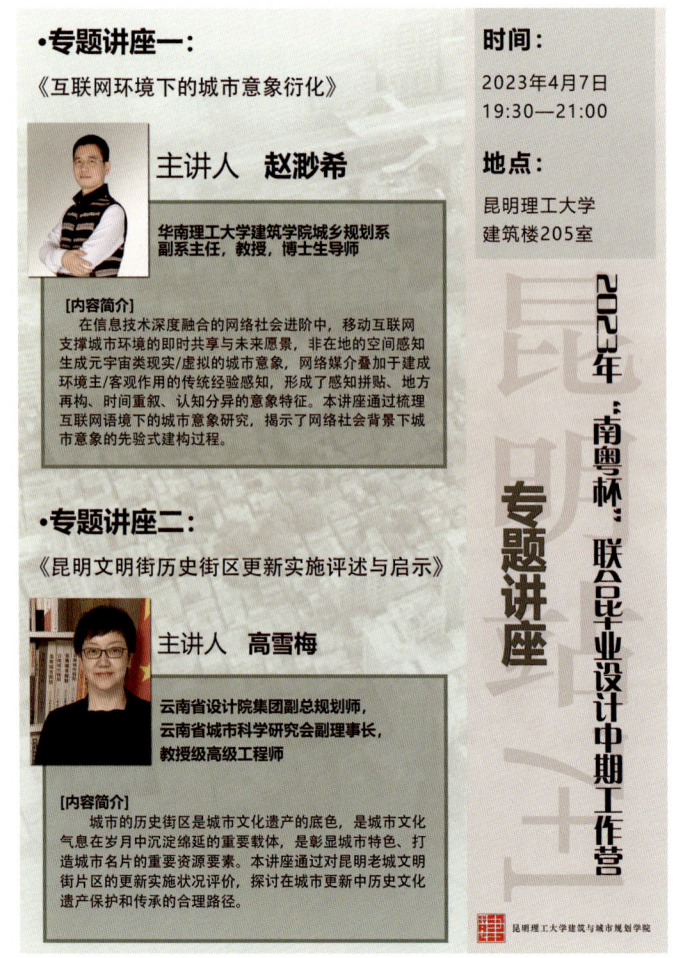

2023-4-8 中期汇报

近半个月的时间里，各校同学相互配合，做出了丰富的成果。4月8日迎来了中期汇报答辩。

来自7所高校包括城乡规划、建筑学、风景园林、环境艺术设计4个专业的41位同学，用7个小时呈现了他们在昆明半个月的工作成果。中期汇报由昆明理工大学陈桔老师主持，由2位特邀嘉宾和14位指导教师共同组成的专家组进行点评。

7+1联合毕业设计 中期汇报 南粤杯 昆工站

现场教师
广州大学：漆平、骆尔提
昆明理工大学：项振海、陈桔
南昌大学：周志仪、江婉平
厦门大学：王量量、郁珊珊
四川大学：赵炜、牛韶斐
华南理工大学：赵渺希
华中科技大学：赵逵、万谦、刘晓晖

特邀嘉宾
罗勇 广东省城乡规划设计研究院 总规划师
高雪梅 云南省设计院集团 副总规划师

汇报小组
华中科技大学组 昆明理工大学组 广州大学组 厦门大学组 四川大学组 华南理工大学组 南昌大学组

深圳市光明区公明古墟保护和更新设计

时间：2023.04.08 8:30-15:30
地点：昆明理工大学建筑楼205

部分模型及艺术装置展示

模型——厦门大学

模型——南昌大学

模型——四川大学

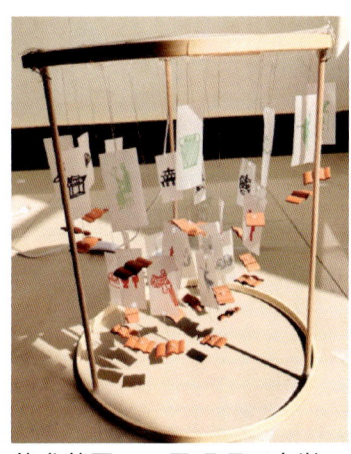
艺术装置——昆明理工大学

艺术装置——四川大学

七校师生合照

终期： 2023年5月28日　　　　　　　　　　成都 · 毕业设计答辩

特邀嘉宾 〉

孙平
云南省城乡规划协会会长（答辩组长）

沈康
广州美术学院建筑与设计学院院长

答辩小组 ⌄

漆平 活动总策划
广州大学

骆尔提
广州大学

肖宇
粤规院

赵炜
四川大学

牛韶斐
四川大学

陈桔
昆明理工大学

项振海
昆明理工大学

赵渺希
华南理工大学

赵逵
华中科技大学

万谦
华中科技大学

刘晓晖
华中科技大学

周志仪
南昌大学

梁步青
南昌大学

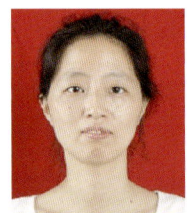
江婉平
南昌大学

王量量
厦门大学

郁珊珊
厦门大学

2023-5-28 联合毕业设计终期答辩在四川大学正式举办

特邀嘉宾、各高校老师同学到达现场。特邀嘉宾、粤规院专家和高校老师组成评分小组，观摩了七校同学的精彩汇报，并对同学们的终期成果进行了点评。

答辩最后举行颁奖仪式，评选出了一、二、三等奖与最佳创意奖；厦门大学组获得一等奖，南昌大学组获得最佳创意奖。

2023"南粤杯"联合毕业设计竞赛圆满落幕

答辩现场精彩瞬间

十年庆典：2023年5月28日　　　　　四川大学·"南粤杯"十周年庆典

2023-5-28 十年芳华 | 2023年"南粤杯"联合毕业设计竞赛答辩暨十周年庆典圆满举行

"南粤杯"联合毕业设计竞赛（下文简称"联合毕设"）活动是广东省城乡规划设计研究院有限责任公司（下文简称"粤规院"）推动产学研合作、促进人才引进和塑造企业文化的积极探索与成功实践，也是"南粤杯"系列学术活动中的重要品牌，更是坚守规划行业情怀的生动范例。

2023年，联合毕设迈入新的起点，经过多年的实践，逐步建立起"N+1"联合指导毕业设计模式，已经形成了一套相对成熟的校企合作模式和教学组织方式。

视频祝福

粤规院党委书记、董事长邱衍庆

粤规院总工程师马向明

庆典现场精彩瞬间

目 录

广州大学
GUANGZHOU UNIVERSITY
1

昆明理工大学
KUNMING UNIVERSITY OF SCIENCE AND TECHNOLOGY
18

南昌大学
NANCHANG UNIVERSITY
36

厦门大学
XIAMEN UNIVERSITY
54

四川大学
SICHUAN UNIVERSITY
72

华南理工大学
SOUTH CHINA UNIVERSITY OF TECHNOLOGY
90

华中科技大学
HUAZHONG UNIVERSITY OF SCIENCE AND TECHNOLOGY
108

教师感言
124

结语
135

后记
136

广州大学
Guangzhou University

唐清龙

转瞬之间，本届"南粤杯"毕业设计已圆满结束。数月的时间也在毕设过程中悄然而逝。非常荣幸能参加到这个大家庭之中。从线上资料收集到线下调研，反复推敲、讨论设计理念，整个毕设过程充满挑战。我们小组能够在赛场上思绪纷飞，收获颇多，感慨万千，立足今日，因和国内东南西北中的各所高校交流学习，因收获来自"南粤杯"的经验和成长。希望我们在各自的人生道路上，在规划事业的每个领域，绽放自身光彩。最后由衷感谢各位老师和同学的付出和努力，也感谢主办方为我们提供的宝贵平台，希望所有参与的同学都能不负期望！

巫玉婷

时光荏苒，转眼联合毕设已在成都站圆满结束，从广州，深圳，到昆明和成都，和小伙伴们辗转于不同的城市，留下我们的奋斗的汗水，带走丰满的回忆。很感激"南粤杯"竞赛给予我们的机会，去尝试各种新东西，激发我们的好奇心与创意表达的热情，在这个过程中，我们不断学习，不断进步，坚持和不放弃，所有的一切都在结束时得到满足。同时感谢七校老师们给予的指导与帮助，收获很多。最后希望"南粤杯"联合毕设越办越好。愿我们勇往直前，前程似锦！

莫晓媚

时光飞逝，一路走来，感受颇多。非常有幸参与这样一次特殊又有趣的设计活动，在这个过程中经历了很多，学到的更多。第一次拍调研vlog、做艺术装置、放开自己表演小品，不断与老师沟通，完善修改规划方案，组员们不同的学科背景、特长碰撞出更多有趣的火花，建立了深厚的情谊。非常感谢毕设期间各位老师们的悉心指导和同学们的全力以赴同心协力的合作，感谢"南粤杯"成为我本科的终点，为我的大学生涯画上了句号。愿"南粤杯"有无数个十年！

李洁灵

总觉得来日方长，毕业遥遥可及。这次轮到我也到执笔于此处，站在人生转折的岔路口上，我对未来充满期待。我很幸运能够参与此次的毕业联合设计，在我这人生中最好的时光里，遇见同组的可爱善良的组员们，陪我度过了一段难以忘却的时光，让我在这次联合毕业设计中感觉到了不一样的乐趣。也非常感谢各位老师专家们的指导，在我们做设计感到迷茫时，伸出援手拉一把我们。同时也很开心能够结识那么多优秀的小伙伴们，从他们身上让我学习到许多。最后祝大家顺顺利利，前程似锦！

罗雨晴

转眼间，建筑学五年的学习生涯即将结束。在本科阶段的最后一个设计中，参加"南粤杯"联合毕设给我的本科设计画上了完满的句号。小组合作的模式让来自不同专业的我们有了相互联结，发挥特长的舞台，从视频到小品等多样的成果展示让我们的创造力体现得淋漓尽致。三个月的时间里，我们有迷茫，有忐忑，有无措，却也有幸运，有满足，有感动。感谢在竞赛中遇到的每一个人，友善的各校同学，敬重的各位老师，无一让我在思想的碰撞中有所收获。希望"南粤杯"联合毕业设计越办越好，每个人都能在这里收获属于自己的精彩！

刘和靖

在本科阶段这最后的旅程中，很幸运遇见一群奇思妙想、志同道合的合作伙伴，同时感恩指导老师对于这次设计的倾情指导。从最初的调研，到进入到设计阶段，七个学校的师生从不同角度规划这片土地。我们的交流为彼此打开新的思路，这次的选题也让作为建筑学专业出身的我重新思考怎样对待这些在城市更新中无所适从的老建筑，让我学习到如何将规划提出的理念、价值继续延续到建筑设计中。最后感谢每一位为这次联合毕设活动付出的老师和同学们，岁月无虞，来日可期，愿"南粤杯"联合毕业设计活动越办越好！

织体栖社·合墟共生

深圳市光明区公明古墟保护和更新设计

2023"南粤杯"七校联合毕业设计

学校：广州大学
指导老师：骆尔提 石艳 李希琳
小组成员：唐清龙 莫晓媚 巫玉婷 李洁灵 罗雨晴 刘和靖

顺势·背景篇

区位分析

[区位概况]

基地位于深圳市光明区公明中心区，周边就业密度高，文化底蕴深远。光明区老城"人文"汇聚于此。古村复兴具有重要意义。

《深圳市国土空间总体规划（2020-2035年）》：加强功能节点间资源流动。

《深圳市光明区公明中心北地区控制性详细规划》：新型绿色城市居住区。

[上位规划]

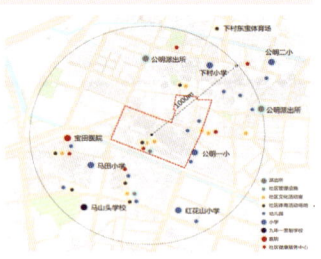

"十四五"发展规划：深挖人文底蕴，推进环境品质提升和产业转型升级发展。

"光明区文化体育旅游规划"：建设特色商业文化街区发展旅游、夜间经济。

《深圳市城市紫线规划》：老墟古村的活化利用以及非物质文化遗产的保护传承。

《深圳市城中村（旧村）综合整治总体规划（2019-2025年）》：城中村改造。

[文化特色分析]

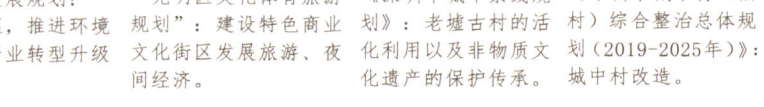

本地文化类型	时间	地点	参与主体	形式内容	意义价值	文化系统
麦氏文化 — 陈武烈公（麦铁杖）是麦氏家族的始祖	清明	麦氏大宗祠及其他宗祠	麦氏族人	祭拜祖先、祈福	宗族认同、家风家训传递	内向系统，具有沿袭性
武术文化 — 合水口素来练武成风，并于清朝出过武举和武进士，是"武术之乡"	日常、节庆	汲基麦公祠（武术馆）	社区武术队的成员（武术大师师傅与弟子）	武术表演、习武教学、洪拳、男女老少	武术文化代际传递、强身健体	外向系统，具有独特性
醒狮文化 — 青狮是客家人心中驱邪镇宅的神奇瑞兽	传统节日、特定时间 春节、元宵、中秋节	街巷、祠堂、公司、特定场地	醒狮队（表演者，九十人组成）、观者：市民、特定人群（老板）	礼让、进场、先参拜后表演、遵从醒狮礼仪	醒狮寓意镇邪降魔保平安	整合系统，需要集体认同进行完成
民俗信仰文化 — 当地妈祖陈仙姑	每逢陈端和诞辰日（正月初二）和潮灯诞仙日（正月二十三）、过年时节和每月初一、十五日	陈仙姑祠	陈仙姑祠自家神童	市民	举大秩、焚香、舞狮、放鞭炮、抢炮珠等民俗活动	陈仙姑正直、善良、勇敢、无私奉献的精神和美德代代相传	精神系统，文化的核心。

[历史建筑分析]

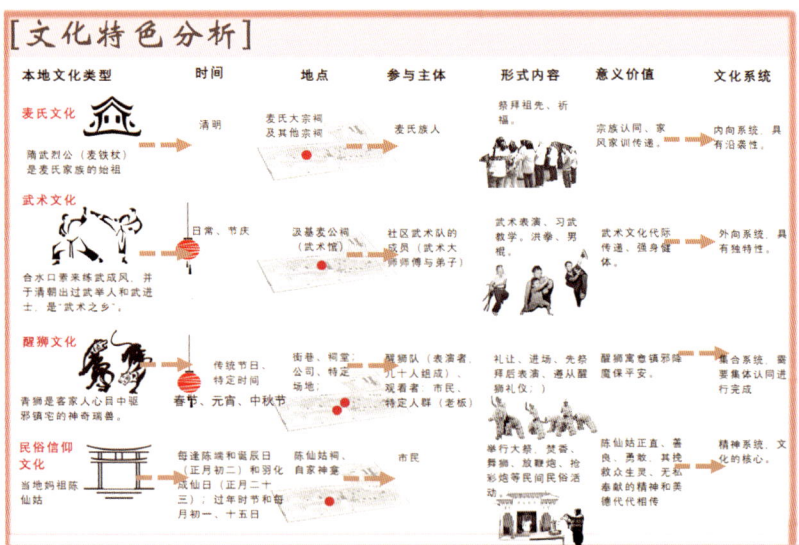

■ 公明墟骑楼街道级别相对高，为区级文物保护单位

■ 公明墟骑楼立面是岭南民居和南洋风格相结合的骑楼式商铺建筑

■ 公明粮仓建筑

街道现状模型

[墟市特色分析]

■ 墟市定义：有人则满，无人则墟，常日为市 墟市即是"市与墟兼之"的市场

股份制集资	修建墟场	分配商铺	墟主管理	安全治理	收益管理
屯里乡人或宗族集资，以土地或钱财定股份额	修筑照墙，填平甬道，平整墟场地基	按《千字文》标识字号，定每股商铺间数，对神执阉	业户所在籍的里长轮管，征收地租与铺租	设武团练，护卫墟场，名人调节纠纷，达成和约	乡中有新登进士者以租银作花红金奖励，或乡试赞助学子学习，其余留为祀典之用

■ 墟市业态：合理配业，灵活预售

产业形态：市集贸易业 | 铺户零售业 | 客栈住宿业 | 抵当金融业 | 行商贩运业 | 特色餐饮业 | 劳务市场业 | 手工制造业

主要的商业性业态 —— 适量的配套性业态 —— 少量的生产性业态

趁墟市期
- 十日"二/三"墟
- 季节性专场
- 日中即散

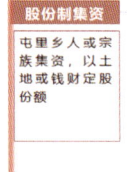
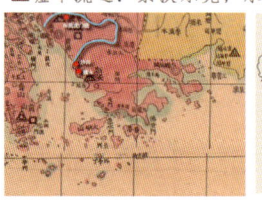

墟市运营：墟期协商，供求适配

■ 墟市流通：紧挨东莞，水陆互通

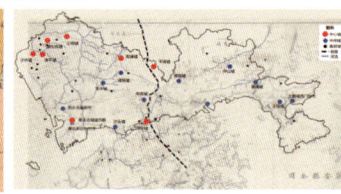
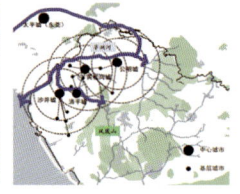

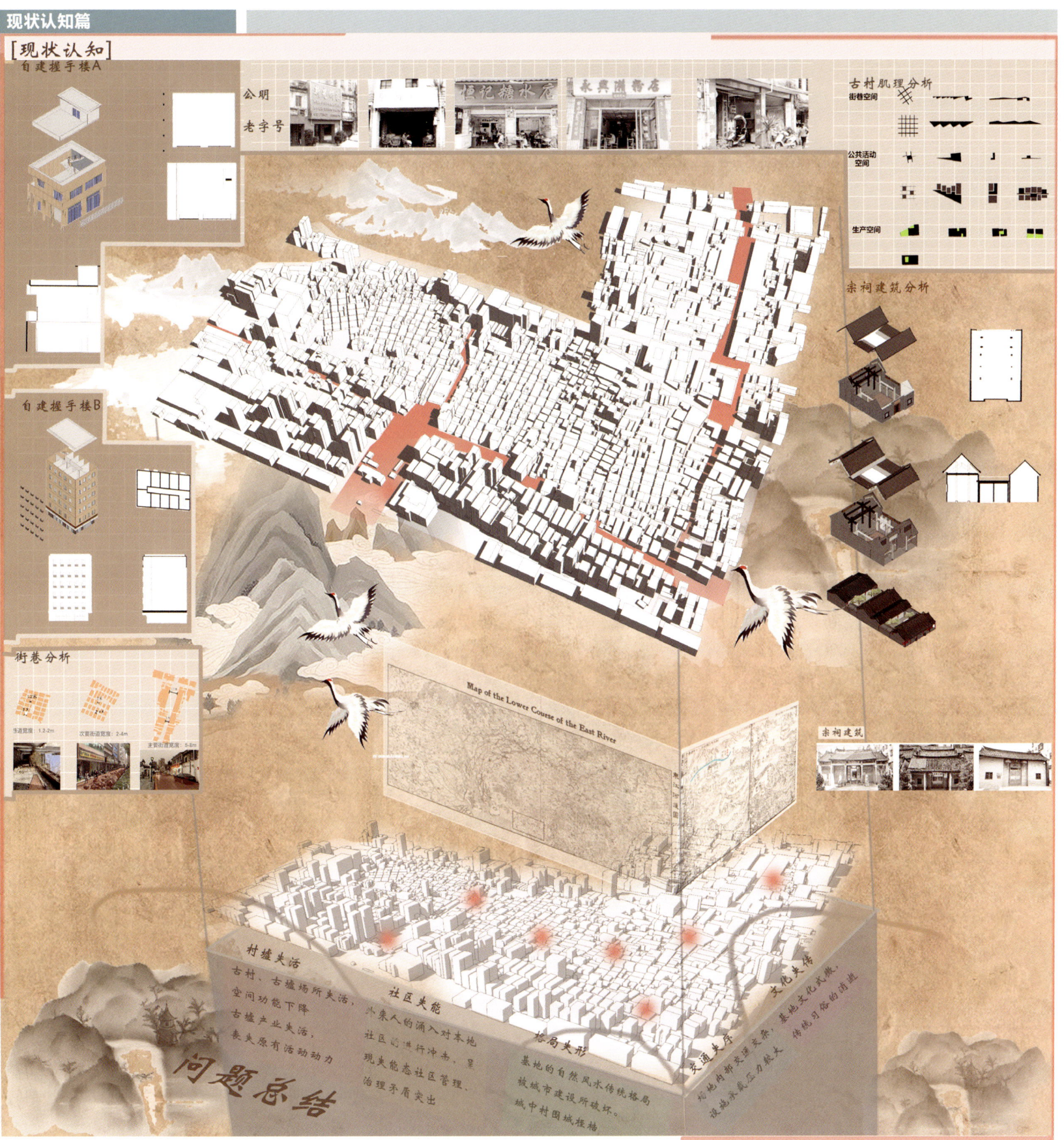

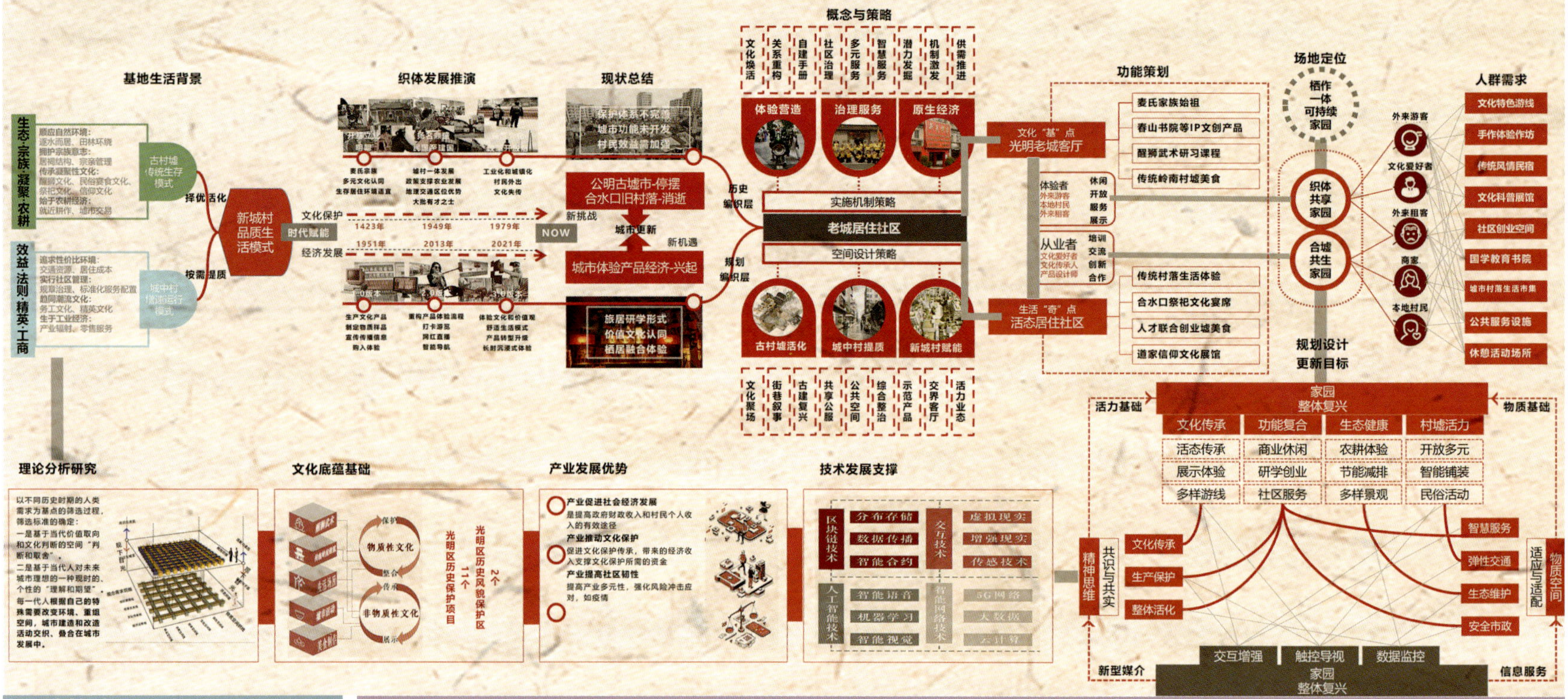

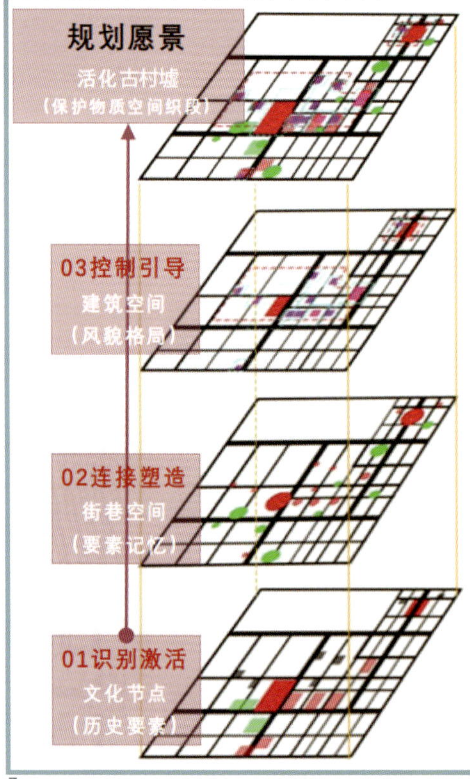

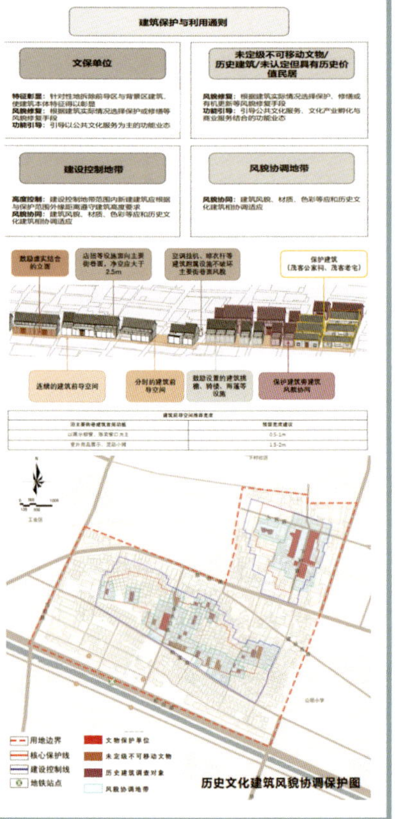

贰—城中村（基地整体空间的品质提升）

通过对基地整体公服配套、缝隙空间、交通空间、建筑进行品质提升和综合整治

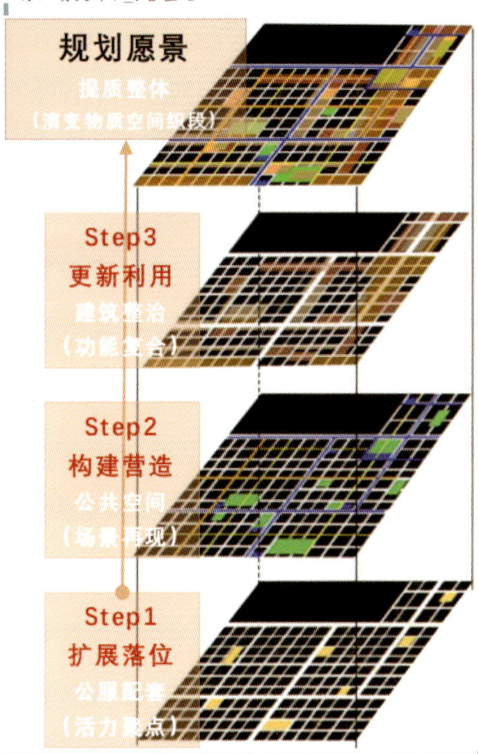

规划愿景
- 提质整体（演变物质空间织段）
- Step3 更新利用 建筑整治（功能复合）
- Step2 构建营造 公共空间（场景再现）
- Step1 扩展落位 公服配套（活力聚点）

共享公服

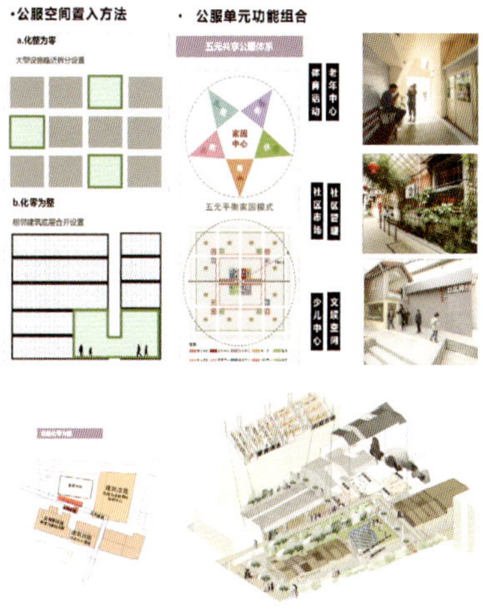

- 公服空间置入方法
  - a. 化整为零
  - b. 化零为整
- 公服单元功能组合

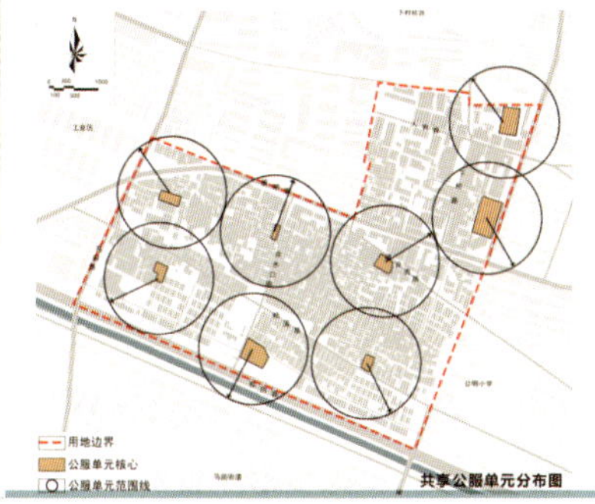

缝隙微改

9个口袋绿洲

在城中村的极限密度中，识别潜力空间，拆除危房，消除安全隐患；拆除古建、古井、老树的周边，显城抽疏；活化现有的潜力空间和边角地，变废为宝；塑造出多变、有趣的微型公共空间。

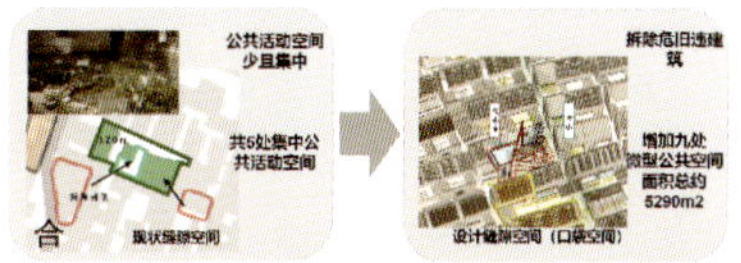

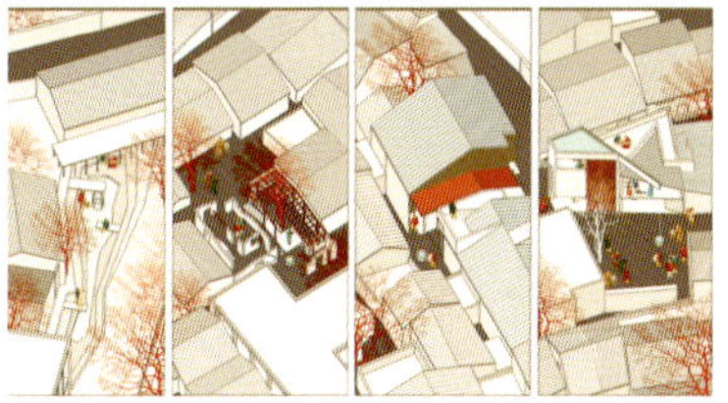

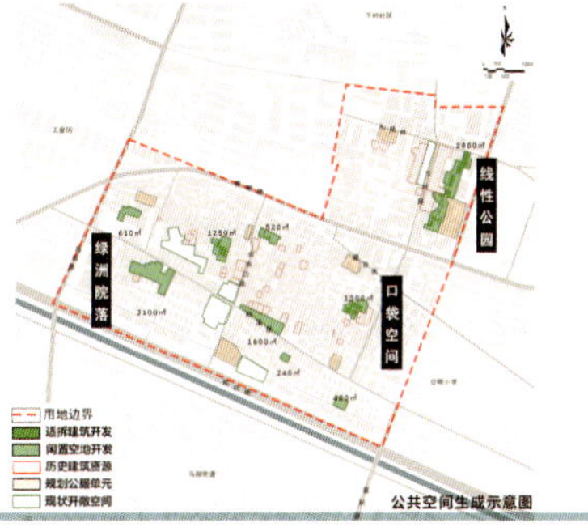

建筑整治

划定综合整治分区范围原则：尊重深圳市紫线规划编制的"两线规划"并划定建筑综合整治分区范围原则，完成社区整体物质环境提升。

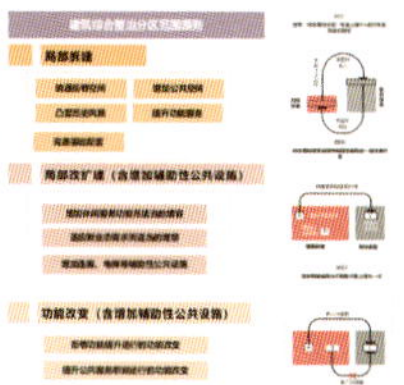

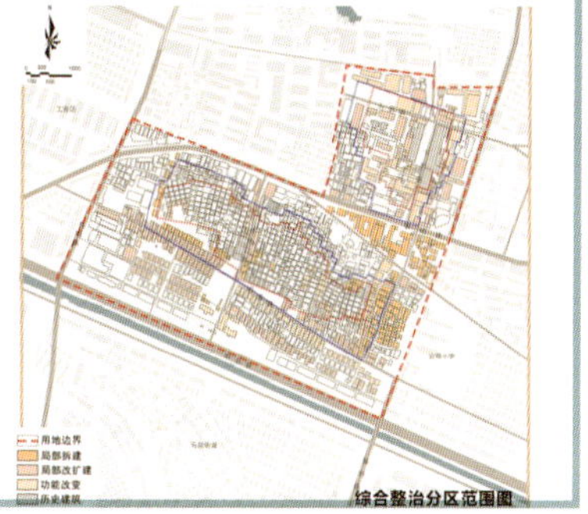

叁—新城村（基地运行功能复合空间）

通过示范产品、复合交界客厅、业态策划，为基地的空间更新、产业发展赋能

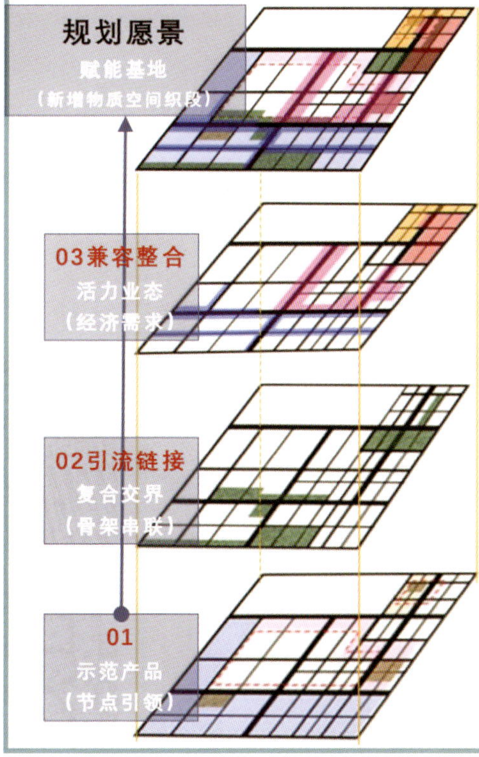

规划愿景
- 赋能基地（新增物质空间织段）
- 03 兼容整合 活力业态（经济需求）
- 02 引流链接 复合交界（骨架串联）
- 01 示范产品（节点引领）

示范产品

延续三大"设计+"更新产品，联合打造古村墟的建筑示范集群，形成古村、古墟及其周边文创、艺术、办公、消费产业集群，设计将地方特色原生建筑语言放在当代语境中加以重述，融合地域文化与现代建筑场所精神。

产品1：活力单元
透明化或架空建筑底层空间，开放绿色院落，互联中层共享平台，补充产业配套服务，串联高度相近的屋顶层，打造空中花园，形成多维立体庭院。

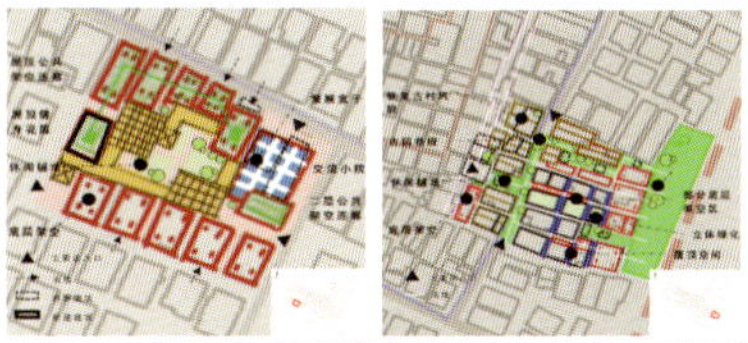

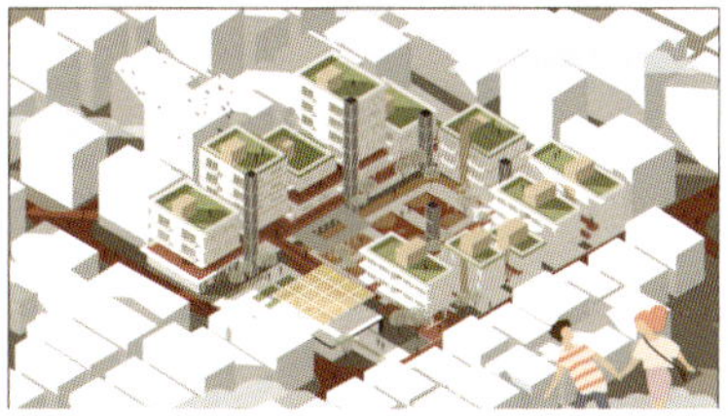

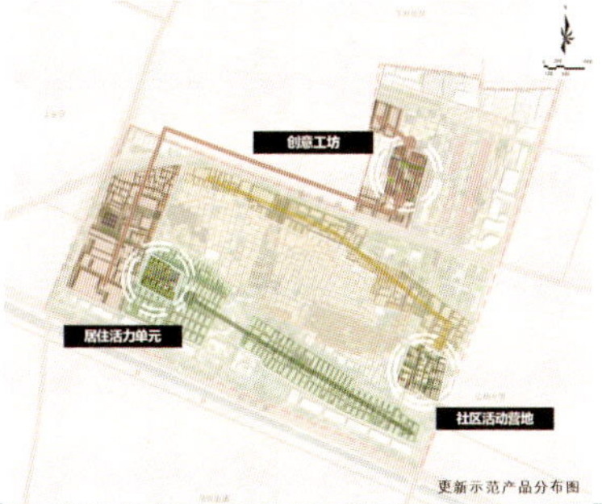

交界公园

植入符合现代人群自然需求的特色项目，创造全新的生态融合场景，作为游客、居民休闲活动汇集的场所。

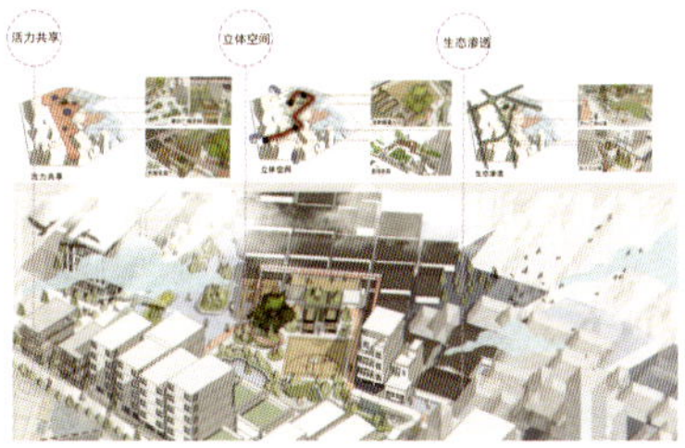

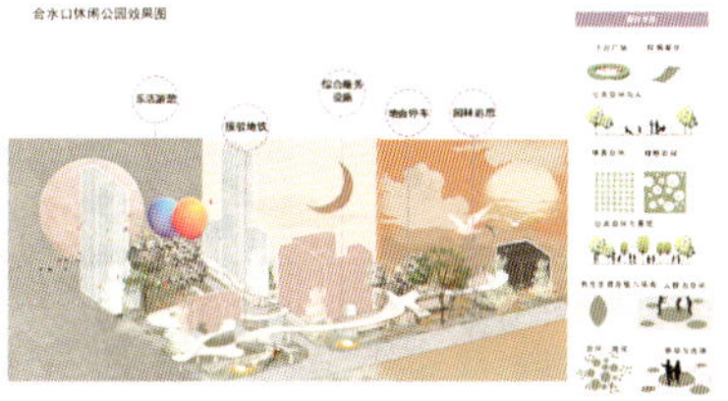

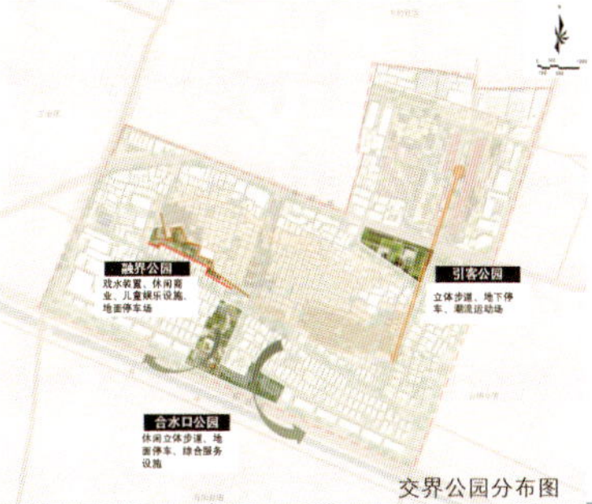

活力业态

主题商业业态引导：呼应设计定位，策划对应主题商业业态，构筑活力四射的古城商业环境，满足在地人群需求发展机会。

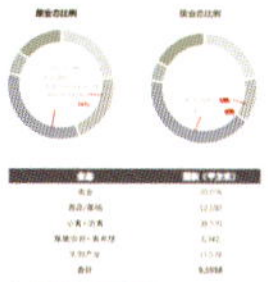

功能业态选型
- 品质生活区：便利店、诊所、洗衣店、房屋中介、通信宽带服务、家政服务、邮局快递、宠物服务、健身房、少儿托管培训中心、美容理发
- 历史怀旧区：文化馆、博物馆、名人会馆、餐饮店、花店、按摩推拿
- 文创体验区：画室画廊、艺术工作室、文创零售、共享办公、众创IP延伸、周边、艺术市集
- 艺术体验区：品牌集合店、特色餐饮、民宿、纪念品店、民俗工艺品店、特色书店、非遗工坊、国学馆、书馆
- 特色风情区：纪念品店、原有老字号店铺

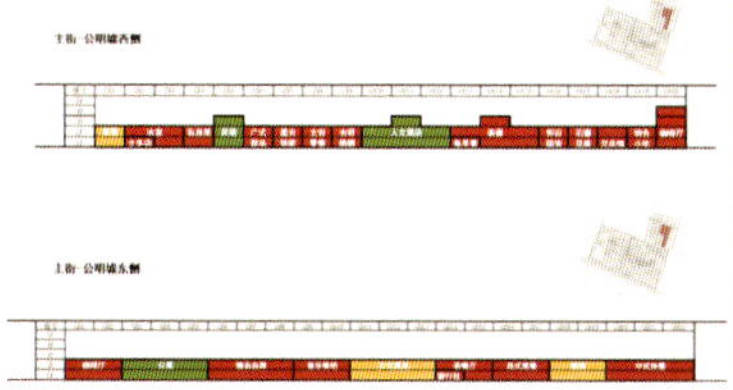

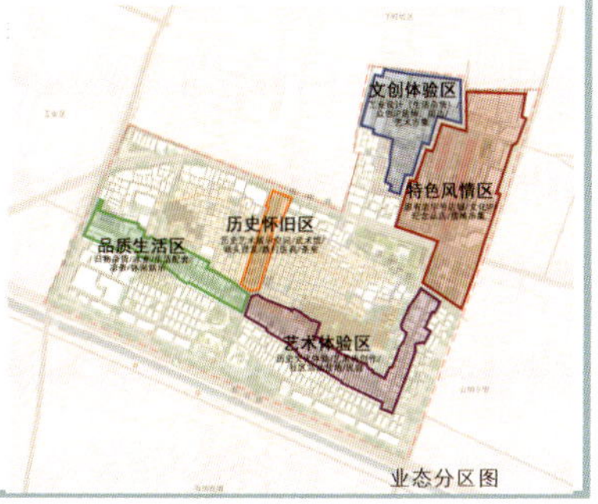

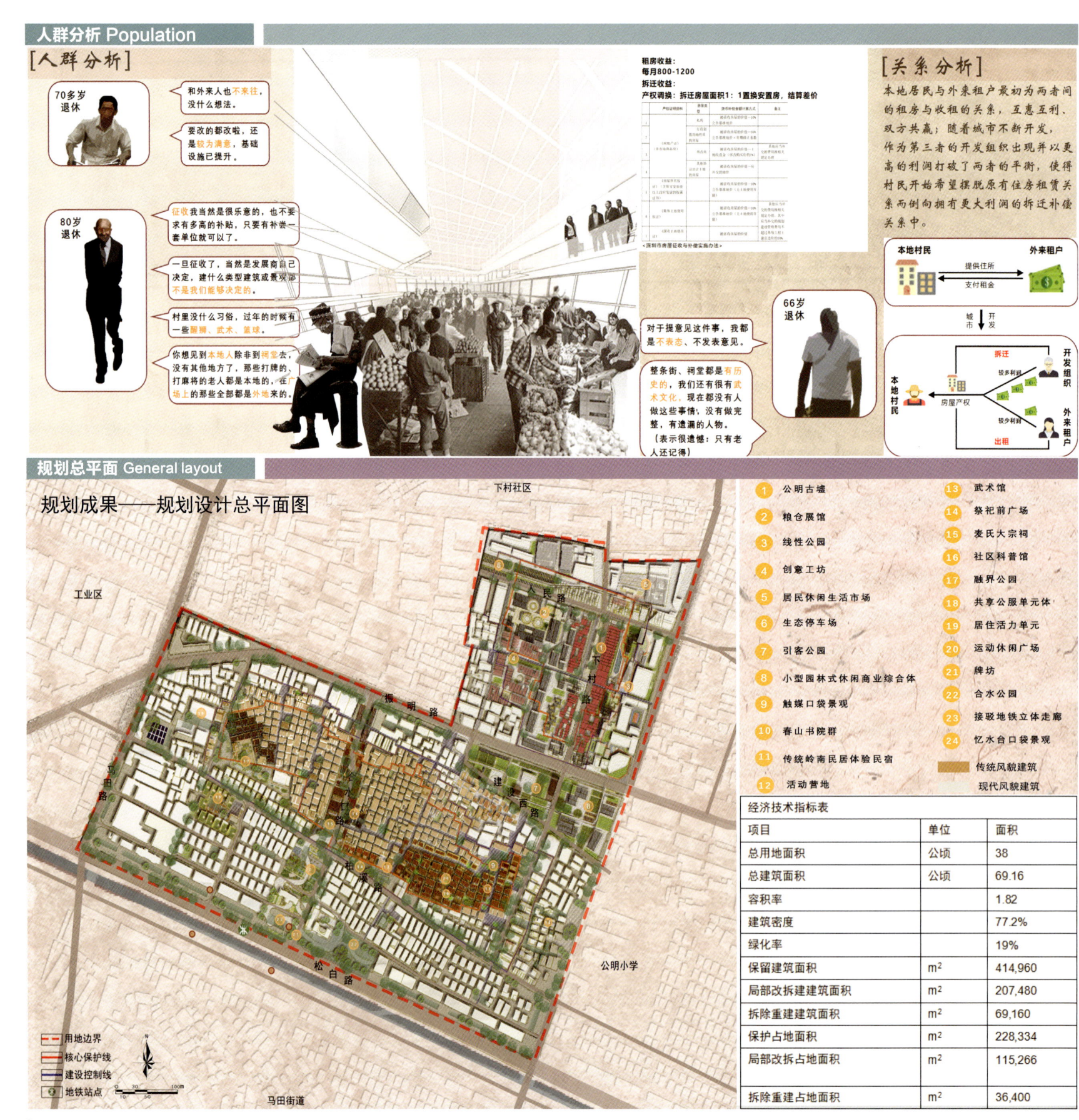

编层分析 Industrial strategy

[价值评估与潜力分析]

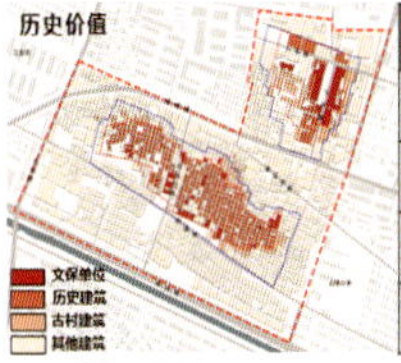

评估：基地建筑空间改造思路

空间潜力方面综合考虑建筑历史价值、改造难易度、风貌适配性以及用地建设适应性等多重要素因子，明确建筑综合整治潜力分级。综合实施改造策略.

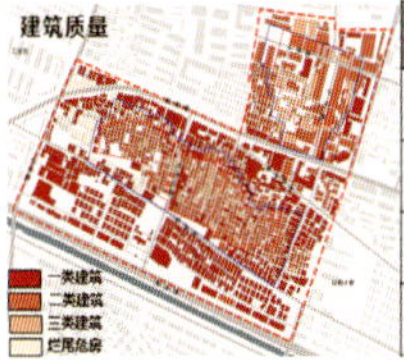

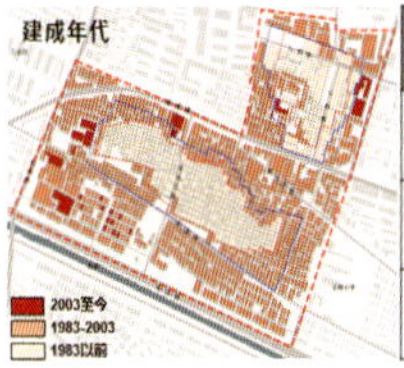

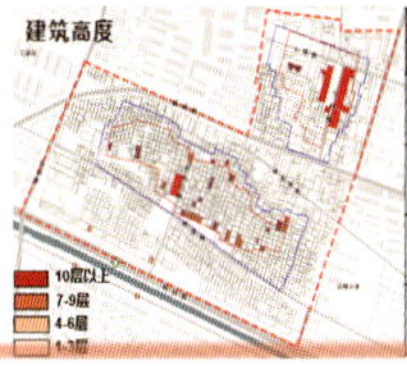

[规划分析]

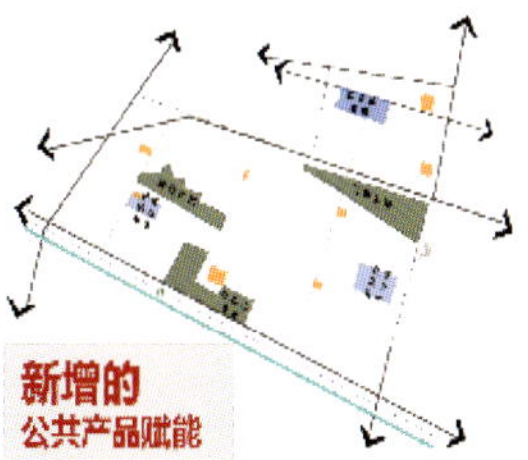

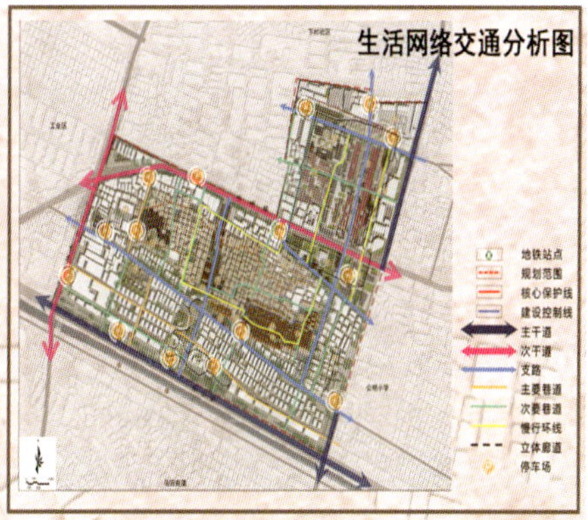

规划结构分析图　　景观结构分析图　　生活网络交通分析图

- 不变的 文化保护活化
- 演变的 主要街巷提质
- 新增的 公共产品赋能

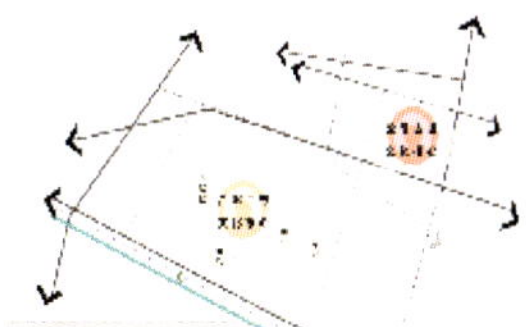

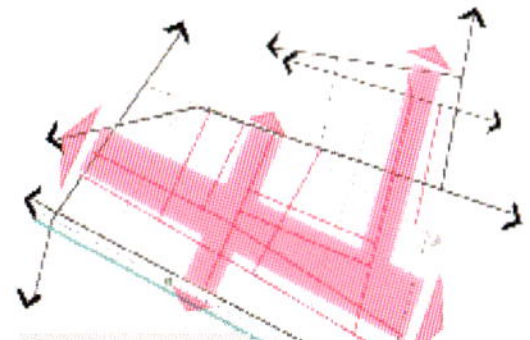

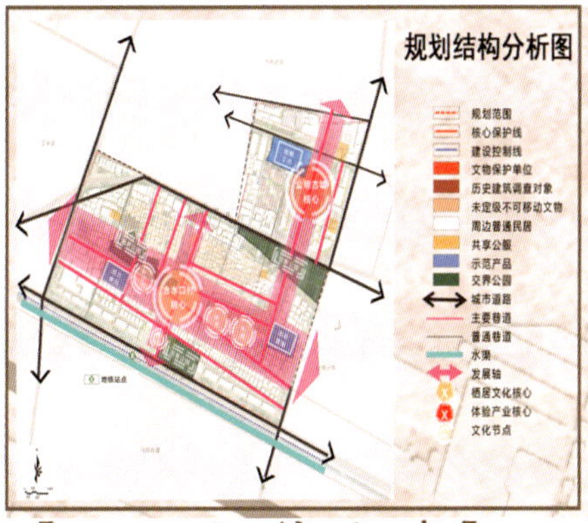

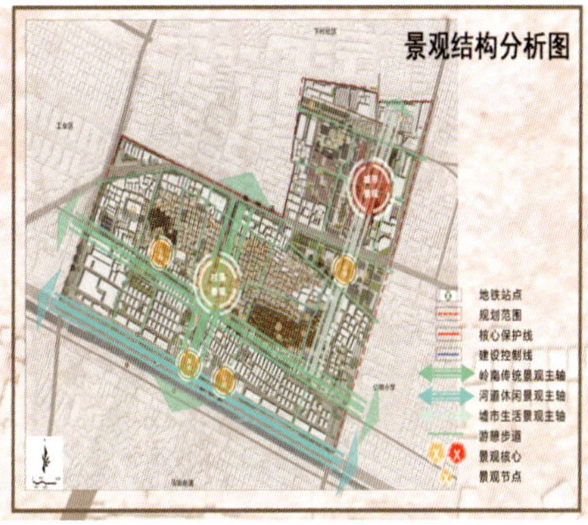

[肌理织补方式]

01 中心型
以茂客公公祠为例

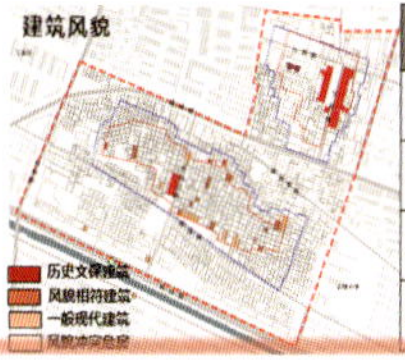

以茂客公公祠作为村民日常活动功能，以其为中心得传统岭南村落民宿组团

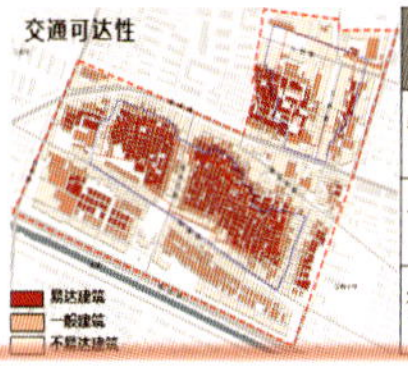

02 围绕型
以公明古墟市为例

以公明古墟市为中心的岭南传统生活墟集、市场建筑群

03 矩阵型
以茂客公旧宅为例

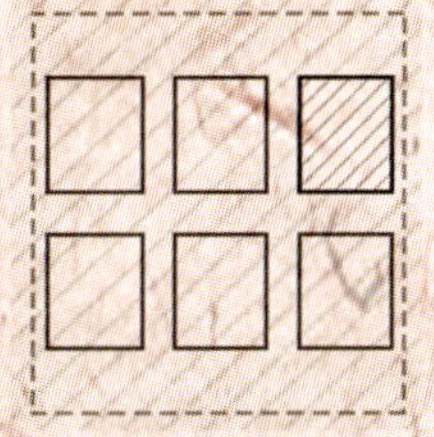

以茂客公旧宅为原型修复，形成传统岭南风貌民居建筑群

04 围合广场型
以麦氏大宗祠为例

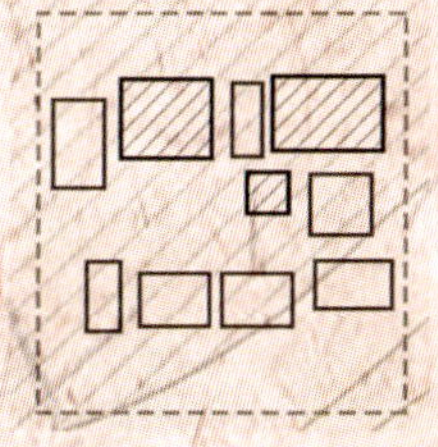

以麦氏大宗祠等祠堂为界面元素，围合成宗祠结构的前广场，成为祭祀活动组团

05 沿街线型
以合水口路为例

以合水口路为典型，沿街向两侧织补形成生活商业建筑组团

06 填充型
以忆水台为例

以忆水台、茶水榭、棋牌楼等为传统岭南风貌民居建筑群的特别要素，形成非正式建构亮点

原动力分析 Motivity

基于开发性金融的公共部门与私人企业合作模式（PPP） → 改变目前股份公司在经济上半市场化运作，管理上半公司化，同时担负着城中村社会管理和市政建设等职责，以行政村的治理模式进行公司治理的现状。

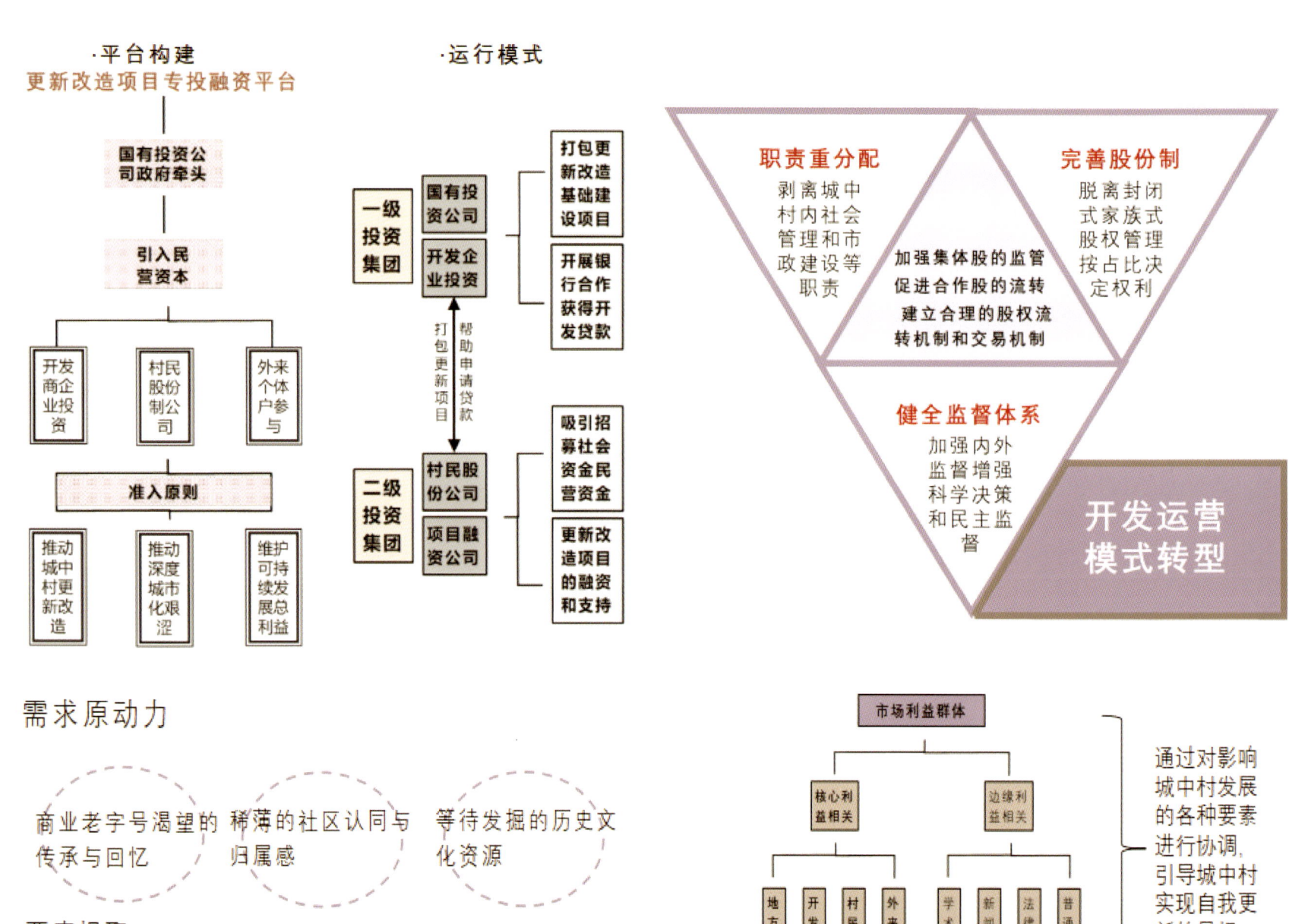

需求原动力

要素提取

供需动力运行机制
各核心利益主体通过向更新项目供应自身所具备的有利因子，共同构建新型社区和IP市场，并从中获得各自所需的收益。

供需动力机制各群体各要素是相互关联且层次递进，各群体的责任分工明确，相互奉献的同时也相互成就。

原动力分析 Motivity

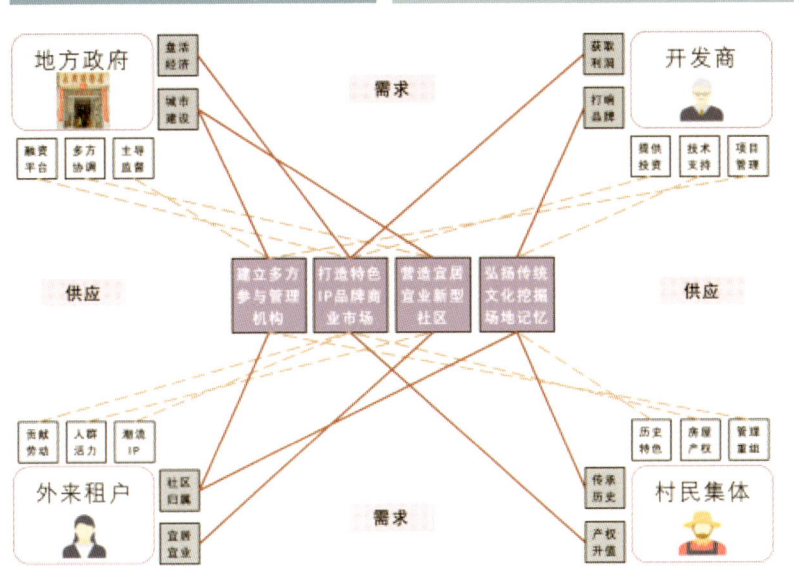

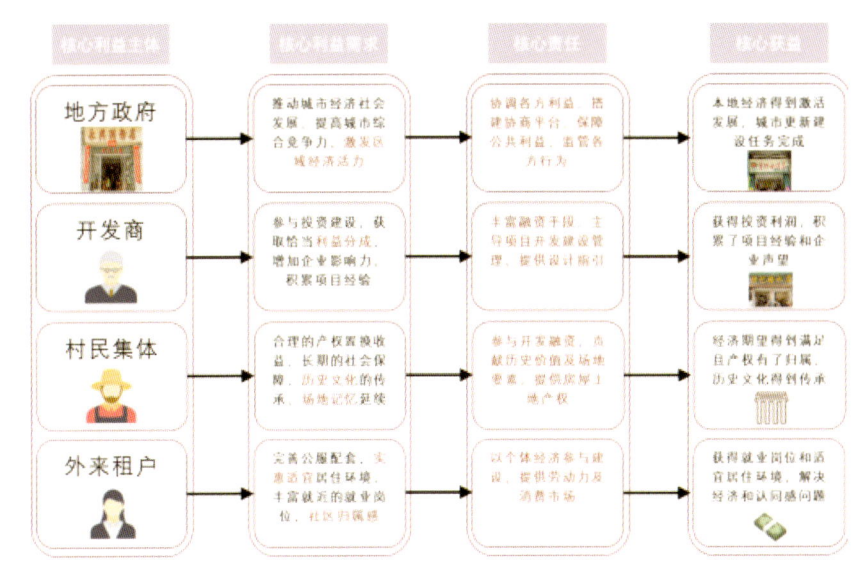

社区治理

策略提出与阐述：多方参与，智化管建

基于当地社会参与低的现状，提出多方参与，智化管建的治理策略。

- 数字治理，激活参与　建立社区参与机制
- 多元服务，共享社区　建立有效的社区服务体系
- 公平为先，智化管理　建立有效的社区管理体系

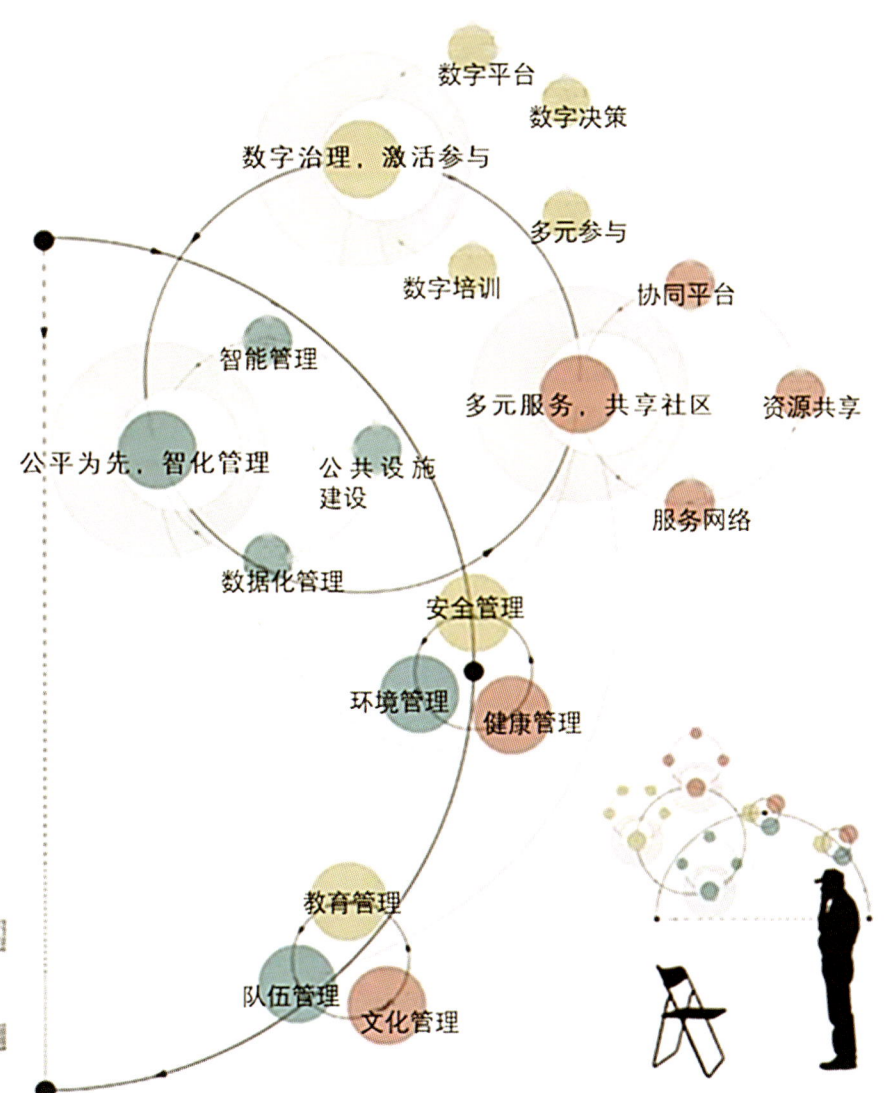

原动力分析 Motivity					
数字平台促进参与	数字化的决策过程	开放数据和信息	数字技能培训计划	鼓励居民多元化参与	保障沟通和反馈
↓	↓	↓	↓	↓	↓
数字互动	在线调查	社区信息	技能培训	针对化措施	机制设计
数字参与	网络会议	数字传播	提升参与	多语言支持	循环参与

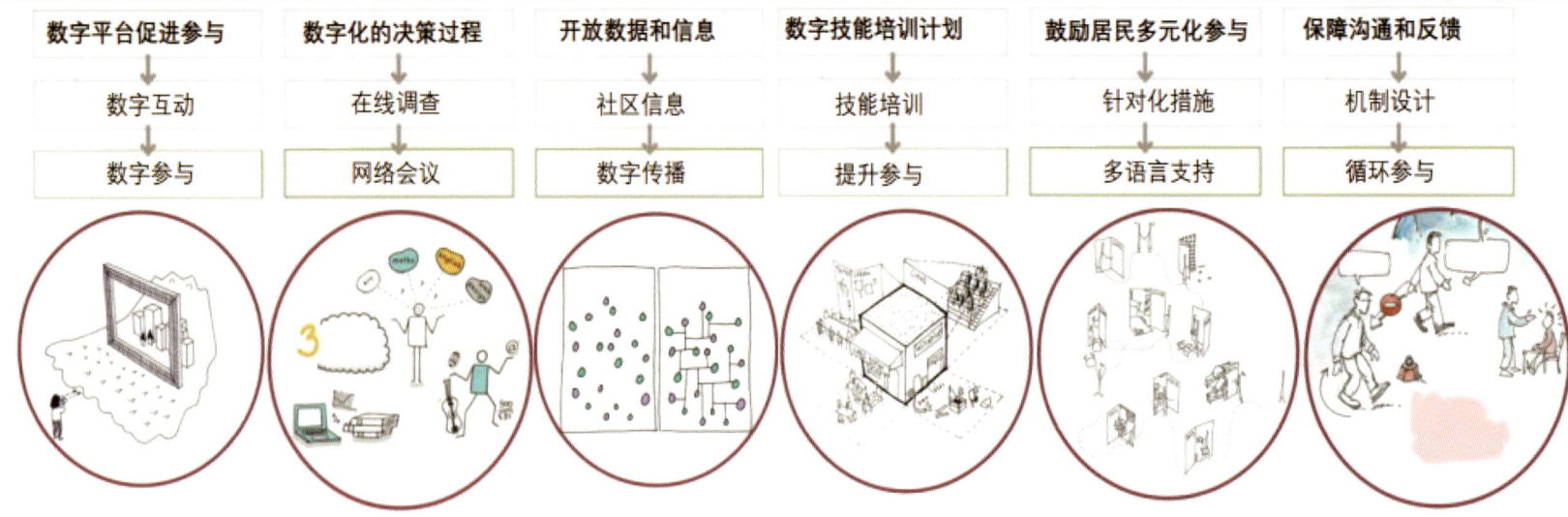

居民的社区参与情况主要受**场域与机会、能力与资源、社区意识与认同**等因素的影响。

多元服务，共享社区　建立有效的社区服务体系

采取多种策略来建立一个有效的社区服务体系，包括建立社区服务中心、鼓励互助和共享、促进社区经济的发展以及建立有效的沟通渠道。

制定社区服务需求评估
- 了解社区居民的服务需求
- 社区会议
- 确认优先事项

打造服务协同平台
- 倡导各服务提供机构间建立协同合作关系
- 共同提供全面、多元的服务

支持社区志愿者服务
- 建立志愿者培训机制
- 提供服务奖励
- 鼓励参与社区志愿者服务

促进社区资源共享
- 倡导各服务提供机构、居民、企业等共享资源
- 建立资源共享平台，方便资源的共享和管理

增加移动服务
- 考虑增加移动服务，为难以到达服务中心的人提供便利
- 移动医疗车、移动图书馆等

鼓励社区创新
- 鼓励社区居民和企业创新，提供更多的服务选择和服务方式
- 举办社区创新比赛、建立创新基金等

原动力分析 Motivity

策略提出：历史 + 社区营造

- 活化古物、找到物质载体
- 连接人情，重构社区关系（社区文化、家风家训）
- 内外联手，向外输出价值
- 文化IP-产品的设计、展示

文化作为社区营造的线索

以文塑活，通过场地丰富的文化要素，活动激活场地的潜在活力。

通过特色空间的整合和触媒方式的选择，促进城市自发性、缓慢而持续地自我完善和提升，通过场地历史文脉原真性的挖掘和社区居民社会生活方式和准则的保护，促使城市原真性的保留

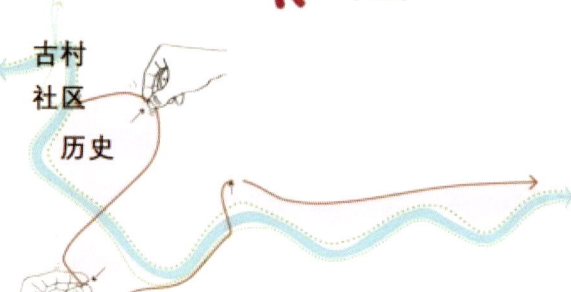

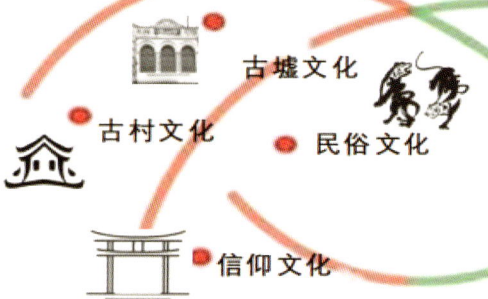

文化要素提取 →	文化概念提出 →	文化形式设计 →	文化内涵传承
通过深入挖掘社区的文化元素，将其巧妙地融入设计中，可以营造出具有独特文化特色的社区环境，增强居民对社区的认同感和归属感。	指对文化概念的界定和解释，探讨文化的本质和内涵。它是理解和研究文化现象的基础，对于文化领域的学术研究和实践应用具有重要意义。	指以特定的文化符号、艺术形式和表现手段为基础，将文化元素融入到设计中，营造出独特的文化氛围和表达方式。它既是文化传承和创新的方式，也是设计创作和表现的重要手段之一。	指对文化内在价值和意义的传承和延续，包括传统文化、价值观念、艺术形式等方面。它既是文化保护和传承的重要任务，也是推动文化创新和发展的基础。

节点设计 Node Design 公明墟粮仓历史博物馆

基地概况
场地位于公明古墟西北侧，东南侧为公明墟骑楼古街，南侧为创意工坊，北侧为停车场兼休闲绿地，西侧为握手楼改造而成居民区。有较好的交通可达性，人群活力，景观视线及改造潜力。

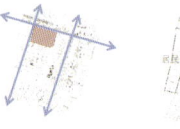   

周边主要道路　周边建筑功能　周边景观分布　周边人群热力

建筑现状问题
功能：粮食仓储　建筑质量：保留程度高，结构完整
空间体验：较多停车区阻挡人通行，较陈旧
周边建筑使用情况：为工厂/办公楼

设计概念

满足游客居民的不同需求，骑楼古街与公建筑采用主体下沉，景观渗透，庭院置入，明墟的历史底蕴，周边绿地景观的渗透，廊道穿越的设计手法，使建筑达到与周边开在设计中相互融合。放互动，沉浸式体验的效果。

设计思路

改造策略及手法

① 根据原有周围建筑确定改造范围； ② 根据场地周边人流确定主要建筑出入口与流线； ③ 为使建筑与周边高度相应，将更多建筑主体部分埋入地下； ④ 在原有建筑的结构基础上适当对体块进行调整，以合适场地； ⑤ 加入坡屋顶适应岭南地区气候条件； ⑥ 置入二层廊道串联分散的各部分建筑。

结构改造
改造前
原有周边建筑功能为商业办公，结构为框架结构，现状看来已有少部分脱落，生锈，需要得到维护加固修缮。

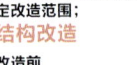

改造后

① 根据现场调研结果建立场地原有结构；② 根据功能布局，在原有结构的基础上进行删减和增加，以满足改造需求；③ 为适应周边环境在原有基础加入坡屋顶结构。

功能流线分析

粮仓作为建筑中心，既展示其重要的历史保护建筑地位，又将其他功能相互联系，使参观者可根据粮仓辨别方向。

经济技术指标
用地面积：6250㎡
占地面积：3750㎡
建筑面积：7580㎡
容积率：2.02
绿化率：13%
建筑密度：60%

总平面图
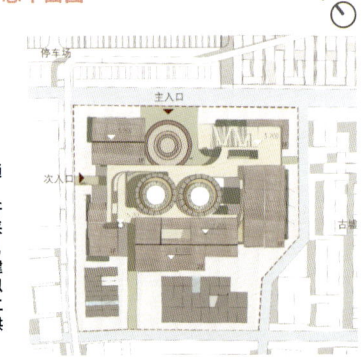

设计说明
建筑首层采取大部分架空，通过二层连廊串联各部分建筑，使博物馆用地以最大程度的开放给公众活动；此外，建筑采用了主体下沉，岭南传统庭院，坡屋顶山墙形制等方法，使建筑与周边环境相适应；景观以粮仓的圆形平面为母体，与二层廊道相串联，为使用者提供更好的漫步体验。

改造前后对比
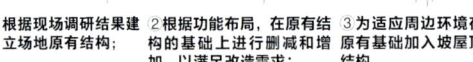

改造前
① 由于粮仓四周建筑呈围合姿态，其作为公明墟历史保护建筑缺乏公共性；
② 粮仓与周边建筑功能形制均缺乏关联与统一，形成混乱的空间环境；
③ 建筑的分布与周边交通/人流并不适应，造成人车堵塞，入口隐蔽无法识别等问题。

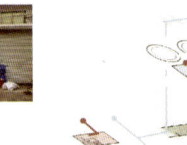 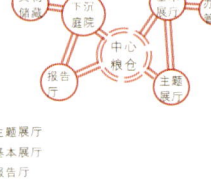
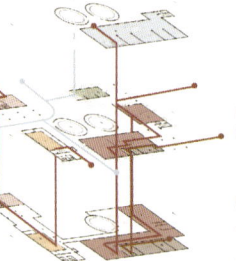 

改造后
① 将东北侧沿街建筑进行适当拆除，形成建筑前广场供公共活动与休憩；
② 粮仓与周边建筑共同组成粮仓历史博物馆，成为公明墟的文化展示中心；
③ 调整原有建筑体量使其顺应主要人流流线，通过坡屋顶与电梯塔增加入口辨识度。

节点设计 Node Design

合水口村口广场大街

现状基本情况

节点位于合水口古村的村口与城中村交界处，主要设计场地为古村中心道路合水口路及麦氏大宗祠等宗祠前广场。

基地数据表

项目		单位	面积
总用地面积		m²	10580
总建筑面积		m²	25005
其中	居住面积	m²	23048
	公共服务面积	m²	1957
容积率			2.36
建筑密度			75%
绿化率			5%

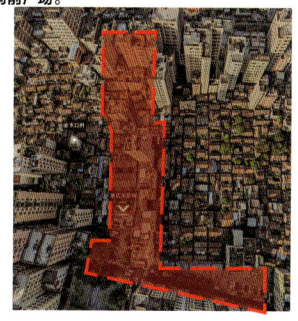

场地文保建筑现状

设计范围内存在多个年代久远、具有一定历史文化保护价值建筑。建筑的利用率低，内部活动单一，无精细维护修缮，建筑逐渐破败，传统岭南建筑特征逐渐丧失。

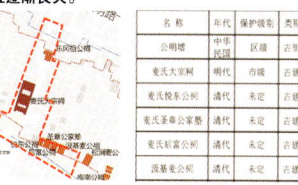

空间改造手法

以大宗祠为核心，设置步行街区、核心节庆空间、追忆节点、休憩广场等特色空间，给居民及游客多种类的丰富体验。由合水口路外向延伸的风水记忆广场和内向延伸的合水新街构成。

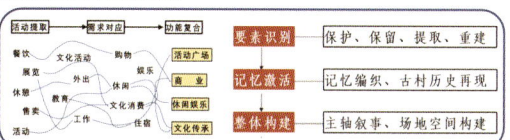

提取各类文化活动要素，对应相关人群需求，激活集体历节庆活动，结合古今建筑特点进行改造融合，设计创意展示建筑记忆，形成功能复合的空间。通过识别现状建筑空间、

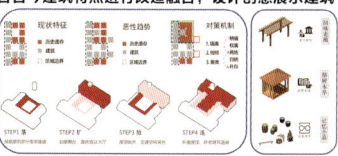
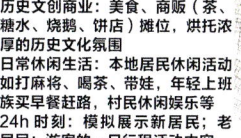

场地活动策划

节日进行的活动如舞狮、武术、趁墟赶集

历史文创商业：美食、商贩（茶、糖水、烧鹅、饼店）摊位，烘托浓厚的历史文化氛围

日常休闲生活：本地居民休闲活动如打麻将、喝茶、带娃，年轻上班族买早餐赶路，村民休闲娱乐等

24h时刻：模拟展示新居民；老居民；游客的一日行程活动内容

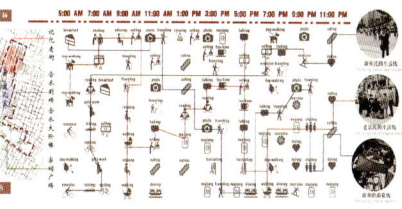

改造策略

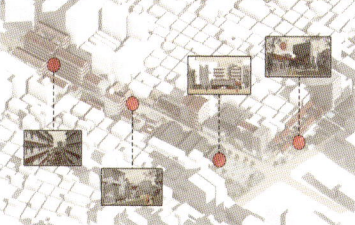

合水大台阶
以木质阶梯搭配玻璃幕墙，背后隐约呈现古村居立面，形成独特的风貌交界呼应建筑

合水大广场
以充满场地历史要素的配景布置街道，营造浓厚历史人文氛围，增强人群体验感

合水大剧院
与现代与古村居建筑集合，形成新的特色剧场建筑，体现古今融合

不同形式功能示意图

生活休憩　文旅商贩　节庆活动

节点设计 Node Design　　合水口村传统村落节点设计

现状基本情况

节点范围位于《深圳市城市紫线规划》的合水口村历史保护红线内，土地利用性质为宅基地，为传统岭南村聚落风貌。

基地数据表		
项目	单位	面积
总用地面积	m²	11578
总建筑面积	m²	21,120
其中 居住面积	m²	21,012
公共服务面积	m²	108
容积率		1.82
建筑密度		85%
绿化率		3%

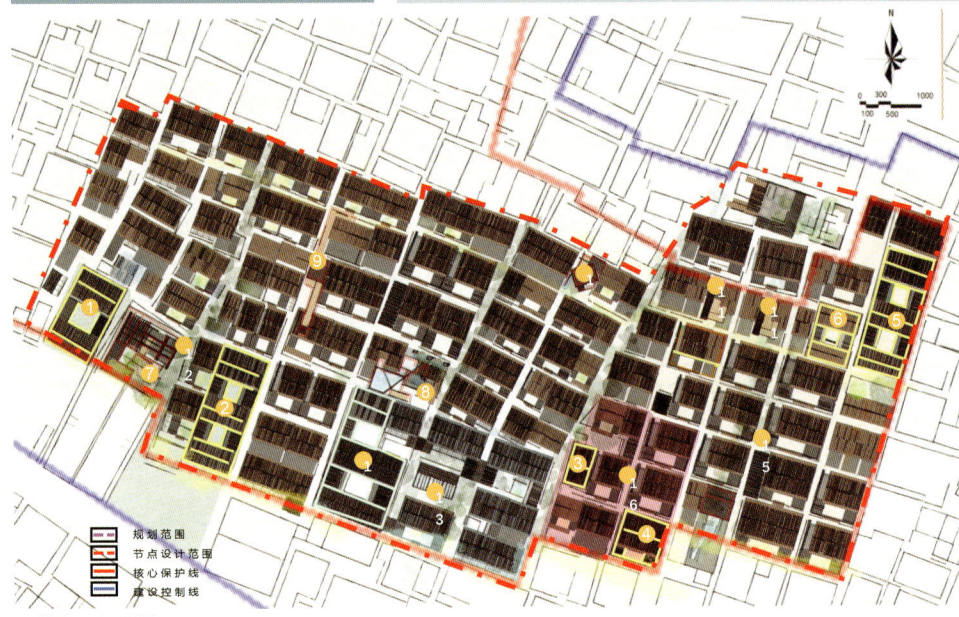

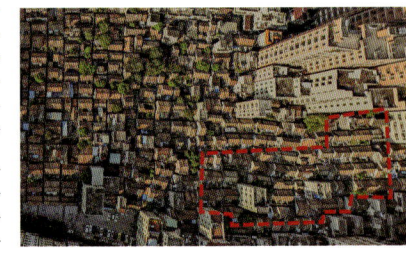

场地文保建筑现状

节点有多个具历史文化保护价值建筑。3处封堵。街巷空间路面多处破损、废墟；民居占道违建、随意停电动车等问题

历史文保建筑分布图

用地布局与调整

- 原农村宅基地可变更为商住混合用地，打造岭南文化生活体验区，营造合水口村社区文化氛围，缔结在地邻里关系；
- 建议修改法定图则的道路用地规划，保持传统岭南村落肌理。

场地问题总结

建筑问题：传统建筑利用率低，特征逐渐消失
街道问题：路面破损，占道违建，电动车随意停放，存在废弃空地

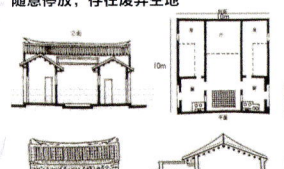

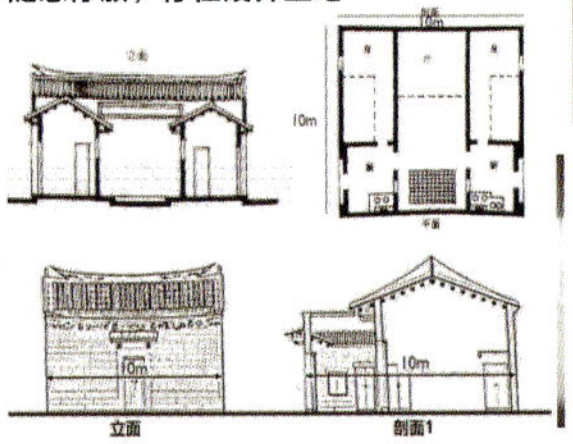

更新策略——传统建筑

手法一 保护类手段

顶部
- 屋脊及房梁：参照古建筑作法修缮船形脊
- 屋面：更换污损屋面构件，红瓦

底部
- 地面：清洁并原样保留

中部
- 门窗：①拆除影响风貌的现代部件；②恢复原有门窗，修补框架雕花；③可根据需要增加玻璃。
- 墙面：根据情况增补，与建筑现存相同的青砖抹灰
- 墙体：原样保留

其他
- 根据需要进行防虫、防潮、保暖、加固等处理，但不能影响建筑构件及整体风貌

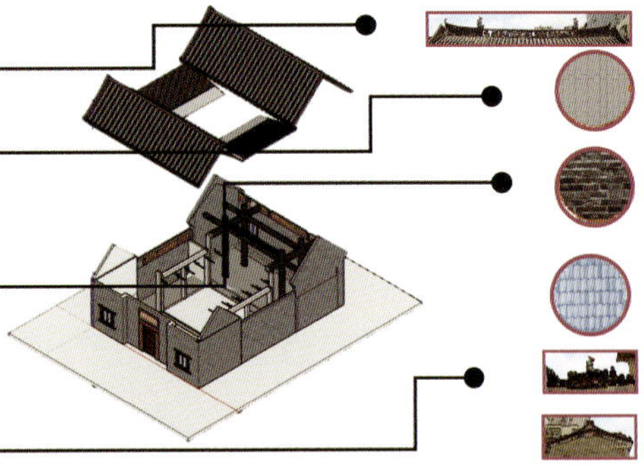

手法二 修缮类手段

顶部
- 屋脊及房梁：①加固复原现有遗存，新建部分参照原有作法，加建高度不超过原建筑一层；②优先使用原建筑材料加固复原，使用钢结构，将产生的视觉影响降到最低
- 屋面：①使用原建筑屋面材料及建造工艺进行修补；②修补原建筑屋面，新建部分应与历史建筑风貌相协调

中部
- 门窗：①恢复原有门窗，修补框架雕花，可根据需要增加玻璃；②新建部分建议使用落地窗与原建筑风貌相协调
- 墙面：①修补贴砖抹灰，新贴砖应与原有贴砖相协调，应真实表达建筑本身墙面结构与纹理；②新建部分可使用与原墙面相似色系或强对比色系
- 墙体：选用原建筑承重材料以原建筑工艺就地加固复原

底部
- 地面：①修补原条石板与地面铺装，必要时可进行更换，新条石与地面铺装应与原建筑风貌及内部铺装相协调；②根据情况整体翻修，新条石与地面铺装应参照古城内现有其他历史建筑

其他
- 根据需要进行防虫、防潮、保暖、加固处理，但不能影响建筑构件及整体风貌

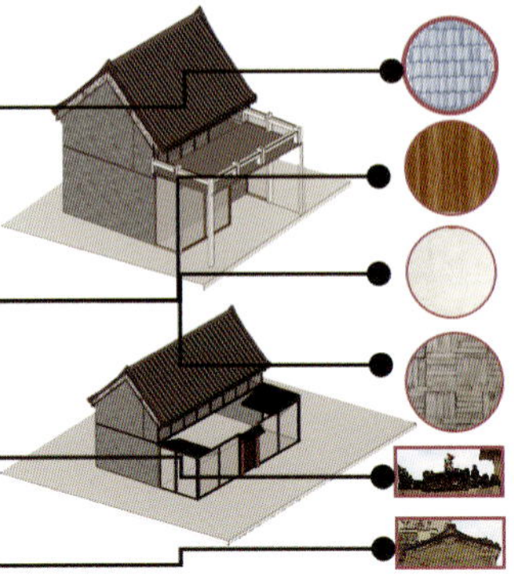

手法三 有机更新类手段

- 历史遗存部分：清洗清理与保护
- 有机更新部分：采用传统坡屋顶，与历史建筑相适应的瓦片、木结构和大面积开窗

手法四 风貌协同

- 高度控制：风貌协同建筑的建筑高度不应超过(n+3) m。(n为历史文保建筑的层高)
- 建筑色彩与材质：
  顶部 木纹片屋顶；女儿墙保留
  中部 木格栅和木窗框的门窗，浅灰水磨石墙面，店招；使用与古建筑相协调的色彩与材料；
  底部 深色青砖墙面与大面积玻璃橱窗的底层；条石地面

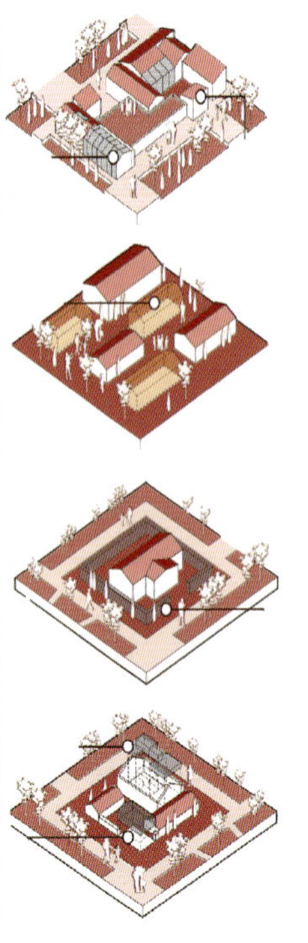

节点设计 Node Design

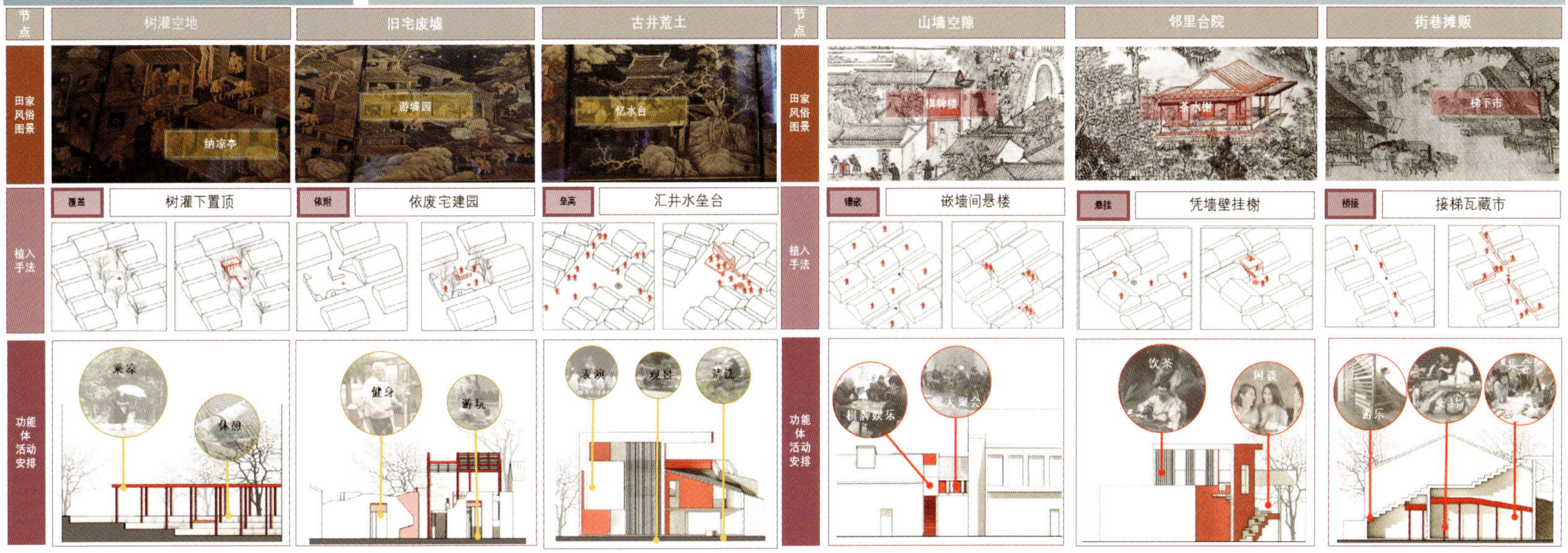

节点	树灌空地	旧宅废墟	古井荒土	节点	山墙空隙	邻里合院	街巷摊贩
田家风俗图景	纳凉亭	游塘园	忆水台	田家风俗图景	棋师楼	吉水楼	梯下市
植入手法	树灌下置顶 覆盖	依废宅建园 保附	汇井水垒台 垒高	植入手法	嵌墙间悬楼 镶嵌	凭墙壁挂榭 悬挂	接梯瓦藏市 檐接
功能体活动安排	采容 / 休闲	健身 / 游玩	家旅 / 交流 / 许进	功能体活动安排	棋艺娱乐	饮茶 / 闲谈	游乐

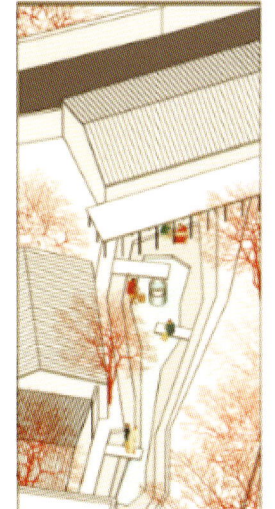   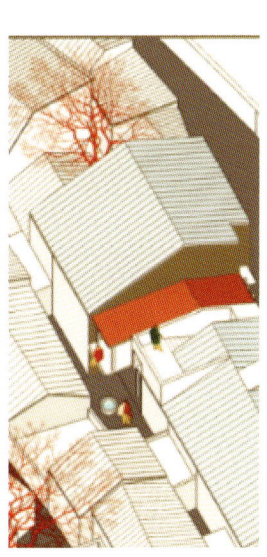  

街道改造效果图

合水口村 - 人文栖居风俗画卷

2023「南粤杯」7+1 联合毕业设计竞赛
深圳市光明区公明古墟保护和更新设计

节点设计 Node Design　　公明墟市节点设计

基地概况
该节点位于合水口与上村的交界处，总用地面积为1.29公顷，用地范围内需要对公明老墟进行保护。

基地数据表		
项目	单位	面积
总用地面积	m²	12977
总建筑面积	m²	28954
其中 居住面积	m²	10470
商铺面积	m²	5700
容积率		2.23
建筑密度		77%
绿化率		0.15

建筑现状问题
公明老墟有条长近200m的骑楼街，其商业情况曾经极为盛一时，但由于其他商业形式的出现，商业中心的转移，导致这一片曾经繁华的地方逐渐走向没落，城市现状风貌破损严重，商业氛围低迷，同时伴随着场所记忆缺失以及休闲空间匮乏。

公明墟整体规划
规划由南至北将公明墟建筑分为四个区域分别进行不同形式的改造设计，引入不同的商业形式，从南至北形成墟市由开敞—半开敞—传统骑楼街—原始集市的转变，设置趁墟—望墟—卫墟—游墟四种活动路径，续公明之盛，承公明之德。

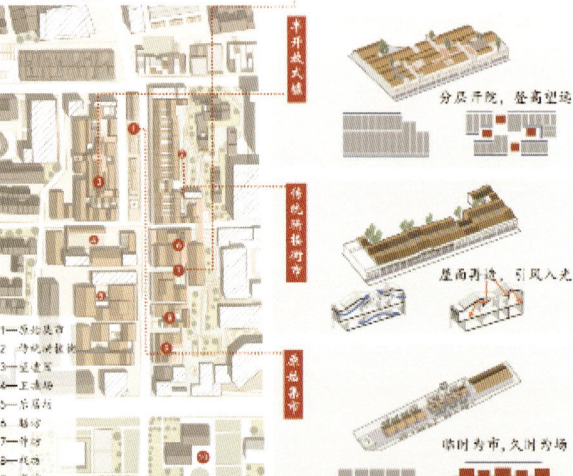

规划策略

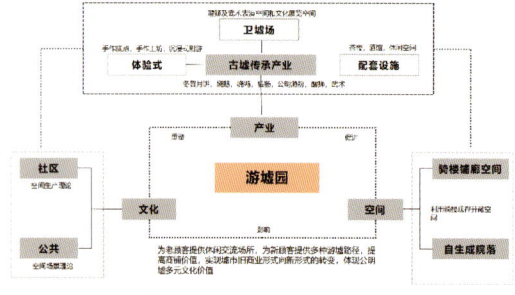

半开敞式墟市详细设计

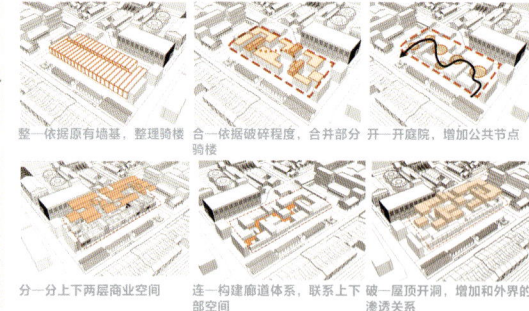

整—依据原有墙基，整理骑楼
分—分上下两层商业空间
连—构建廊道体系，联系上下部空间
合—依据破碎程度，合并部分
开—开敞庭院，增加公共节点
破—破屋顶开洞，增加和外界的渗透关系

骑楼空间分析与转译
分析：现状骑楼多数为病态的长条形，且底层高度不能够满足正常人流需求，及空间的舒适度。

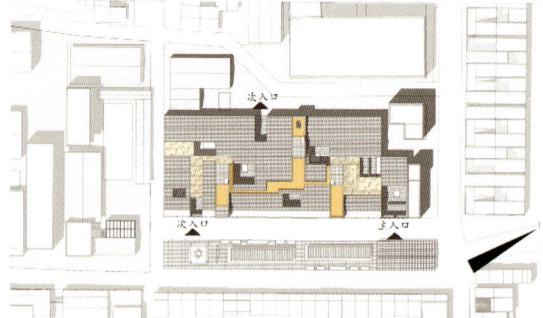

转译：打破传统骑楼单侧商业街模式，打造符合现代消费习惯的骑楼商业街，提升商铺价值的同时，给顾客以丰富的消费体验。

昆明理工大学

Kunming University of Science and Technology

金雨亭

　　从寒冬至盛夏，很荣幸在大学的最后一程留下这样精彩的回忆。感谢"南粤杯"联合毕设提供的宝贵机会，小品演绎、艺术装置、角色扮演等等新奇的环节，让我们更加深刻地体会到规划落入实际项目的意义。感谢一路上遇到的老师与同学们，祝愿大家前程似锦，一帆风顺。

林佳欣

　　深圳—昆明—成都，联合设计的每一站的经历都让人难忘。很荣幸能在这段时光中遇见各位老师与同学，我会永远珍惜这段惊喜又宝贵的回忆，也会弥补自己的不足，永不停下思考钻研的步伐。

祝鑫晖

　　非常感谢"南粤杯"7+1联合毕业设计这个平台，在这段愉快而难忘的经历中，我学到了很多专业知识，也交到了很多优秀的朋友，感谢各位老师与同学，感谢一切相遇的人们，愿你我在往后的学习生涯中勇往直前。

罗　冀

　　参加这次联合毕业设计是对过去五年专业学习一个很美好的收尾，感谢在这段时光里各位老师的悉心指导，在这次合作过程中的辛酸、欢笑、自豪都令人难忘，这些记忆共同组成了我人生经历中的宝贵回忆。

夏兴洪

　　这次联合毕设中老师的指导、同学的帮助都令人心怀感恩，深圳的场地调研，昆明的工作营，成都的最终答辩，每一次的经历都惊喜、珍贵，也让我对城乡规划这个专业有了更加全面的认知和理解。

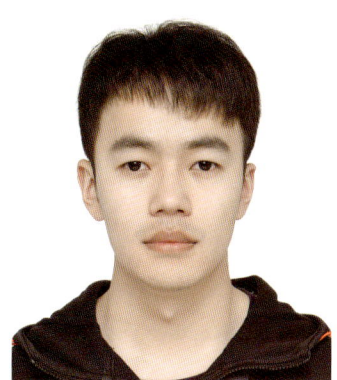

王振金

　　三个月的时间转瞬即逝，这次联合毕业设计是终点也是起点。在参与联合设计的三个月里，与不同学校的老师同学交流中，扩展了自己的视野，也学到了很多专业知识，与优秀的同学结识，完成了一份深刻且有意义的作品，感谢队友们的互帮互助，愿我们都不忘初心，砥砺前行。

三味漫城·烟火重缘 —— 深圳市光明区古墟保护和更新设计

Protection and Renewal of Ancient Villages in Guangming District, Shenzhen

指导老师：陈 桔 项振海 张欣雁
团队成员：金雨亭 林佳欣 祝鑫晖 罗 冀 夏兴洪 王振金
2023"南粤杯" "7+1联合毕业设计

上位规划

粤港澳大湾区层面

光明区层面

深圳市层面

合水口层面

上位规划关键词总结

历史沿革

历史文化进程

明朝·1423年　清朝·1636年　民国·1912年　1929年　新中国成立后·1949年　改革开放·1978年

河流文化发展历程

起源： "合水口"村名来源于自然地貌，可简洁译为**两河合流之口**。

繁荣： 依托水运发展埠市，在东江河道图，显示合水口村位于水贝附近。

停滞： 新中国成立初期，以农业发展为主，呈现典型的广府传统村落分布模式。

现状： 改革开放后，逐渐成为"城中村"，现场地内已无可见水系。

场地特色挖掘

广府文化

建筑形态　文物古迹　民间工艺　民俗礼仪　传统技艺　风俗节日　粤剧粤曲　茶楼文化　语言童谣

山水格局

广府文化定义及特色

岭南文化中包含汉族三大民系文化：**广府文化、潮汕文化、客家文化**。

广府文化指以广州为核心、以珠江三角洲为通行范围的粤语文化。按照这一说法，广府人的分布地域相当广大，其地域包括粤中、粤西南、粤北，以及桂东南一带。

广府民系是广东省三大民系中的第一大民系，其人口所占比例占60%，聚居的地方占全省面积的1/3以上主要分布在广州、佛山、东莞以及粤西南的广大地区。

这一地区有山区地带、起伏不平的丘陵台地、珠江三角洲平原和漫长的海岸线，各地区之间被山脉和水系所阻隔，很难交流融通。先秦时代，当中原诸侯在逐鹿中原、争夺霸权的时候，此开发程度仍很低。

探寻广府源头，从诸多历史考证来看，梅关古道上的南雄珠玑巷是非常重要的发祥地，是中原及江南百姓战乱时等原因向广东珠三角大迁徙中最大的通道。大批中原百姓途经此古道，暂住"歌腳"，或滞留几代繁衍后再中转南下珠三角，故珠玑巷成了广府人最大的来源，被称为广府人的祖居之地，是中国三大寻根地之一。

移民文化： 历史上几次大的移民潮，广东地区都成为南下移民的最后沉淀地，来自江湖四海的移民群丰富了广府文化内涵。

兼容文化： 天南地北，多元文化，汇聚广东，经过岁月的洗礼，各种文化内容相互交织辉映，形成了广府多元兼容的特点。

开放文化： 从汉代开始与海外文化的接触交流，故敢于吸收、摹仿和学习西方。精神文明，并将传统文化与之相互融合。

武术、醒狮文化

洪拳的起源、发展及现状

岭南先民潘创立洪拳
三位嫡系弟子扎根湖北
清末三十万人练拳
清末民初教亡仍存传授洪拳
传入推动洪拳入非遗
海内外爱好者学广州拜师

南拳"洪刘蔡李莫"五大名拳之首
广州地区分布量广的拳种
以龙、蛇、虎、鹤等象形创编

醒狮的出现、普及及体系
起源于南海县，后流传广州和遂溪
明代时，醒狮在广东出现
20世纪80年代，乡乡都有醒狮队
普逢节庆必有醒狮助兴
1985年广州工人醒狮协会注册
庆贺春节技艺馆狮陈式演艺

舞狮舞得好，功底在洪拳
狮头以三国人物的粤剧脸谱为基础
象征驱邪避害的吉祥瑞物
"七星醒狮"入选非遗

"我们要是都不保留自己的文化，要等谁来替我们保留？"——林玉珵

岭南祠堂文化

岭南祠堂　客家祠堂　广府祠堂　潮汕祠堂

朴实无华
庄重典雅
角色丰富
装饰素雅

广府祠堂文化

正脊以鳌鱼吻兽收束，象征消灾灭火
驼峰斗栱梁架为三种梁架形式中最为讲究的
象征古代的官帽，取意前程远大，"独占鳌头"
梁上立驼峰，驼峰上置斗栱承托梁和檩
为表彰功名、科第、德政以及忠节行为所立

鳌鱼吻兽　梁架　镬耳　驼峰斗栱　龙船脊　牌坊

麦氏大宗祠立面　麦氏宗祠前堂　麦氏宗祠内部

空间环境解析

■ 肌理分析

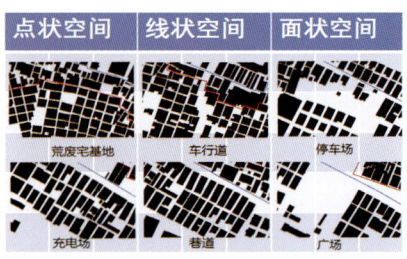

■ 公共服务设施

■ 自然生态

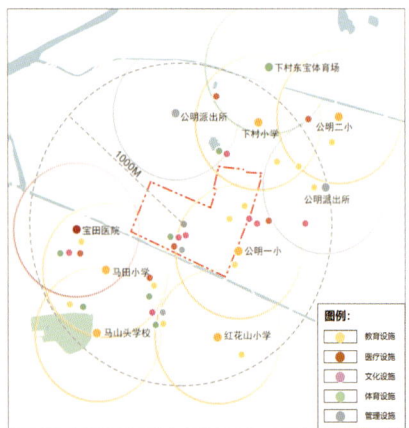

人群需求分析

■ 人群基本信息

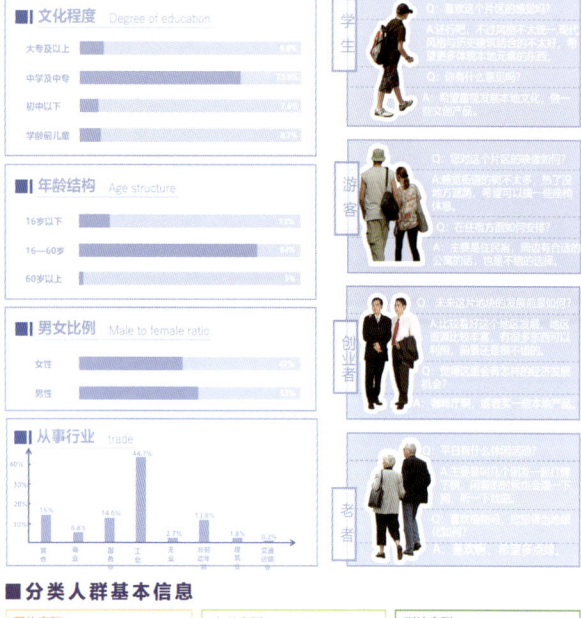

■ 分类人群基本信息

■ 使用人群感知

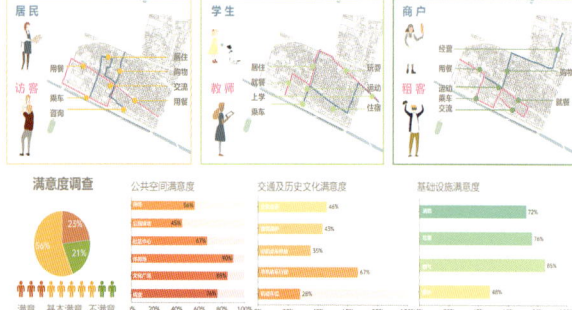

■ 人群访谈痛点

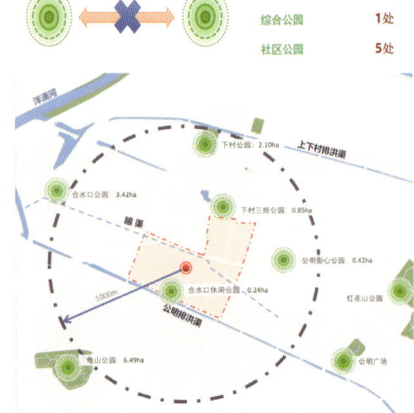

■ 人群基本信息对比

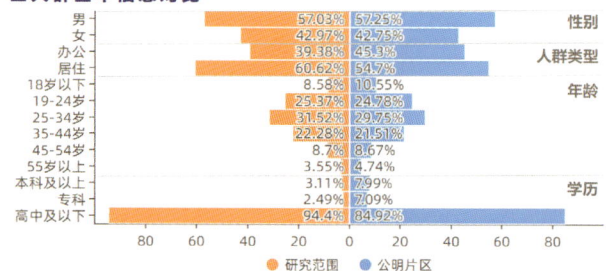

■ 公共空间热力图分析

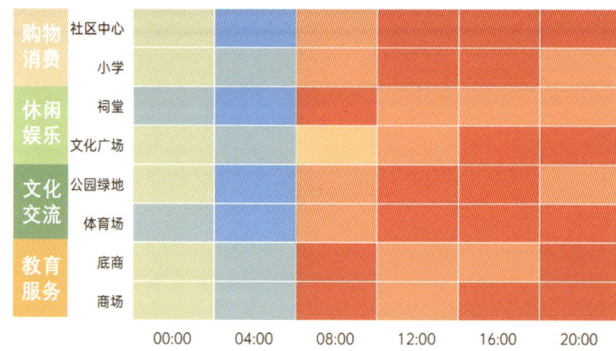

前期分析总结

困境1： 本地人口交际网络封闭，外来人口归属情感缺失

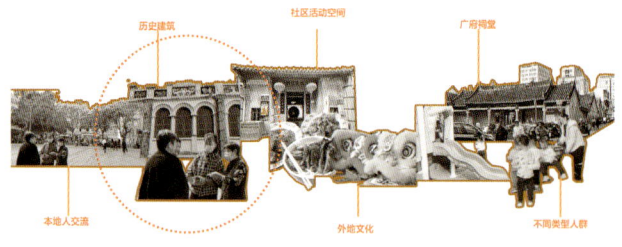

困境2： 本地特色老字号的没落，外来创新创业者的黯淡

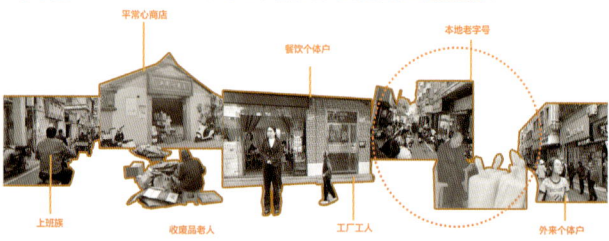

困境3： 人群公共空间需求庞大，场地剩余空间开发不足

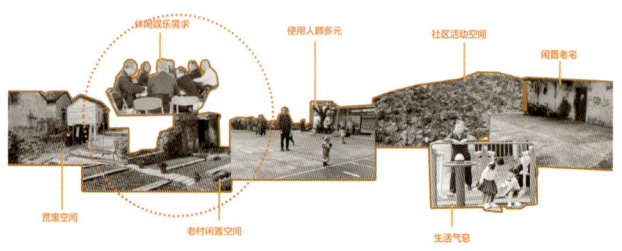

概念提出

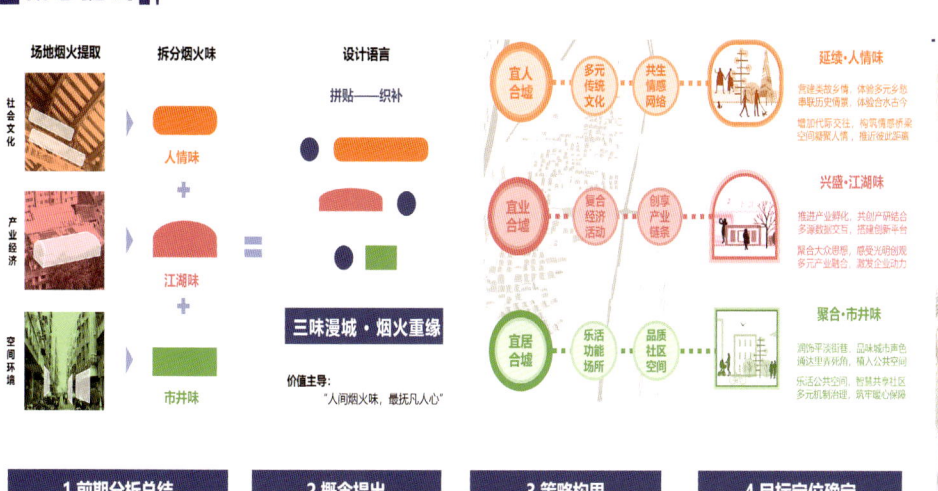

1.前期分析总结	2.概念提出	3.策略构思	4.目标定位确定
传统人情味消解 多元历史传统文化失语 外来人口归属情感缺失	人情味 文化活力延续 / 回应城中村社区关系消解的问题	多元传统文化 共生情感网络	营建类故乡情，体验多元乡愁 串联历史情景，体验合水古今 增加代际交往，构筑情感桥梁 空间凝聚人情，推近彼此距离
业态江湖味溃散 本地特色老字号的没落 外来创新创业者的黯淡	江湖味 产业活力兴盛 / 回应城中村业态环境溃散的问题。	创享产业链条 复合经济活动	推进产业孵化，共创产研结合 多源数据交互，搭建创新平台 聚合大众思想，感受光明创观 多元产业融合，激发企业动力
社区市井味淡化 社区交往空间活力不足 邻里居住环境质量降低	市井味 社区活力聚合 / 回应城中村空间场所衰败的问题。	乐活功能场所 品质社区空间	润饰平淡街巷，品味城市声色 通达里巷死角，填入公共空间 乐活公共空间，智慧共享社区 多元机制治理，筑牢暖心保障

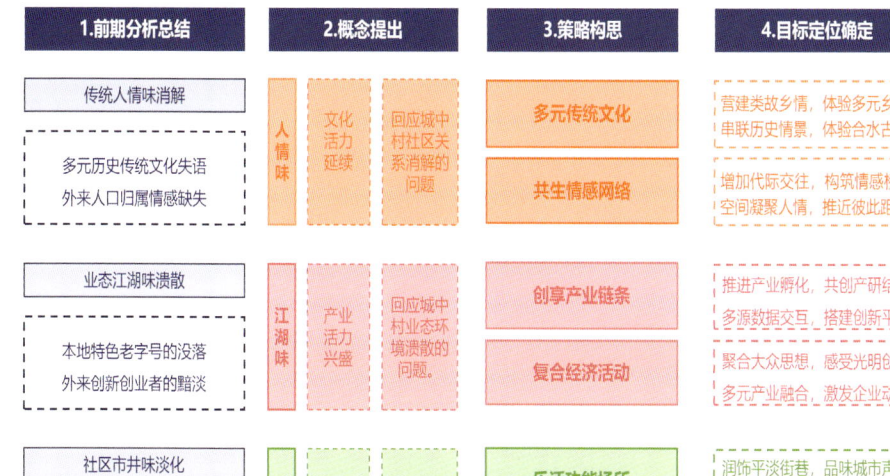

■ 片区治理组织架构（现状）

外来租客在该片区治理组织架构中**缺乏话语权**，大部分的管理、开发权归合水口村民掌管的合水口股份有限公司所有，因此，在后期规划时，如何适当增加外来租客的话语权，是破除当前困境的重要一步。

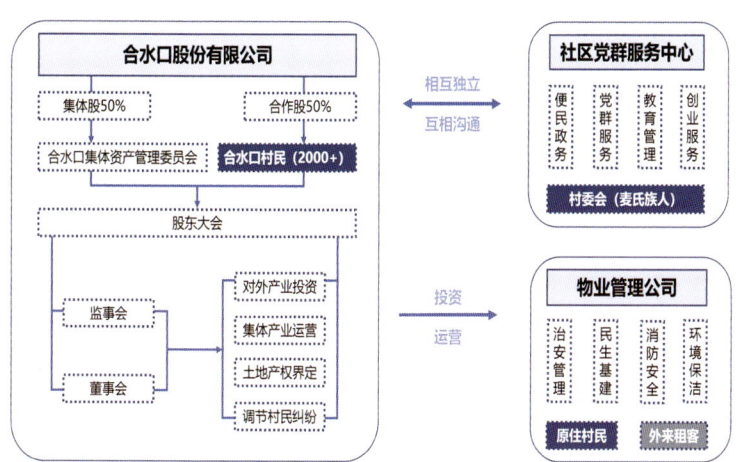

■ 片区治理组织架构（规划）

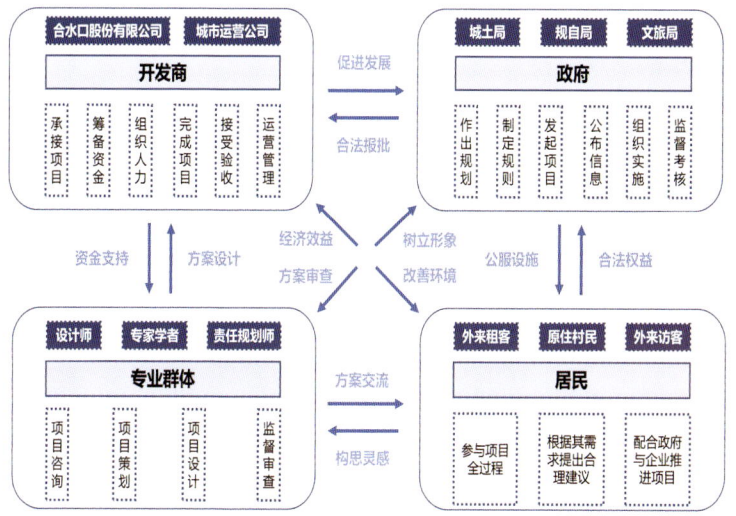

人情味

■ 营建类故乡情，体验多元乡愁

■ 增加代际交往，构筑情感桥梁
不同代际人际人群画像及对应空间需求研判

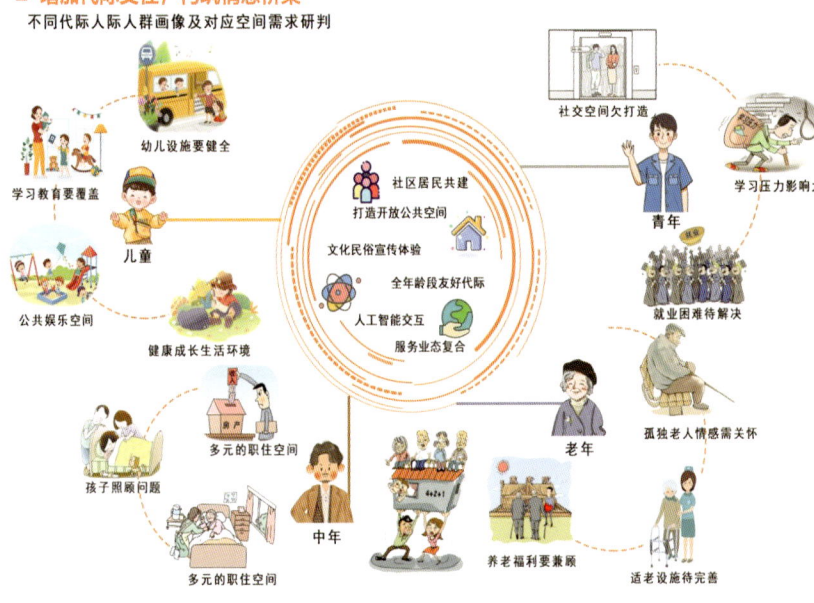

■ 串联历史情景，体验合水古今

■ 空间凝聚人情，推近彼此距离

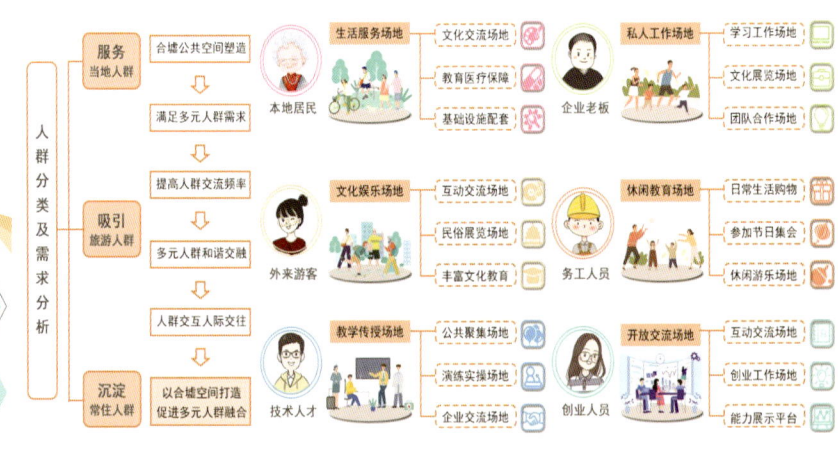

江湖味

■ 推进产业孵化，共创产研结合

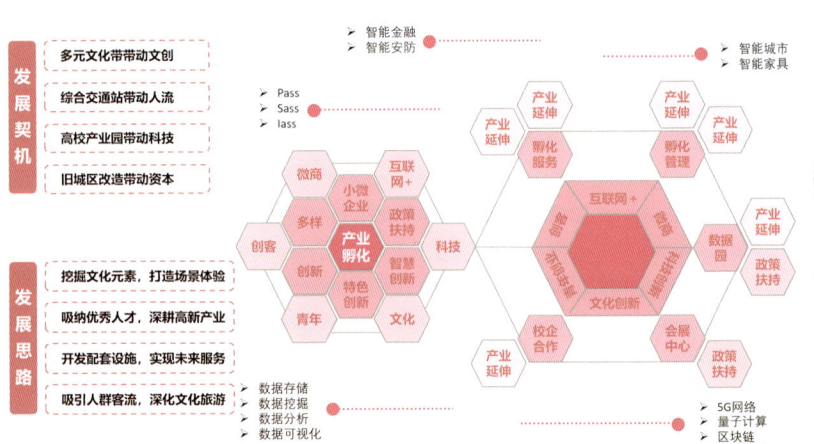

■ 多源数据交互，搭建创新平台

共建产业联盟，推进行业智能化。
收集识别行业数据与经验，建立新标准；
远程连接、云体验和场景化体验给用户带来新产品体验；
洞悉产业链上下游利益诉求，打通生产和消费间的价值链。

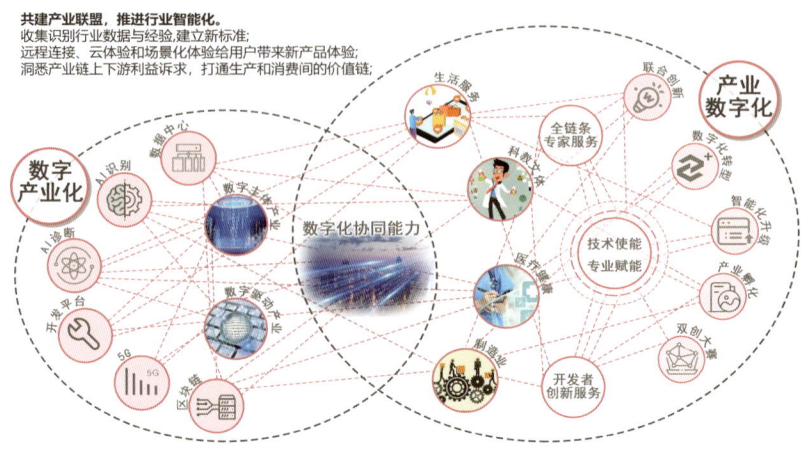

江湖味

■ 桥接产业配套，共建创新环境

■ 多元产业融合，激发企业动力

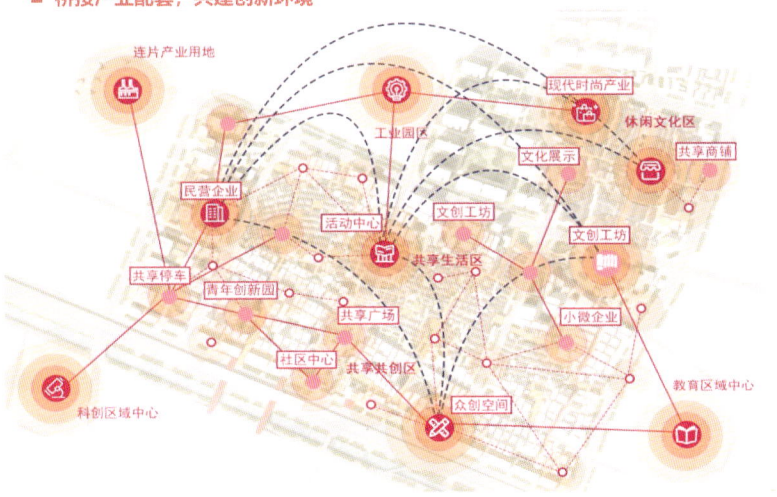
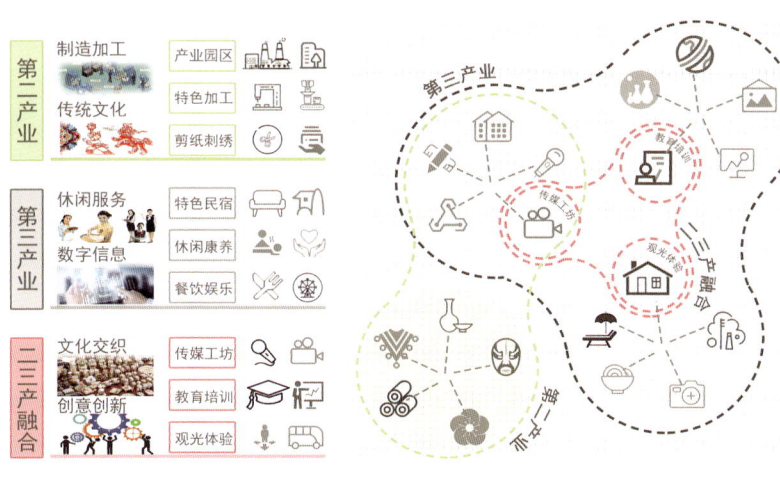

市井味

■ 润饰平淡街巷，品味城市声色

■ 乐活公共空间，智慧共享社区

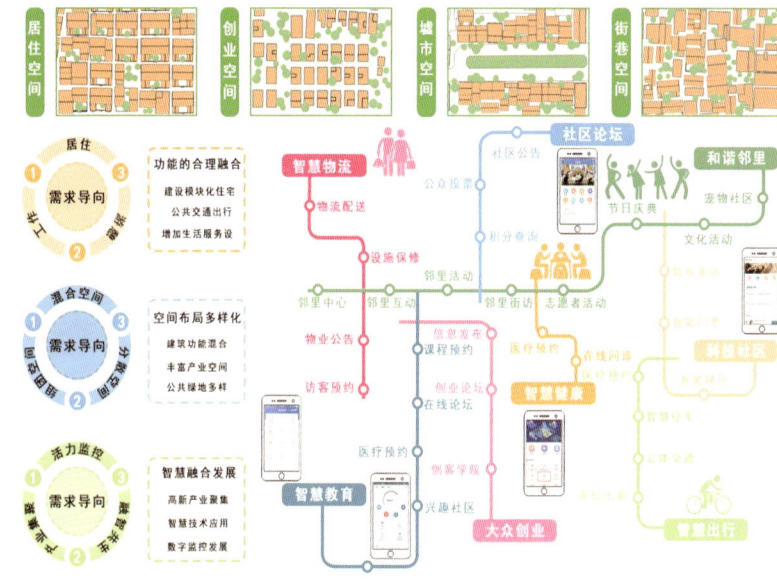

■ 通达里弄死角，植入公共空间

■ 多元机制治理，筑牢暖心保障

■ 创享机制

■ 多方合作

■ 智慧更新

结合现状进行空间更新，加装各类便民设施，提高居民生活品质。

■ 人群导向公服组织机制

使居民充分享受以老年人等弱势群体优先的公共服务和文化娱乐设施

■ 创意街区

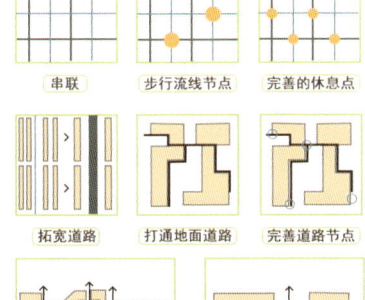

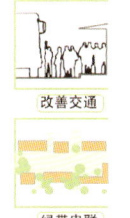
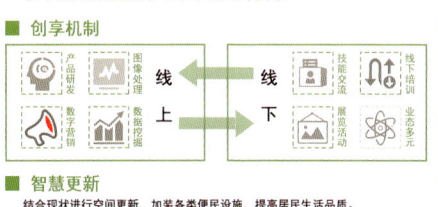

规划方案

规划总平面图

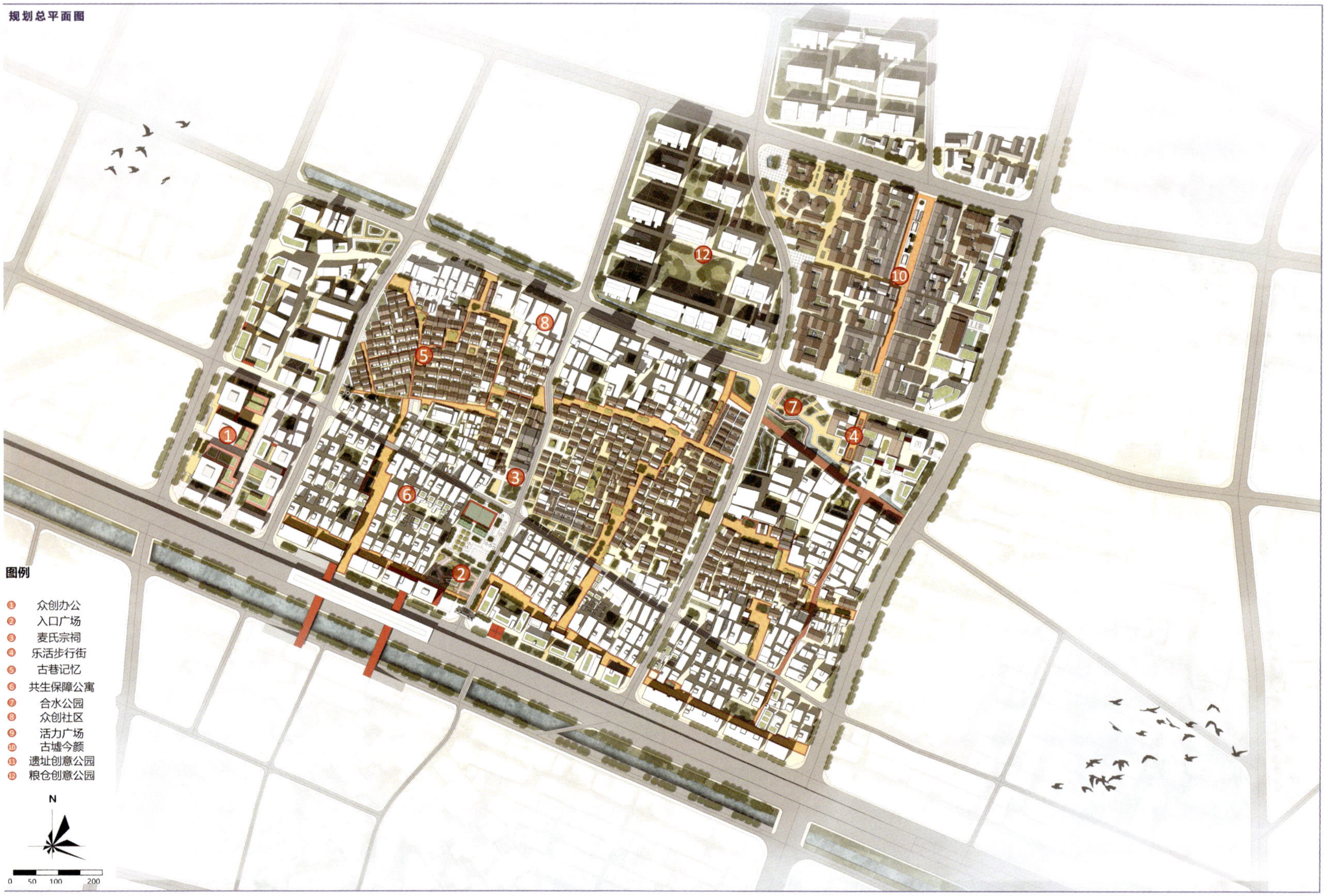

图例
1 众创办公
2 入口广场
3 麦氏宗祠
4 乐活步行街
5 古巷记忆
6 共生保障公寓
7 合水公园
8 众创社区
9 活力广场
10 古墟今颜
11 遗址创意公园
12 粮仓创意公园
N
0 50 100 200

规划分析

道路系统规划

公共空间规划

图例：
慢行路径
主轴线
公共空间
运动空间
文化空间

绿地系统规划

图例：
景观主轴
景观次轴
景观渗透绿楔
主要景观核心
次要景观节点

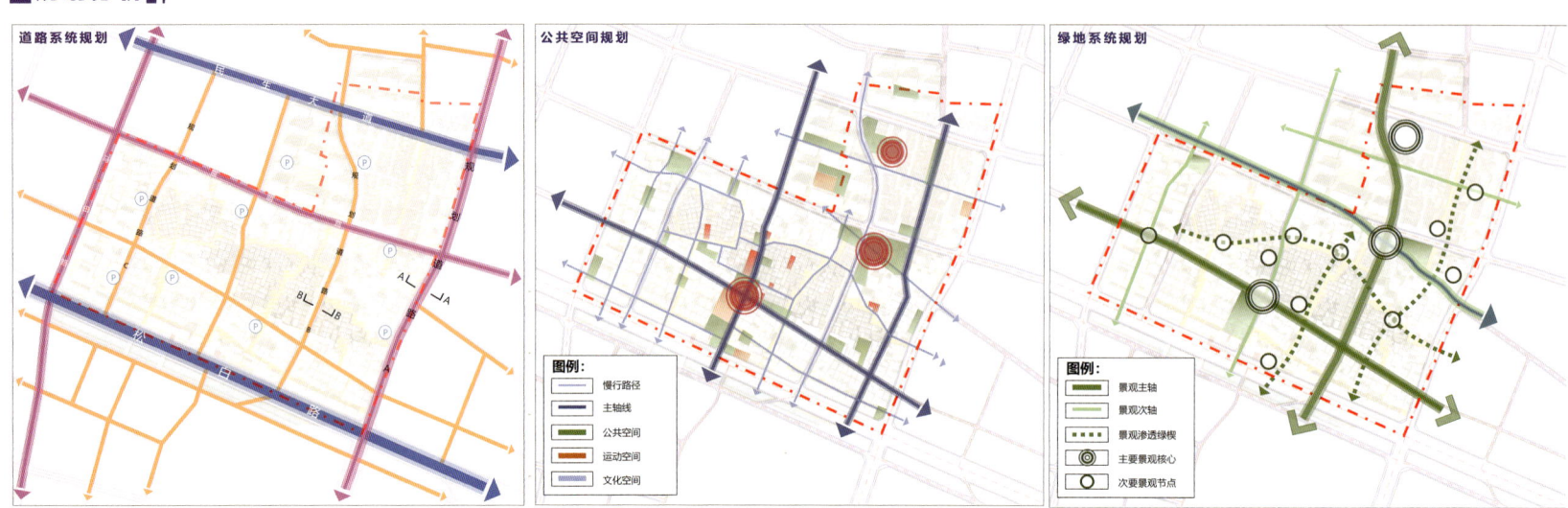

规划分析

功能分区规划

空间结构规划

防灾减灾规划

规划方案

鸟瞰图

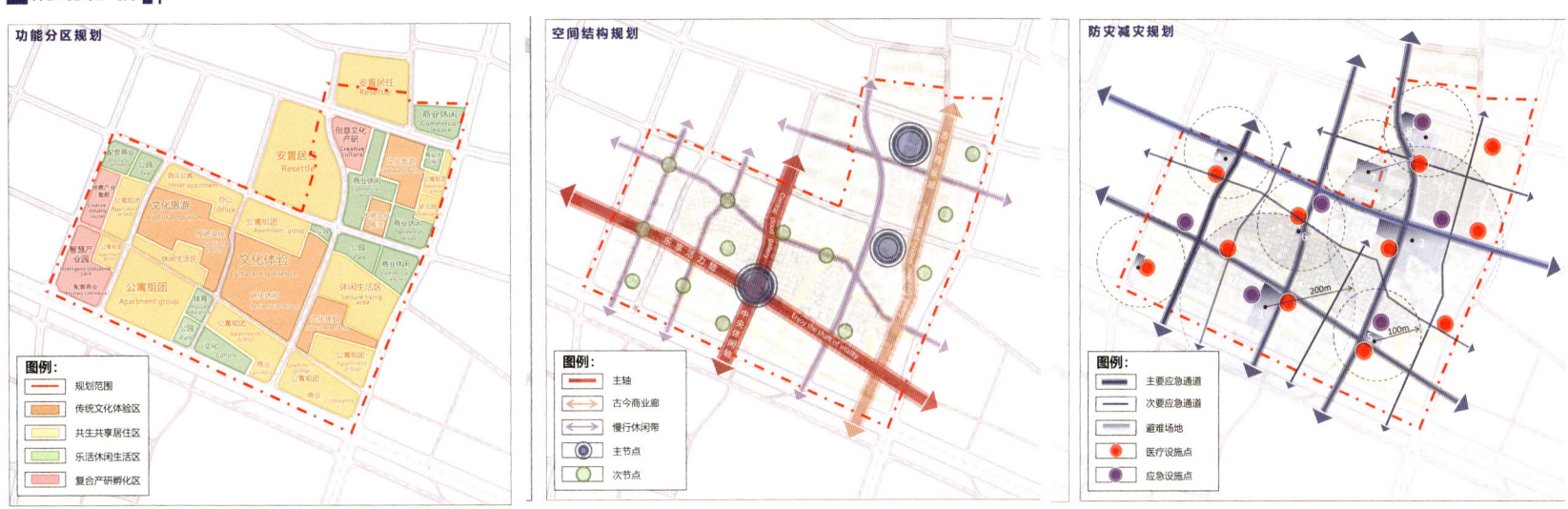

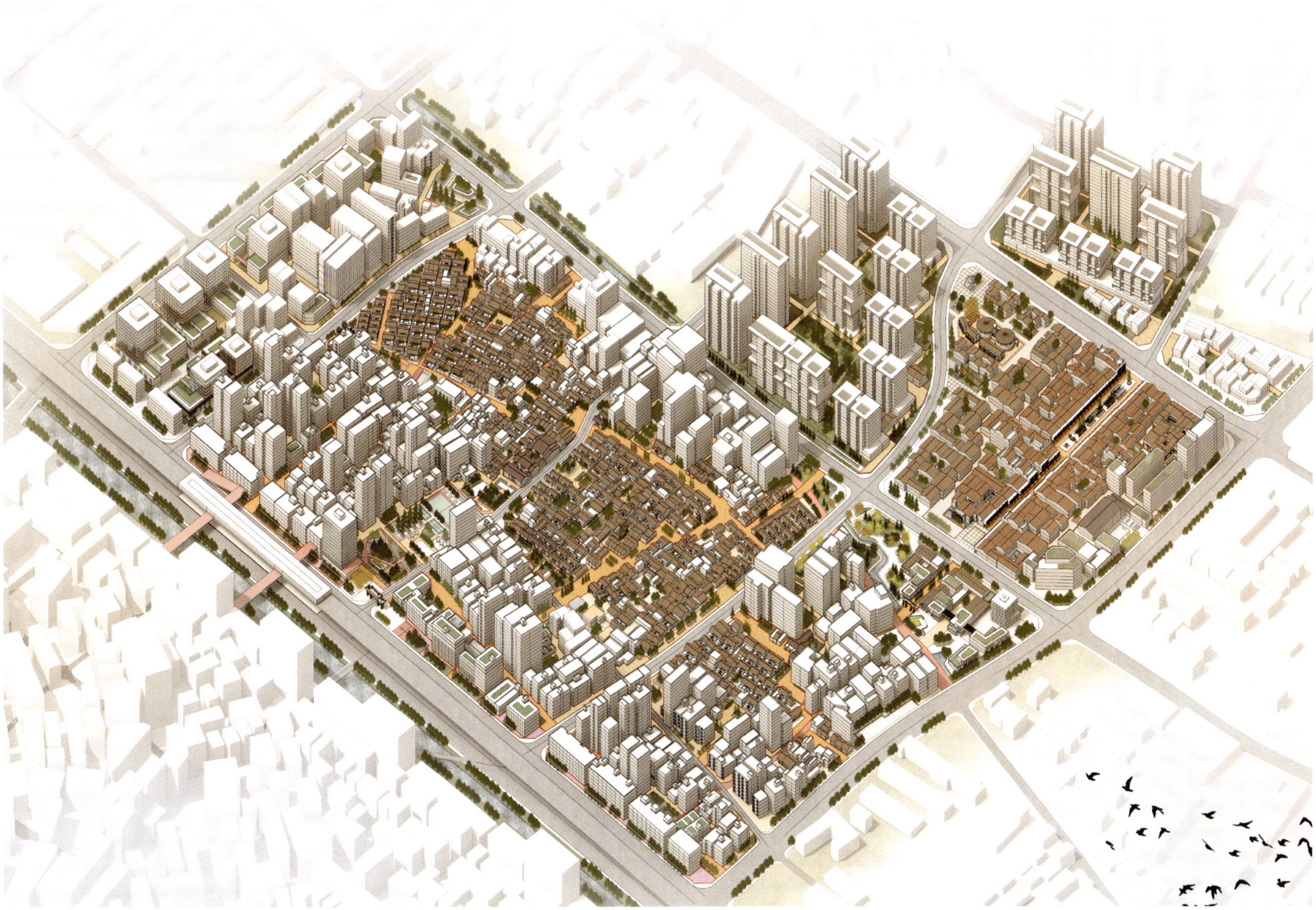

用地布局

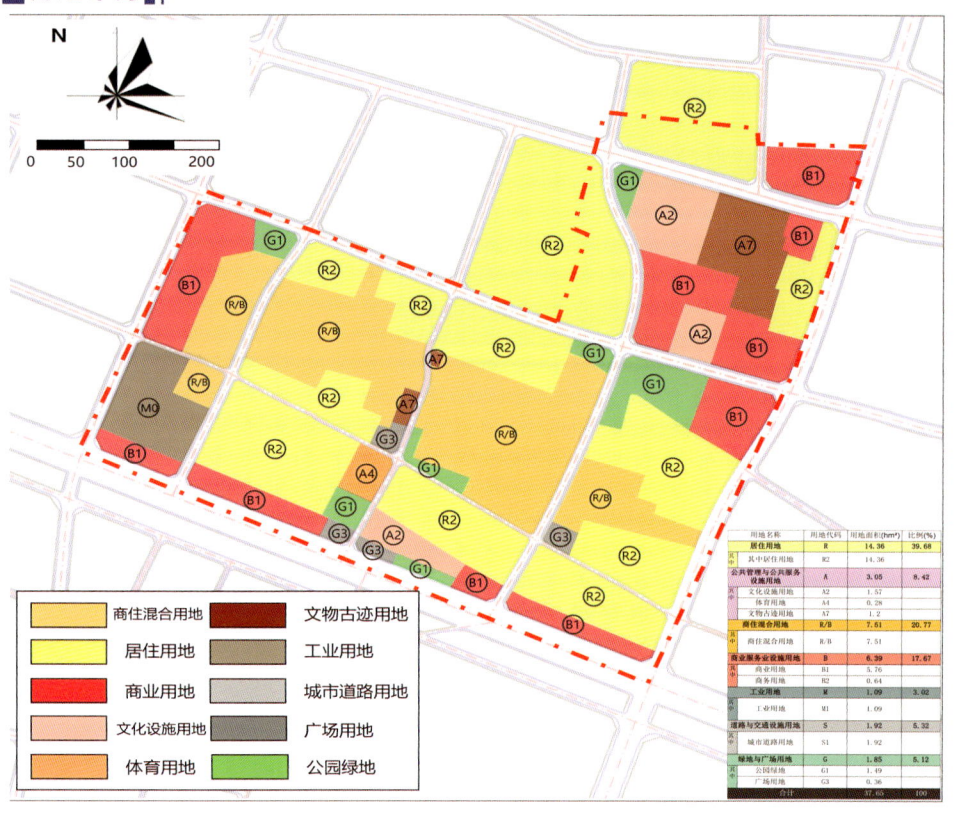

原有工企业多为普通加工业

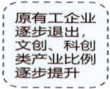

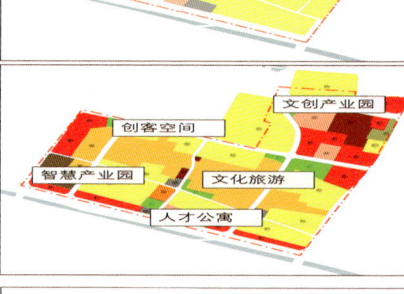

原有工企业逐步退出，文创、科创类产业比例逐步提升

居住用地分散，均匀化分布，生活环境质量差

消减部分零散居住用地，公明古墟片区新增二类住宅用地

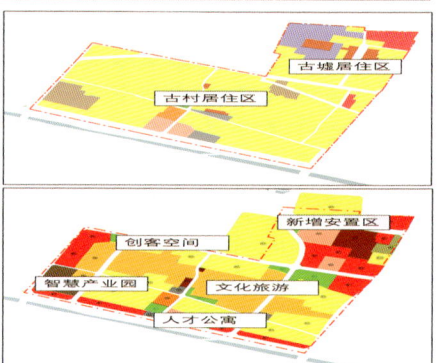

■ 地块用地指标
总用地面积:6.01公顷
- 居住用地面积：3.93公顷
- 商业用地面积：0.98公顷
- 公共管理与公共服务设施用地面积：0.67公顷
- 绿地与广场用地面积：0.43公顷

其中：居住用地面积占65%

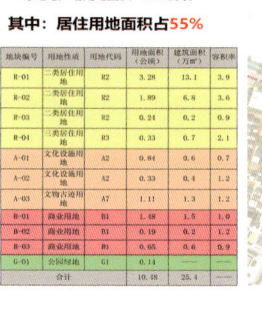

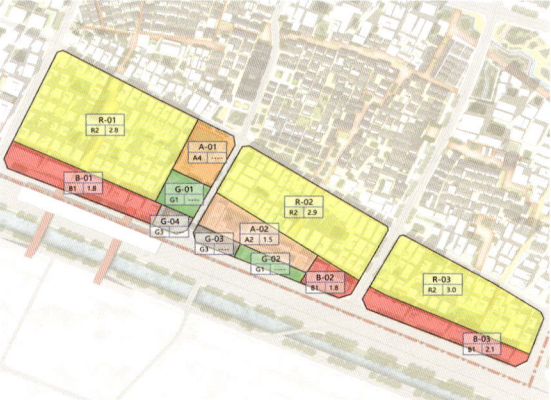

■ 地块用地指标
总用地面积:12.9公顷
- 居住用地面积：5.02公顷
- 商住用地面积：6.1公顷
- 商业用地面积：0.64公顷
- 公共管理与公共服务设施用地面积：0.11公顷
- 绿地与广场用地面积：1.03公顷

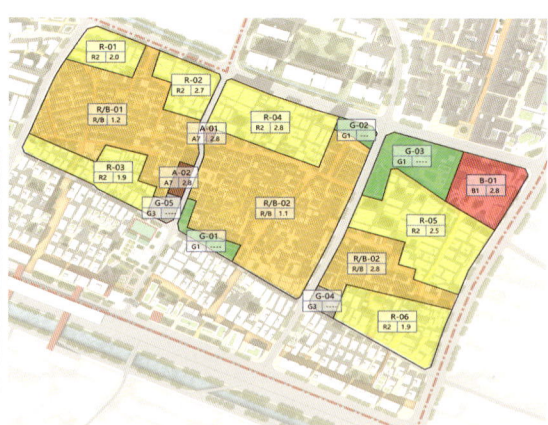

■ 地块用地指标
总用地面积:10.43公顷
- 居住用地面积：5.74公顷
- 商业用地面积：2.28公顷
- 公共管理与公共服务设施用地面积：2.32公顷
- 绿地与广场用地面积：0.14公顷

其中：居住用地面积占55%

■ 地块用地指标
总用地面积:12.9公顷
- 居住用地面积：5.02公顷
- 商住用地面积：6.1公顷
- 商业用地面积：0.64公顷
- 公共管理与公共服务设施用地面积：0.11公顷
- 绿地与广场用地面积：1.03公顷

用地开发

■ 开发建设规模
开发强度控制

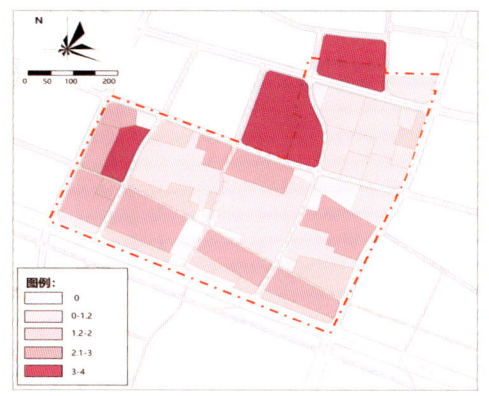

在保持古村、古墟低容积率的基础上，适当提高部分地块容积率。

建筑强度控制分析图

■ 开发建设规模
建筑密度控制

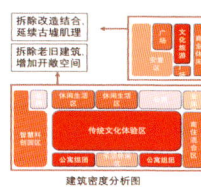

建筑密度分析图

■ 开发建设规模
建筑高度控制

通过建筑高度控制，营造两条主要视线廊道

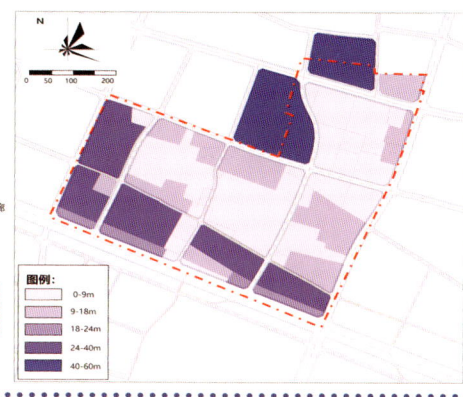

建筑高度控制分析图

■ 城市设计原则
基于项目具体条件与特点，提出三项原则

留 提升 — 保留建筑——保留提升
对现有建筑进行节能改造和修缮翻新，但不改变建筑主体结构和使用功能。

改 改造 — 改造建筑——改造升级
不全部拆除的前提下进行局部拆除或者加建。

拆 新建 — 拆除建筑——拆除新建
依据国土空间规划以及城市更新专项规划进行建设，并优先保障公共利益和产业发展空间。

拆除类型	建筑面积（万平）	比例（%）
拆除新建	12	20
改造升级	13	22
保留升级	34.9	59
总计	58.9	100

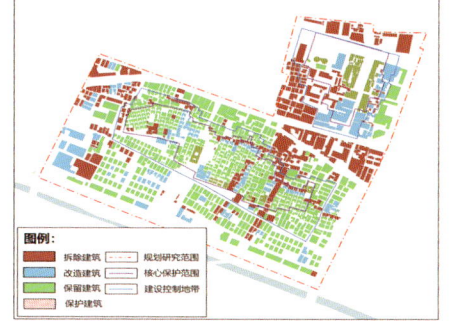

■ 业态布局引导

- **多元化经营**：增加城市的韧性和活力，吸引更广泛的受众群体。
- **适度配套**：通过合理搭配，让城市更新的不同业态相互补充，形成有机的整体。
- **市场化运作**：着眼于市场需求，考虑到市场规律和行业特点。
- **引入新科技**：探索利用新技术手段改善城市功能和品质。比如可以运用互联网技术建设智慧城市，实现信息共享和可持续发展。
- **绿色低碳**：引导业态布局的绿色化和环保化，以提高城市的整体环境。

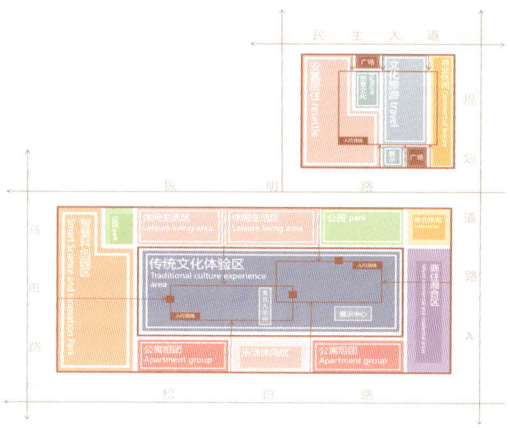

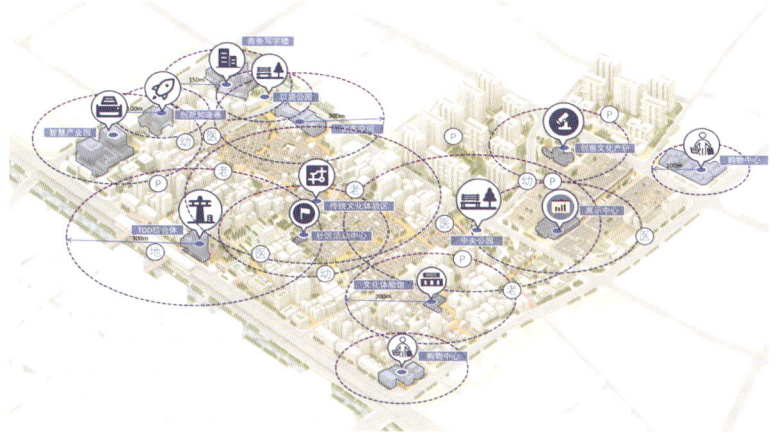

■ 园区管理

■ 开发运营模式

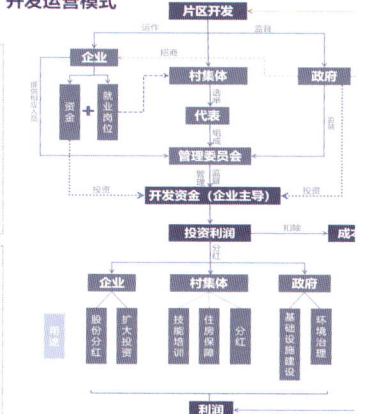

空间形态分析

■ 江湖味——创享产业链条（内外业态激活）

通过渐进式开发方式，分阶段重点打造。以创新办公为核心，吸引当地大量的小微企业入驻，以及外地知名公司，并逐步开展文化旅游、文创产业、现代时尚产业与研学产业，进行内外业态激活。

■ 江湖味——复合经济活动（产研创新平台）

通过学研科教服务、创新孵化服务与金融商务服务营建产研创新平台。

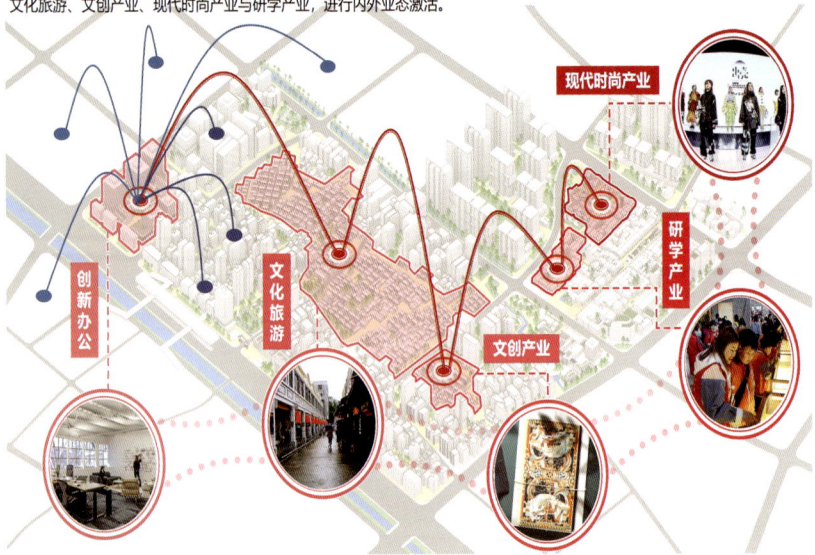
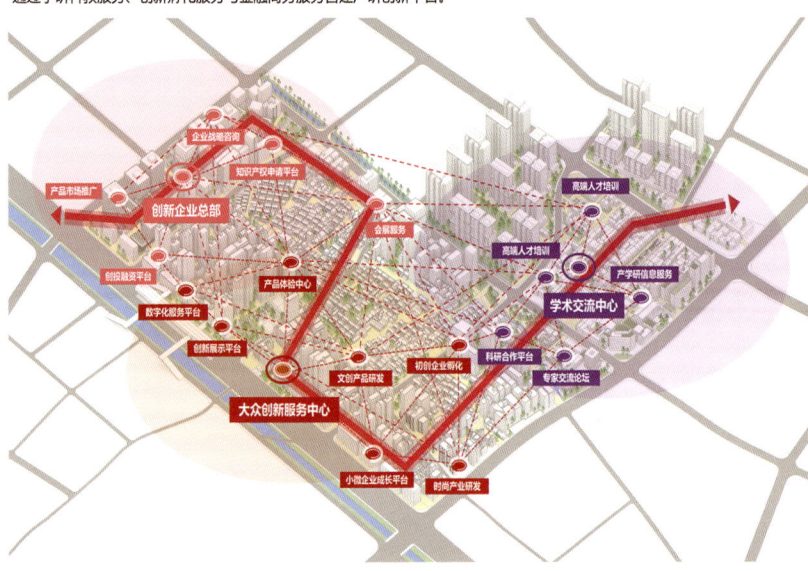

■ 人情味——共生情感网络（慢行系统串联节点）

通过连点成线，联通片区活力节点，通过接线成网，建设共生慢行网络。

■ 市井味——品质社区空间（城市视线通廊）

- **振明路视线通廊**：通过安置小区、滨河公园与高层自建房，打造振明路视线通廊。
- **规划路视线通廊**：通过高层自建房、合水口古村、公明墟与安置小区打造规划路路视线通廊。

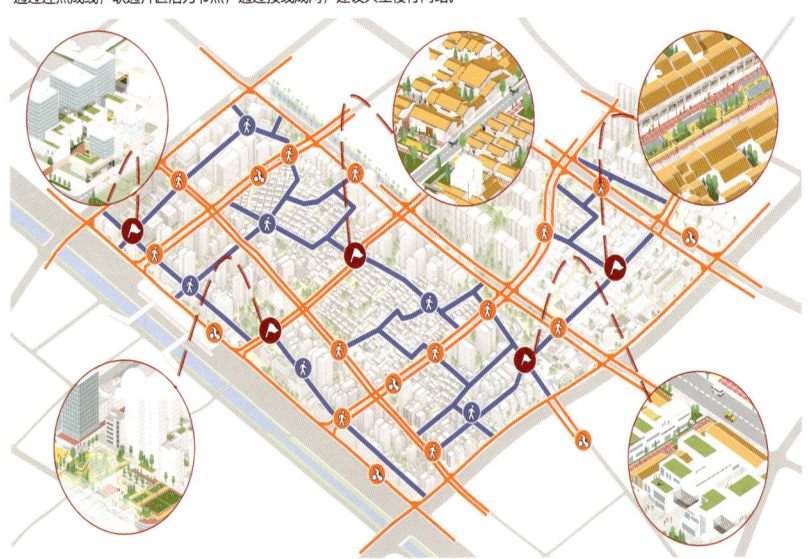

- **规划路视线通廊**：通过通过高层自建房、合水口古村与创新孵化建筑打造规划路视线通廊。
- **柏溪路视线通廊**：通过高层自建房、合水口古村与创新孵化建筑打造柏溪路视线通廊。

■ 市井味——乐活功能场所（开放空间景观）

- **水脉公园**：通过开放空间景观来连接公明墟和合水口村的视野通廊，并提供一个休憩空间给市民们。
- **社区公园**：将停车场和部分建筑改造为开放空间景观，与原篮球场结合为一个社区公园提供给居民活动。
- **粮仓广场**：将粮仓附近的建筑拆除，空出开放空间，并与仿古建筑结合为一个粮仓广场，提供给市民们活动。
- **街角公园**：通过开放空间景观来连接滨河公园和合水口村的视野通廊，并提供一个休憩空间给市民们。

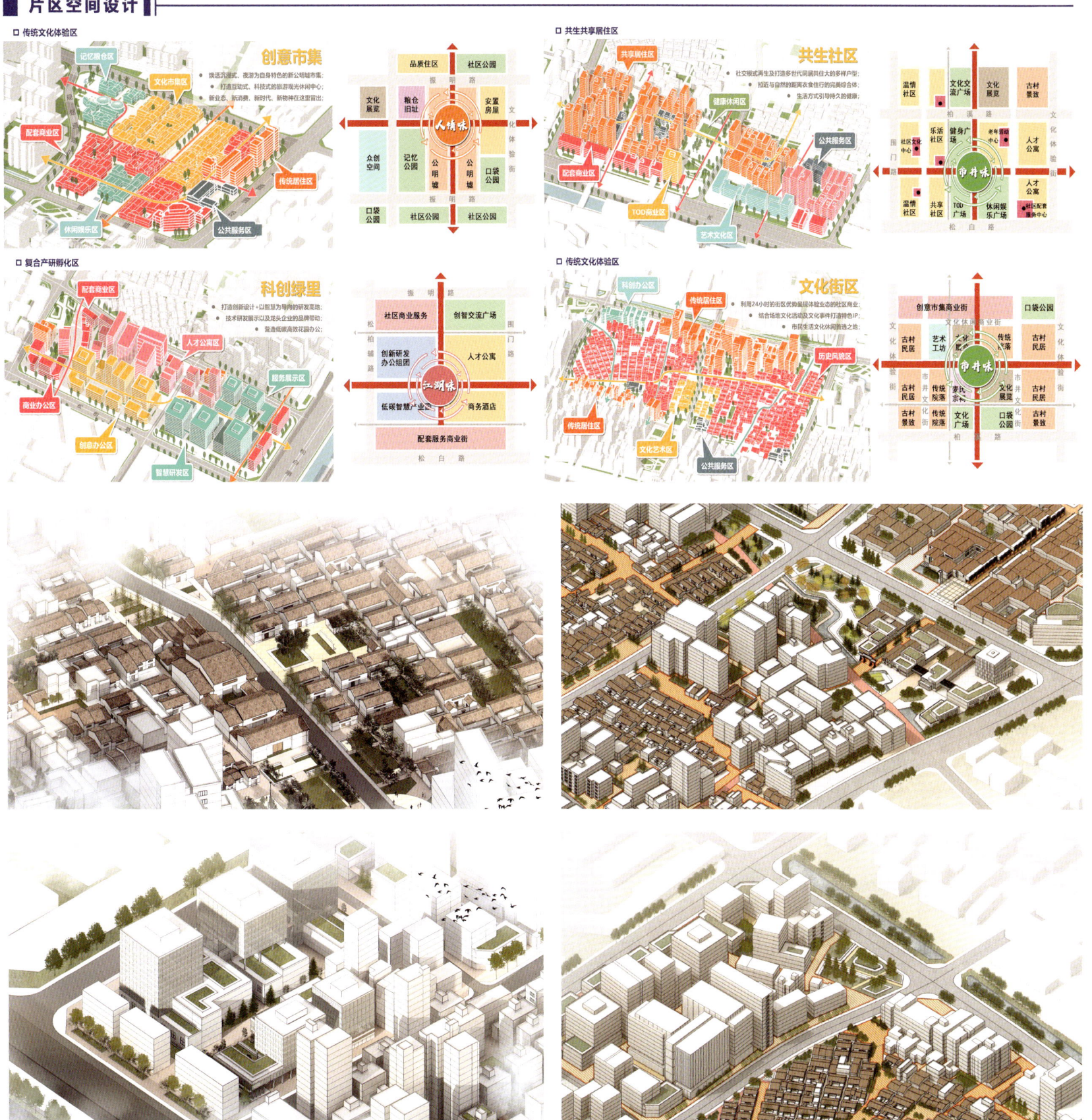

■ 节点

■ 乐活社区——发展目标

倡导TOD开发模式，围绕轨道交通枢纽与未来社区，打造一个"生活便利""健康活力""共生共享"的乐活社区。

LOCATION:

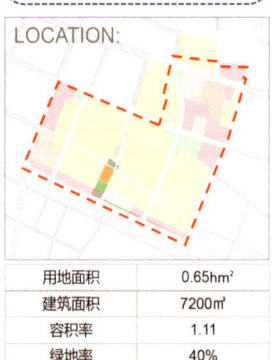

用地面积	0.65hm²
建筑面积	7200m²
容积率	1.11
绿地率	40%

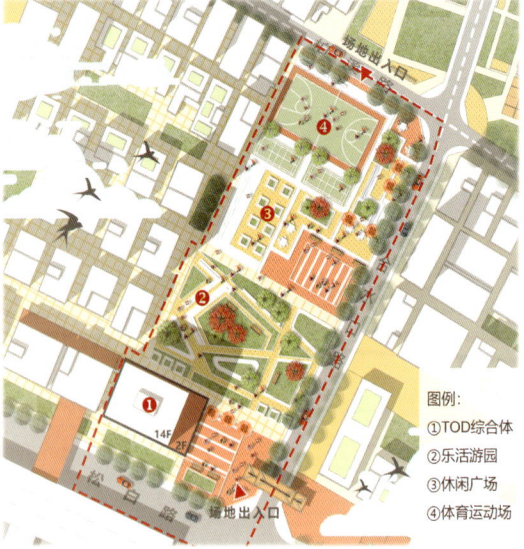

图例：
① TOD综合体
② 乐活游园
③ 休闲广场
④ 体育运动场

■ 合水口村——发展目标

微更新式进行场景触发，提升场地的开发性和公共性，打造一个"环境舒适""以人为本""融汇古今"的合水口村。

LOCATION:

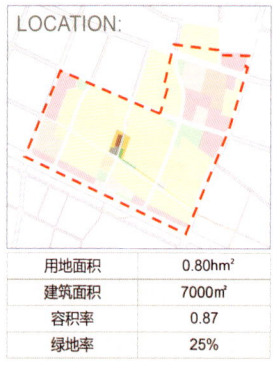

用地面积	0.80hm²
建筑面积	7000m²
容积率	0.87
绿地率	25%

图例：
① 麦氏宗祠
② 服务中心
③ 传统民居
④ 文化展馆

■ 乐活社区——空间塑造

公共空间规划策略

树立文化品牌，建设公服配套

串联破碎的文脉，感受沉浸式文化体验，建设公服配套，打造宜居合水口。

空间界面塑造，商业办公置入

结合生态基底，植入多元功能，引导业态有序生长，焕发街道活力。

生态滤网渗透，健康可持续社区

从人居角度出发，对社区空间环境健康综合设计，营造弹性可持续健康社区。

■ 麦氏宗祠——空间塑造

空间分析

美学物理空间

人文特色

地域特点

行为活动

文化生活新场景

生态空间规划策略

单一的街道空间　　绿廊渗透 增加游线

网络化的绿色空间

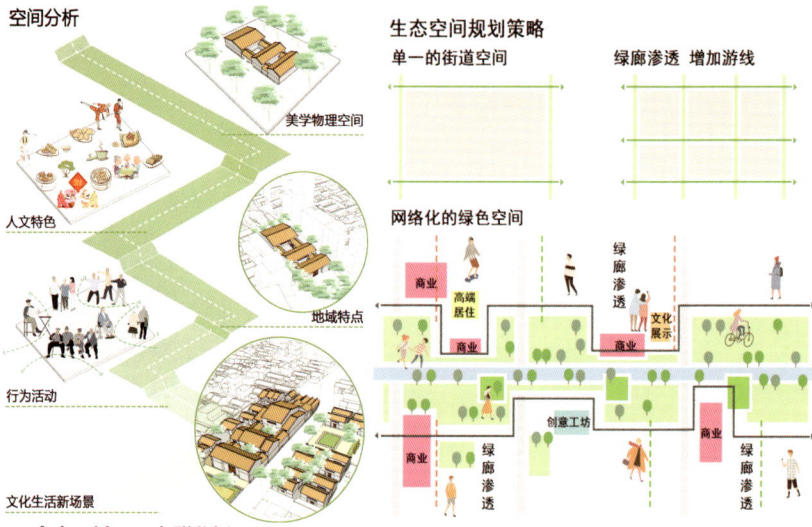

■ 乐活社区——人群分析

TOD综合体　乐活小游园　休闲广场　站前广场　共生交互广场　体育运动场

青少年居住者：放学下班以后可以约着朋友来这里打球、玩滑板，切磋切磋技术。

中老年居住者：平时和大家在广场下棋聊天，坐在树下乘凉可真舒服呀。

场地到访游客：平时乘地铁来这边逛逛街，然后顺便带着孩子来公园玩一会儿。

■ 合水口村——人群分析

集会小广场　麦氏宗祠　特色手作室　服务中心　休闲小游园　文化展示馆

社区工作人员：我们会定期聚集大家在文化馆举行社区文化学习、文化交流活动。

场地本地村民：平时就和大家在麦氏宗祠里面打牌、聊天，一起下象棋。

场地公寓租客：自从社区牵头环境整治以后，居住的环境质量提高了很多。

节点

■ 公明墟——发展目标

围绕现代时尚产业，集中布局创意市集、体验吧，打造一个"**时尚活力**""**创意体验**""**包容多元**"的公明墟。

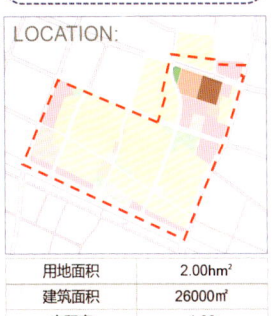

LOCATION:

用地面积	2.00hm²
建筑面积	26000㎡
容积率	1.30
绿地率	18%

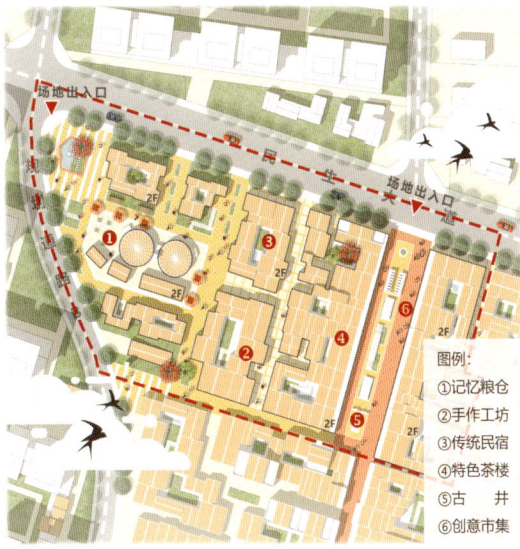

图例：
① 记忆粮仓
② 手作工坊
③ 传统民宿
④ 特色茶楼
⑤ 古　井
⑥ 创意市集

■ 记忆公园——发展目标

挖掘场地文化，艺术商业引领场地的可持续再生，打造一个"**年轻活力**""**艺术文化**""**创意共生**"的记忆公园。

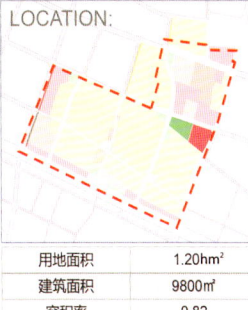

LOCATION:

用地面积	1.20hm²
建筑面积	9800㎡
容积率	0.82
绿地率	42%

图例：
① 滨水游园
② 设计工作室
③ 特色文创店
④ 文化展馆

■ 公明墟——空间塑造

功能主题

主题：文化产研		主题：商业休闲		主题：创意体验	
联合研发	跨领域联合开发	街头表演	村民活动交流舞台	文化体验	粮仓深入体验
科研沙龙	研究热点座谈	外摆商业	共享市井商业街区	VR沉浸	众创智能服务
交流会议	科研成果交流	民俗节庆	丰富古村文化活动	文创产品	文化科创产品展示
创智大会	服务交流提升	特色民宿	商住服务功能	观景平台	古墟一览眺望台

节点重要要素

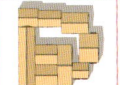  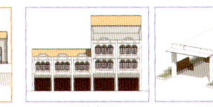  

广府民居建筑空间　广府建筑空间　粮仓建筑　创意工坊　骑楼立面　广场空间

节点空间打造

■ 记忆公园——空间塑造

植物配置方式

游人集中区域：宜选用冠形优美、形体高大的乔木进行遮阴。
停车区域：宜采用密植的方式，以降低对公园绿地的干扰。

观演区域：宜保持视线开阔，不宜用植物阻碍视线的植物。
儿童活动区域：宜种植中高型灌木或乔木，并采用通透式种植。

景观观赏区域：宜密植灌木或低矮的乔木，营造幽静、私密的空间氛围。
休憩区域：宜选用花坛，提供休闲座椅，宜搭配各色花卉以供观赏。

绿道剖面设计

人车混合型　人行步道

界面形式

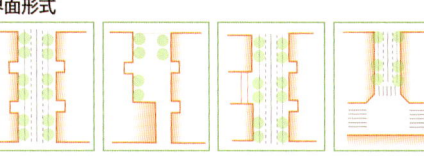

连续式　围合式　交叉式　连廊式

空间布局

组团连廊　人行天桥　底层架空　下沉广场

开敞空间　口袋公园　绿地组团　绿化廊道

■ 公明墟——人群分析

岭南文化馆　特色民宿
风情骑楼街　移动小摊贩
艺术手作店　特色茶楼馆

移动摊贩老板：每天晚上推着我的小摊来这热闹的墟市，最近生意可好了。

特色民宿老板：我的民宿在设计上结合了场地的古建，很多客人都感到非常有趣。

外来消费人员：听说这个墟市历史悠久，我特意坐地铁赶过来参观打卡一下。

■ 记忆公园——人群分析

休闲咖啡店
设计工作室　文化展示馆
连锁品牌店
特色文创店　个体零售店

合水村居住者：新建的这个商业街区可真方便啊，从家里出发步行五分钟就到了。

外来消费人员：先喝杯咖啡休息，等下约着朋友一起去看看附近展出的画展。

文创店上班族：我们根据本地的特色文化打造了特色IP，制作相关产品进行售卖。

场地风貌控制

■ 场地风貌分析（色彩提取）

环境色彩提炼	建筑色彩提炼	文化色彩提炼

从河道、公园、广场、院子等自然环境中提取蓝灰色系的色谱。 | 从现状自建房、工厂、商业建筑等已建现代建筑中提取黄褐灰色系的色谱。 | 从公明墟、合水口古村、传统文化等文化资源中提炼红黄褐色系的色谱。

■ 场地风貌分析（形态提取）

传统建筑提炼	现代多层建筑提炼	现代高层建筑提炼

传统建筑提炼

类型	尺寸/m
开间面宽	3.5~20
进深	4~17
首层高度	3~4
建筑高度	4.5~12

从公明墟、麦氏宗祠、合水口古村等中提取了传统建筑的尺寸。

现代多层建筑提炼

类型	尺寸/m
开间面宽	6~40
进深	5~60
首层高度	3.5~4.5
建筑高度	12~18

从工厂、商业建筑、自建宅等中提炼了现代多层建筑的尺寸。

现代高层建筑提炼

类型	尺寸/m
开间面宽	7~37
进深	6~33
首层高度	3.5~4
建筑高度	22~56

从自建宅、公寓建筑等中提炼了现代高层建筑的尺寸。

■ 创新孵化区建筑风貌意向

- **建筑空间**：本区强调办公孵化建筑组群自由有机的相互关系，并注重现代化的公寓生活配套建设。
- **建筑风格**：临道路一侧以稍大体量的现代主义建筑为主，塔楼与裙房都采用简约现代风格，立面应富有韵律及连续性。
- **建筑体量**：

类型	尺寸/m	符号
开间面宽	16~39	W
进深	12~25	D
首层高度	4~5	E
建筑高度	16~47	H

- **色彩材质**：色彩宜采用简洁明快的蓝灰色系，建材宜采用玻璃幕墙、金属条、浅色格栅等有质感的材质。

■ 多元生活区建筑风貌意向

- **建筑空间**：本区强调现状自建宅的改造优化，打造生活配套设施的宜人尺度、街道的场所感。
- **建筑风格**：通过改造场地小体量高层自建房，以现代风格为主，形成连续、多元、活泼的自建房建筑群。
- **建筑体量**：

类型	尺寸/m	符号
开间面宽	7~40	W
进深	6~33	D
首层高度	3.5~4	E
建筑高度	12~56	H

- **色彩材质**：色彩宜采用轻松愉悦的浅黄绿色系，建材宜采用贴砖、石材与格栅等。

■ 安置居住区建筑风貌意向

- **建筑空间**：本区强调现代化小区空间建设，构建连续、整体、典雅的建筑群，打造宜居生活环境。
- **建筑风格**：居住楼以现代风格为主，采取抽象、简洁的方式对建筑立面和形态进行设计，营造温馨、温馨、典雅之感。
- **建筑体量**：

类型	尺寸/m	符号
开间面宽	36~72	W
进深	12~20	D
首层高度	4~5	E
建筑高度	35~62	H

- **色彩材质**：色彩宜采用温馨舒适的浅红黄褐色系，建材材料宜采用石材、新型材料、金属格栅等。

■ 传统特色区建筑风貌意向

- **建筑空间**：本区强调合水口村与公明墟的传统风貌保护与协调，构建地域特色街巷空间。
- **建筑风格**：以明清广府建筑风格为主，公明墟的主街以岭南民居和南洋风格相结合的骑楼式商铺建筑为主。
- **建筑体量**：

类型	尺寸/m	符号
开间面宽	3.5~20	W
进深	4~22	D
首层高度	3~4	E
建筑高度	4.5~12	H

- **色彩材质**：色彩采用活泼欢快的红黄褐色系，建材宜采用适合传统建筑群气质的瓦片、石材、木材等。

■ 城市天际线

沿规划次干道界面：

轨道交通 — TOD综合体 — 古村入口 — 创客公寓 — 记忆公园商业 — 公明墟文化街 — 安置小区

河道 — 松白路 — 47m — 19m — 柏溪路 — 7m — 36m — 21m — 振民路 — 20m — 11m — 2m — 30m — 民生大道 — 8m — 60m — 规划道路

沿松白路界面：

创意办公大楼 — 创客公寓 — TOD综合体 — 古村主入口（牌坊）— 公共服务设施 — 安置小区 — 商业办公

马田路 — 42m — 规划道路 — 30m — 合水口路 — 47m — 60m — 15m — 21m — 25m — 规划道路
18m — 10m

沿民生大道界面：

市民菜场 — 公明墟文化街 — 粮仓艺术广场 — 安置小区 — 古村次入口 — 创客公寓 — 创意办公大楼

规划道路 — 30m — 8m — 47m — 60m — 27m — 45m — 15m — 42m — 马田路
8m

■ 景观风貌控制

创新孵化景观区
依托商业办公楼，结合建筑的连廊以及屋顶绿化形成一个多功能的办公休闲景观。

多元生活景观区
依托场地自建房，结合建筑屋顶绿化与公园形成一个多元青春的生活娱乐景观。

安置居住景观区
依托安置小区建筑，结合中心绿地以及楼间绿地形成一个宜人的生活运动景观。

传统特色景观区
依古墟古村，结合院落、巷道以及园林形成一个传统特色的文化体验景观。

图例：
- 规划范围
- 创新孵化景观区
- 多元生活景观区
- 安置居住景观区
- 传统特色景观区

场地风貌控制

■ 城中村街道
·空间设计：
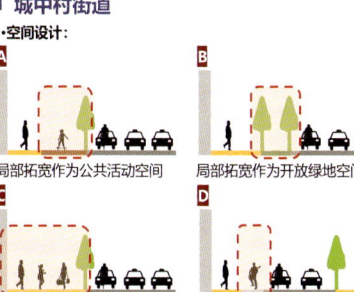
- A. 局部拓宽作为公共活动空间
- B. 局部拓宽作为开放绿地空间
- C. 建筑前区与人行道整合
- D. 打造共享街道

■ 景观休闲类街道
·空间设计：
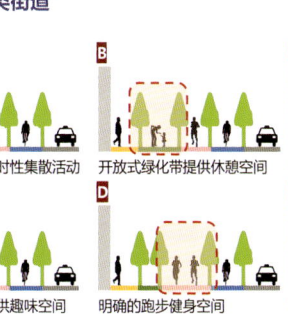
- A. 弹性空间进行临时性集散活动
- B. 开放式绿化带提供休憩空间
- C. 开放式绿化带提供趣味空间
- D. 明确的跑步健身空间

■ 生活类街道
·空间设计：
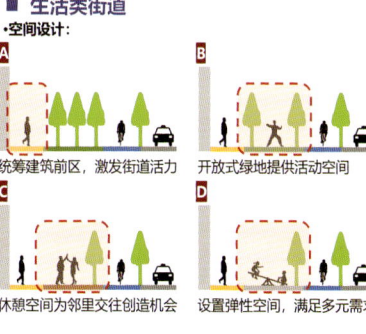
- A. 统筹建筑前区，激发街道活力
- B. 开放式绿地提供活动空间
- C. 休憩空间为邻里交往创造机会
- D. 设置弹性空间，满足多元需求

■ 商办类街道
·空间设计：

- A. 街头表演等临时性活动空间
- B. 利用树池间隔布设休憩空间
- C. 商业外摆空间，提供趣味体验
- D. 休憩区域的零售商贩

■ 街道交通空间控制
·路段车道宽度设计指引：

机动车道类型	设计速度/(km/h) V≤30	30<V≤60	V>60
公交车道、大型车辆混行车道	3.25m~3.50m	3.25m~3.50m	3.50m~3.75m
小客车专用车道	3.00m	3.00m~3.25m	3.25m~3.50m

·交叉口车道宽度设计指引：

3.00m　2.80m　3.50m　3.25m

·交叉口车道宽度设计指引：

交叉口	路缘石半径推荐/m	
	一般值	最小值
无右转交通流的交叉口转角	1	0.5
支路、主次干路交叉口	9	6
公交车或货车转弯交叉口	10	8
交通岛内侧的右转专用车	30	25

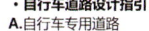

·自行车道路设计指引：
- A. 自行车专用道路 w≥3.50m/w≥2.50m(受限)
- B. 自行车专用车道（人行） w≥2.50m/w≥1.50m(受限)
- C. 自行车专用车道（机动车） w≥2.00m/w≥1.50m(受限)
- D. 自行车共享通道（机动车） w≥4.00m/w≥3.50m(受限)

类型	设置位置
自行车专用道路	具有充足宽度的绿化隔离带中/公园内
自行车专用车道	拓宽或新建的城市主次干道或支路
自行车共享通道	机动车限速30km/h的支路（城中村老路）

·建筑前区空间设计指引：

建筑退界 人行道 车行道 → 开放建筑退界 人行道 车行道

■ 传统特色区建筑风貌意向

·保护历史建筑：
A. 保护其主要立面和基本平面布局，不得改变正立面的整体造型
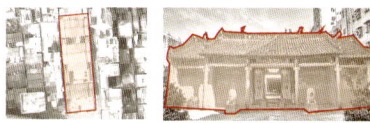
B. 保护特色建筑结构(例如门头、灰塑、船形脊等构建装饰)
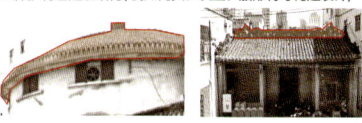
C. 保障正立面观景空间

·普通传统建筑（包括新建）：
A. 建筑门窗大小可以调整，结合立面改造优化，以适应建筑新功能

B. 屋顶空间可进行局部改造，增贴空间趣味性

C. 增设建筑，需与场地建筑肌理契合

■ 建筑形态控制

·街道宽度与两侧建筑高度的合理尺寸：道路宽度(D)与道路两侧建筑高度(H)之比控制在1~2，其中控制在1.5最佳，是人的心理感受最为舒适的尺度。

D:H之比	人的心理感受	提倡
D:H=1	内聚安定且不压抑	√
D:H=2	内聚向心且不离散	√
D:H≥3	排斥、空间发散	×
D:H增大	失去空间围合感	×
D:H<1	内聚力加强，压抑	×

1≤D:H≤2 (≈1.5)

·邻水与邻绿建筑高度控制：
临水建筑退界高度比：Hn/Dn<1
鸟类飞行廊道（150m）

·塔楼体量与裙楼体量的关系：
A. 阶梯式界面控制 (a≥3m)
B. 骑楼高度控制 (h1≤9m)
C. 高度过高控制 (h2≥50m, a≥10m, h1≤20m)

■ 街道要素控制

·开敞空间预留更多的公共通廊与建筑贴线控制：
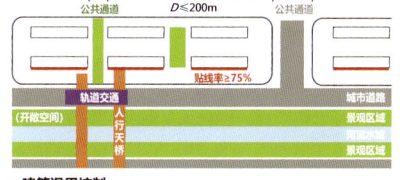
公共通道 D≤200m 公共通道
贴线率≥75%
轨道交通／人行天桥
开敞空间／景观区域／城市道路

·建筑退界控制：

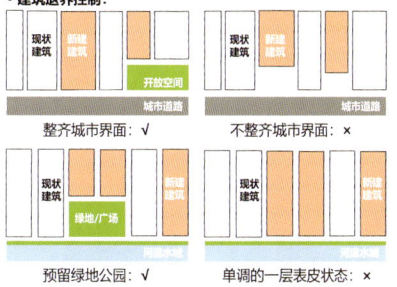
现状建筑 新建建筑 开放空间 城市道路
整齐城市界面：√ 不整齐城市界面：×
现状建筑 新建建筑 绿地/广场
预留绿地公园：√ 单调的一层表皮状态：×

·人行道铺装设计指引：色系宜采用偏冷和中性的灰色系，材质宜选透水砖，构建海绵城市，样式则应与与活动目的相匹配。

通行空间　停留空间　集散空间

·自行车道铺装设计指引：色系宜以低饱和度的素色为主，材质宜选混凝土铺面，满足耐久性、防滑性、低维护等方面要求。

·路段照明设计指引：使用LED光源、小功率金属卤化物灯等。

断面一（支路）　断面二（主次干道）

·行道树设计指引：呼应深圳市建设"世界花城"的目标，场地宜用白色系花树种。种植方式(交通及人流不大的路段选取树带式，交通及人流大且人行道又窄的路段选取树池式。)

树带式　树池式

行道树树干与车行道的横向距离控制：

设计速度/(km/h)	最小横向距离/m
≤50	0.75
50~70	1
≥70	1.5

A. 规则性交替配置法（主干道）
B. 随意性交替配置法（居住区）
C. 交叉口或特殊地点的配置

·街

■ 创新孵化景观区

海南红豆　小叶榄仁　人面子　水翁　毛果杜英　白兰

■ 安置居住景观区

海南红豆　洋紫荆　凤凰木　黄花风铃木　复羽叶栾树　白兰

■ 多元生活景观区

苹婆　小叶榄仁　凤凰木　黄花风铃木　中国无忧花　白兰

■ 传统特色景观区

洋红风铃木　大叶榄仁　人面子　红花荷　假苹婆　白兰

1月　3月　6月　9月　12月

南昌大学

Nanchang University

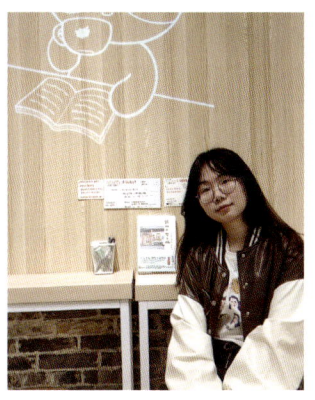

陈子歆

时光转瞬即逝，经过三个月的共同努力，"南粤杯"联合毕设圆满结束。很荣幸在大学最后一段时光能够收获如此丰富的经历。在这里我收获了友谊与喜悦，增长了知识，开拓了视野，认识了来自各校优秀可爱的同学们。衷心感谢三位指导老师对我们的悉心指导与信任，也感谢各校其他老师与省规院老师们的努力与付出。最后由衷地感谢队友们对本次毕设的辛苦付出，因为大家我们才能成为一个有温度的小组。在此毕业之际，祝各位前程似锦，得偿所愿。

丁安琪

今年是"南粤杯"联合毕设的第十年，很荣幸能够在这个意义非凡的时间点参加这项趣味、学术、人文精神并存的活动。三个月的时间里，我们从广东到云南再到四川，锻炼了专业技能，收获了珍贵的友谊，欣赏了无数美丽的风景，给自己的本科最后一段生活画上了浓墨重彩的一笔。最后，感谢所有老师辛勤的付出，感谢队友的相互支持。这一刻，我们来自天南海北，下一刻，我们奔赴山北水南。离别时，祝愿大家诸事顺利、前程似锦，不负时光，毕业快乐！

邬珊珊

至此，丰富、紧张、交织着汗水与泪水的本科最后一段设计旅程，也快拉下了最后的帷幕……旅程中认识了深圳城中村这样一个对我来说具有挑战性的城市更新地块，设计途中，迷茫、困难、焦虑等，曾深深缠绕着我，但我们共向突破、携手、坚持，克服了它们。感谢队友们的团结合作，让我们共同完成这场最美丽的画卷与本科最后的告别舞台，人生最值得珍惜的就是和志同道合的人的相处，即使我们终将分离走向未来命运的轨迹，但相信这段宝贵的经历，将会带给我们一段苦后回甜的回忆。愿我们都继续坚毅逐梦，拥抱越来越好的未来！

王傲翔

闲云潭影日悠悠，物换星移几度秋。转眼间，此次的"南粤杯"联合毕业设计已经圆满结束。广州、深圳、昆明到最后的成都，这一路走来，每一段旅程都给我留下了美好的回忆。感谢各位老师的悉心指导以及各校同学的相互陪伴，更要感谢组长和各位组员的共同努力。虽然也有不少挫折磨难，但大家都能在一片欢声笑语中将其化解，正是大家的坚持不懈、乐观向上，我们才能交上这份答卷。最后，分别总难免，祝愿大家都能在未来的道路上策马扬鞭，一路向前！

方茗泓

时间飞逝，转眼间几个月就过去，联合毕设也将落下帷幕。从广州到深圳再到昆明，最后汇聚于成都，大家一起辗转几个城市齐力完成了这次联合毕设，路途中收获满满。在学习过程中，设计主题给我带来了很多思考，与各校的交流碰撞也让我学到了很多，感谢"南粤杯"提供的此次宝贵交流机会，也感谢各校老师的细心指点。同时感激我的指导老师和组员们，共同学习奋斗的过程令人记忆深刻。衷心祝各位老师同学前路一帆风顺、前途似锦！

吉继飞

时光荏苒，白驹过隙，"南粤杯"联合毕设已圆满结束。很荣幸参与到本次联合毕业设计中，这是一个不断提升和突破自我能力的过程。在整个过程中，从深圳的前期调研到四川的终期答辩，我学习到了许多知识，也认识到了自己的不定，非常荣幸能得到各位专家与各校老师的指导与批评，同时也很开心认识各校优秀的同学。最后感谢我的队长和队友们的包容与关心，在我们共同的努力下完成了一份满意的答卷。毕业之际祝各位前程似锦，未来可期！

合光同城，墟势待发

——基于基因修复与共生理论的公明古墟保护与更新设计

2023"南粤杯"7+1联合毕业设计

学校：南昌大学
指导老师：周志仪 江婉平 梁步青
团队成员：陈子歆 丁安琪 邬珊姗 方茗泓 王傲翔 吉继飞

场地概况 SITE OVERVIEW

政策规划解读

图源：《深圳市光明区国土空间分区规划(2021-2035年)》，光明区政府（网址：http://www.szgm.gov.cn/）

图源：《深圳市城市紫线规划》，深圳市政府在线 (https://www.sz.gov.cn/)

图源：《深圳市宝安301-01&03号片区法定图则（草案）》

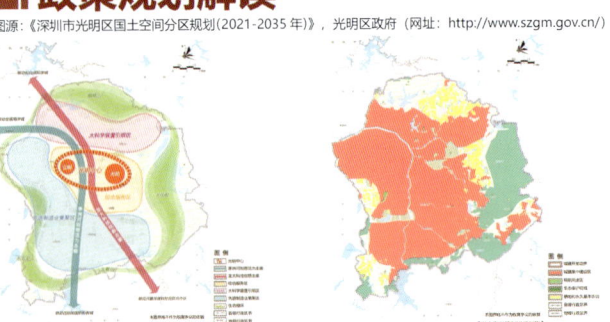

合水口古村保护范围

公明老墟保护范围

肌理演变

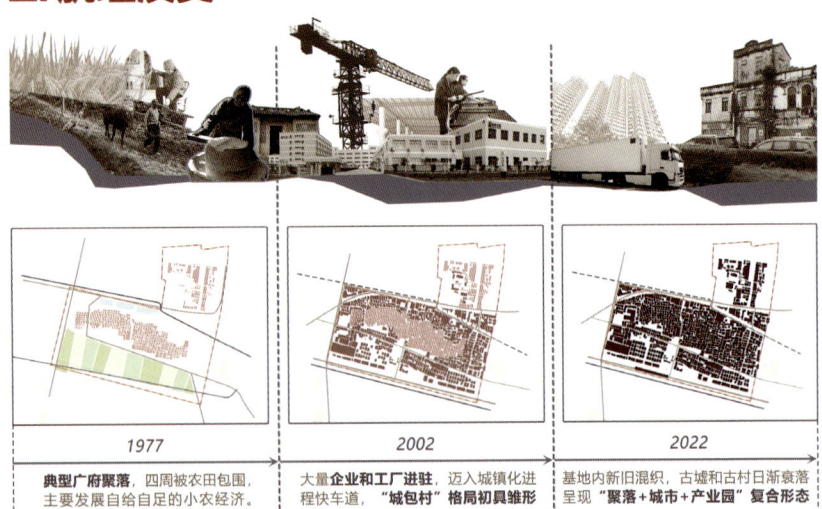

1977　典型广府聚落，四周被农田包围，主要发展自给自足的小农经济。

2002　大量企业和工厂进驻，迈入城镇化进程快车道，"城包村"格局初具雏形。

2022　基地内新旧混沌，古城和古村日渐衰落呈现"聚落+城市+产业园"复合形态。

- **容积率**：在地铁站附近进行高密度开发，合水口古村内容积率控制在2.0以下，风貌区外居住区基准容积率3.2。
- **高度控制**：在合水口古村及公明老墟历史风貌区内建筑高度应低于12m，街区内建筑群的整体高度趋势应朝着东北、东南方向降低。
- **风貌保护**：保护合水口村梳状的街巷格局和传统建筑风貌；保护公明老墟"T"字形的街巷格局，注意周边建筑立面、色彩、风貌与其相协调。
- **沿街界面**：注重临街建筑界面的完整性和连续性，宜采用高低错落的组合形式，街墙长度小于100m。
- **配套设施**：社区警务室、图书馆、社区健康服务中心、邮政所、肉菜市场、社区户外文体广场及社区居委会。
- **城市防涝**：在合水口古村更新改造时可利用海绵城市建设的理念和技术，提高雨水积存和蓄滞能力。

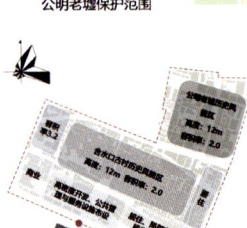

概念引入

"城市基因"

空间、社会经济和文化是城市发展的重要因素，引导**城市风貌**的基本构成。本次规划拟以此为**分类依据**，抽丝剥茧地寻找公明老墟片区的"**城市基因**"。

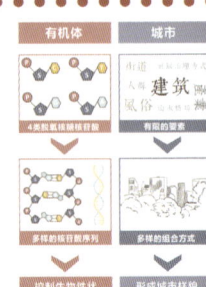

历史沿革

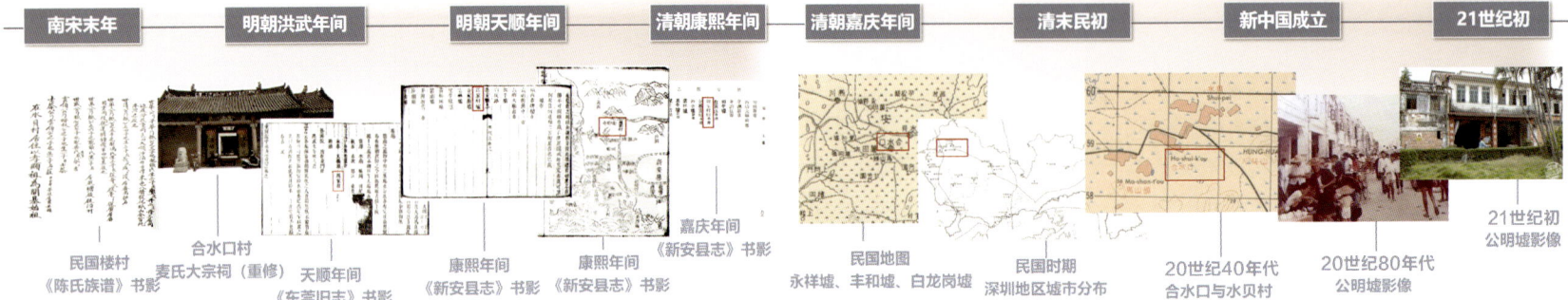

南宋末年 — 民国楼村《陈氏族谱》书影
明朝洪武年间 — 合水口村麦氏大宗祠（重修）
明朝天顺年间 — 天顺年间《东莞旧志》
清朝康熙年间 — 康熙年间《新安县志》书影
清朝嘉庆年间 — 嘉庆年间《新安县志》书影
清末民初 — 民国地图 永祥墟、丰和墟、白龙岗墟；民国时期深圳地区墟市分布
新中国成立 — 20世纪40年代 合水口与水贝村；20世纪80年代 公明墟影像
21世纪初 — 21世纪初公明墟影像

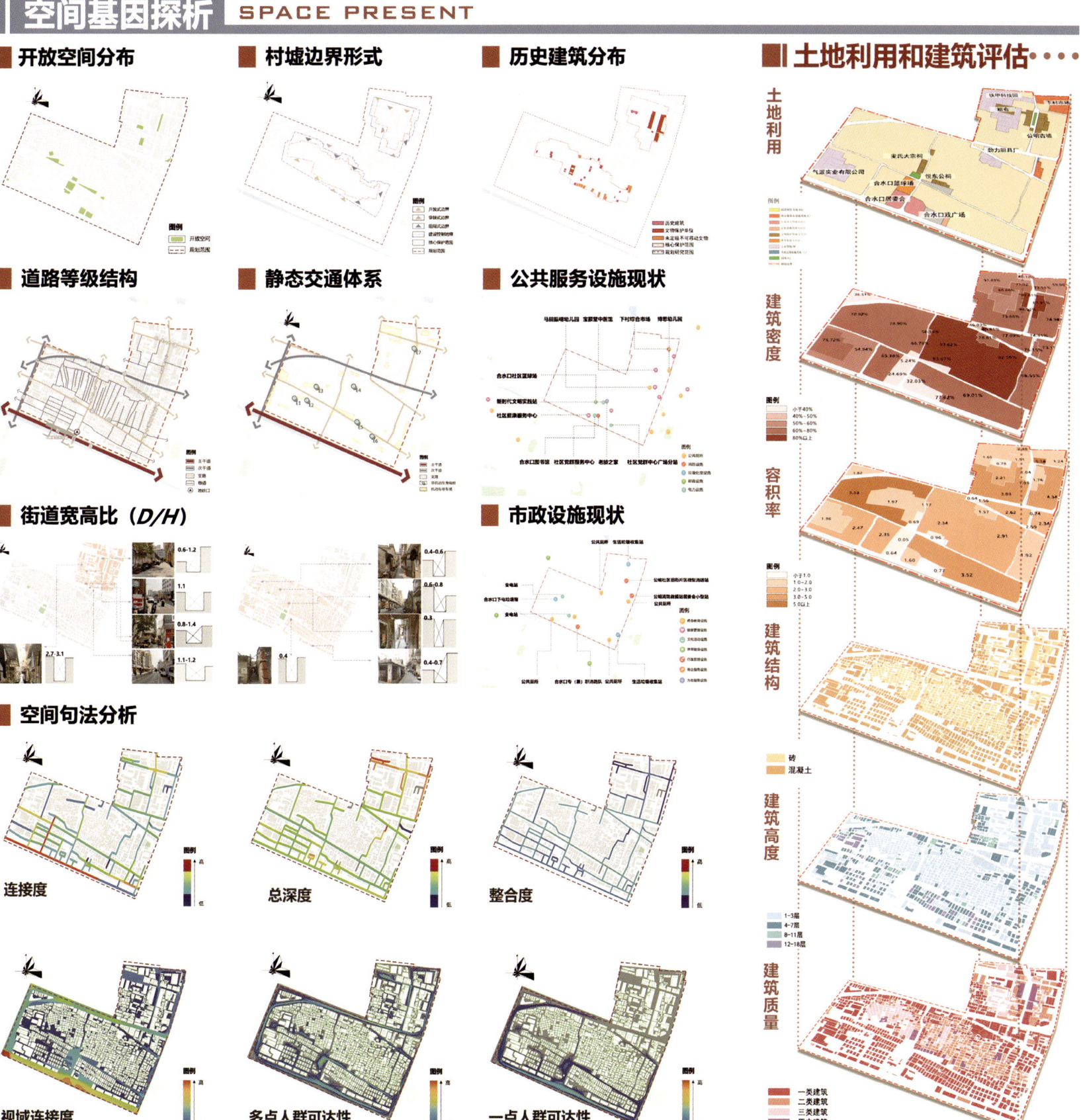

历史建筑保护和利用现状

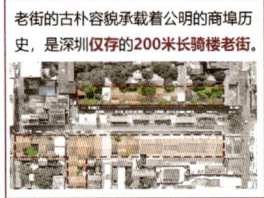

建筑材质及色彩现状

涂料墙面 | 马赛克墙面 | 青砖墙面 | 红砖墙面 | 瓷砖墙面 | 灰砂抹面 | 抹灰墙面

街道界面节奏

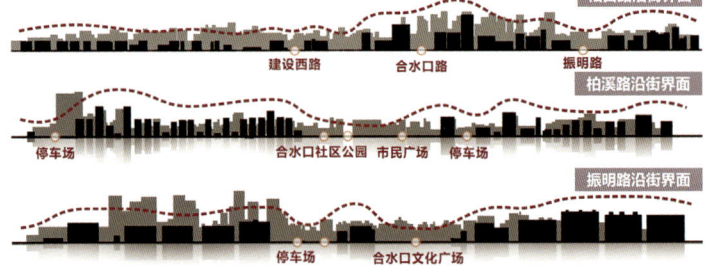

社会经济基因 SOCIO-ECONOMIC

人群现状分析
人群结构分析

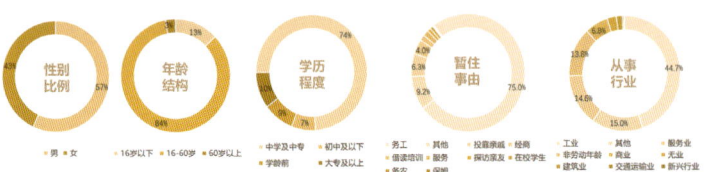

社区运营结构分析

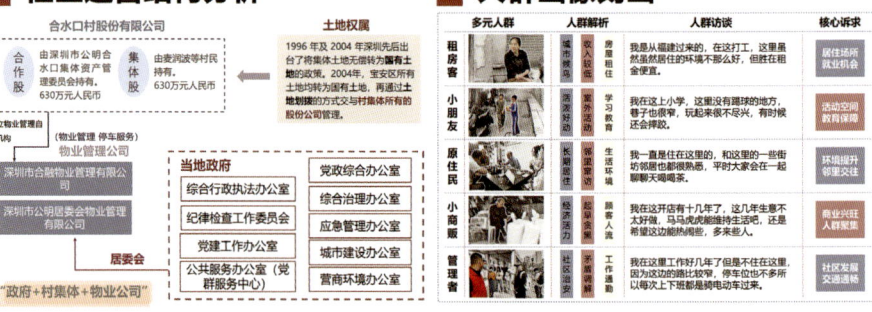

基地周边产业现状

基地内部业态分析

文化基因 CULTURE STATUS

有形历史文化遗存

基地周边产业现状

人群画像刻画

（多元人群｜人群解析｜人群访谈｜核心诉求）

- 租房者：我是从福建过来的，在这打工，这里虽然居住环境不太好，但是价格便宜。→ 居住场所/就业机会
- 小朋友：我在这上小学，这里没有娱乐的地方，巷子也很窄，玩起来很不尽兴，有时候还会被骂。→ 活动空间/教育保障
- 原住民：我一直是住在这里的，和这里的一些街坊邻居都很熟悉，平时大家会一起聊聊天喝喝茶。→ 环境提升/邻里交往
- 小商贩：我在这开店十几年了，这几年生意不太好做，虽然这里的路比较窄，还是希望生意能兴旺起来，多来些人。→ 商业兴旺/人群集聚
- 管理者：我在这里工作好几年了但是不住在这里，因为这边的路比较窄，所以我每次上下班都是骑电动车过来。→ 社区发展/交通通畅

现状总结 STATUS SUMMARY

空间失语，村墟发展割裂

利益失衡，主体需求冲突

文化失活，文脉基因断裂

Q1：为什么会出现古今断层、村墟割裂、内外受困的现象？
Q2：未来，我们想要营造怎么样的公明墟和合水口村？
Q3：用怎么样的手段重塑场地的空间、社会经济和文化格局？

场地概况 SITE OVERVIEW

价值机遇挑战分析

基地价值（稳定传承基因） 机遇（良性突变基因） 挑战（不可控突变基因）并存

价值1 历史遗存丰富，文化底蕴深厚
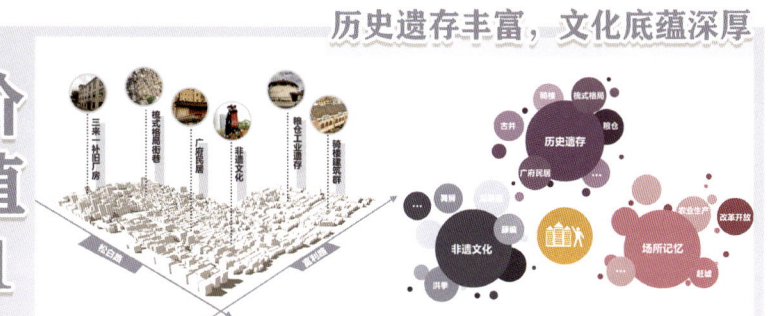

价值2 文化人群多元，开放度高、包容性强
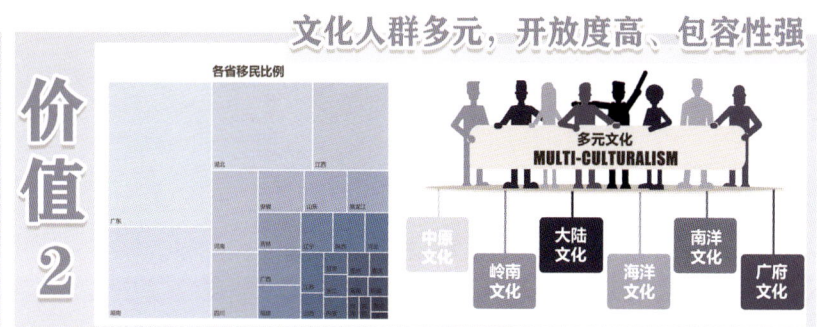

机遇1 区位优势突出，发展势头良好
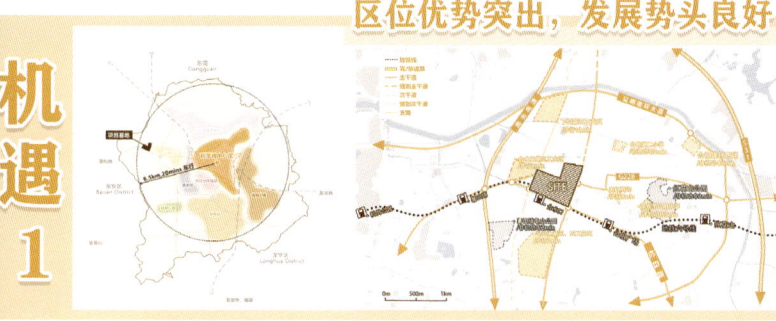

机遇2 历史文化保护提升到战略新高度

挑战1 空间失语，文化失活，场地特色不显
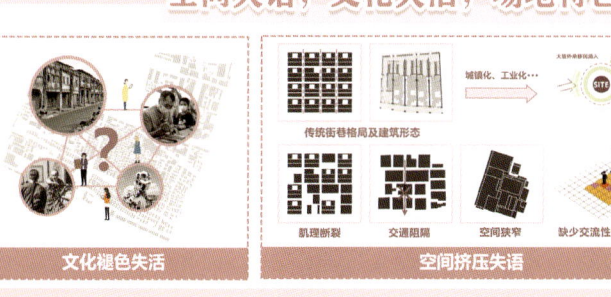

文化褪色失活　空间挤压失语

挑战2 更新主体需求多样，利益协调受阻
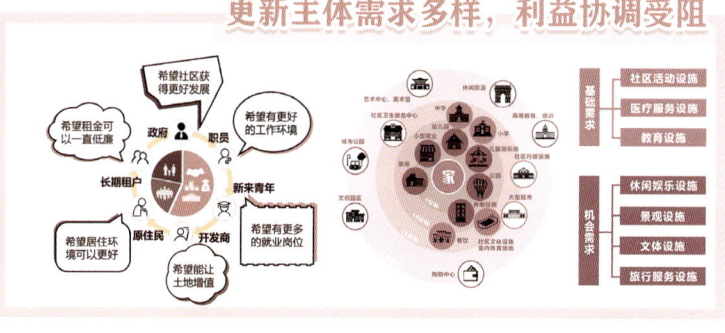

规划策略

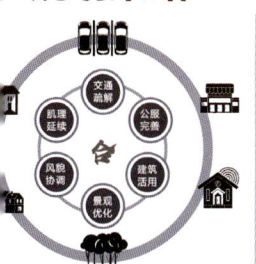

家园同美
——空间格局重构

客聚天下，可持续发展的安居乐业家园

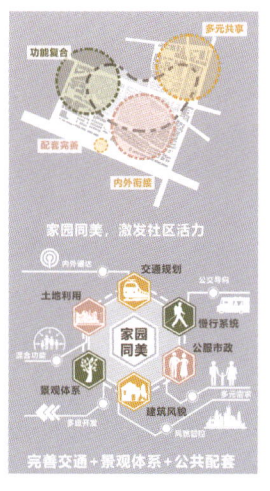

完善交通+景观体系+公共配套

利益同生
——社会经济联结

活力包容，多元综合的光明创新服务中心

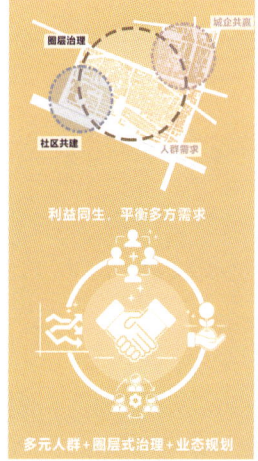

多元人群+圈层式治理+业态规划

文化同荣
——古今文化焕活

源远流长，古今辉映的深圳本土文化坐标

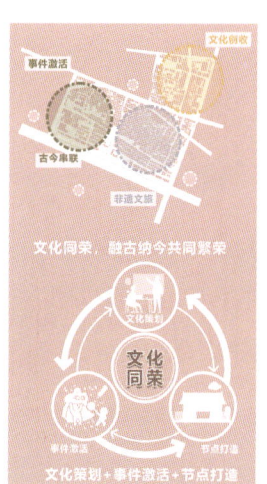

文化策划+事件激活+节点打造

空间潜力评估 SPATIAL RENEWAL POTENTIAL

建筑层数分析

现状功能分析

建筑质量分析
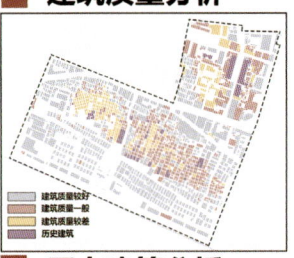

用地潜力分析
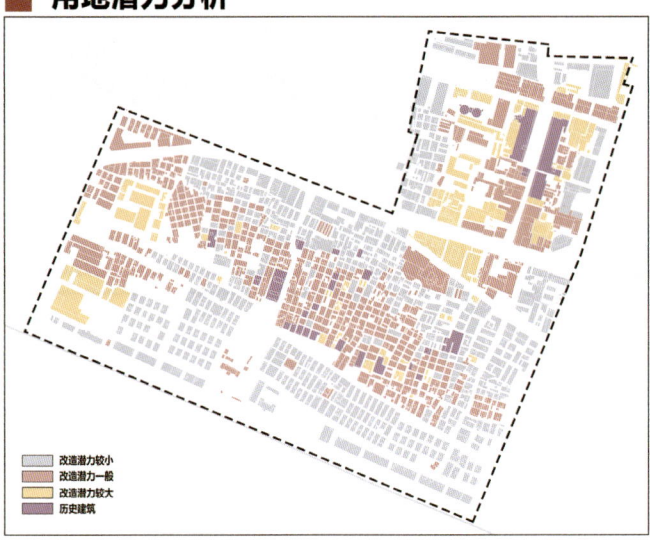

建筑风貌分析
现状用地评估

历史建筑分析

土地利用 LAND USE

规划用地

空间结构 SPATIAL FRAME

空间结构规划

"一心两轴六片"

- **一心**：村墟振兴核
- **两轴**：共生发展轴
  多维活力带

共享生活　乐享生活
文化体验　文创展示
综合服务　品质居住

开发强度

建筑密度
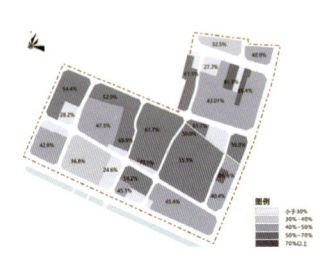

建筑容积率

用地代码	用地名称	规划用地面积/hm²	占城市建设用地比例/%
R	居住用地	19.48	51.18%
GIC	公共管理与服务设施用地	2.60	6.83%
C	商业服务业用地	5.14	13.50%
S	交通设施用地	8.99	22.31%
G	绿地与广场用地	1.76	4.62%
E	其他用地　水域	0.09	0.24%
合计		38.06	100.00%

规划总平 GENERAL PLANE

2023「南粤杯」7+1 联合毕业设计竞赛
深圳市光明区公明古墟保护和更新设计

总平面图

1. 人才公寓 回迁房
2. 合水口幼儿园
3. 众创空间
4. 乐合公园
5. 创新创业中心
6. 民宿群
7. 麦氏大宗祠
8. 游客集散中心
9. 合水口牌坊
10. 悦东公祠（文化讲堂）
11. 合水口文化广场
12. 洪拳舞狮教育基地
13. 春山家塾（非遗展示馆）
14. 公明历史展览馆
15. 茂客公家祠（非遗工坊）
16. 社会停车楼
17. 晨光创意集市广场
18. 公明文化艺术中心
19. 公明古墟主街
20. 公明创意产业园
21. 粮仓文化艺术广场

经济技术指标

- 总用地面积：38.06 hm²
- 规划人口：21000人
- 总建筑占地面积：129642 m²
- 总建筑面积：562763.66 m²
- 建筑密度：34.11%
- 拆建比：1：1.3
- 绿地率：25.62%
- 绿化覆盖率：31.45%
- 容积率：1.48
- 地面停车位：1000个
- 地下停车位：1100个

居住总人口（万）	2.13
回迁人口（万）	0.23
拆建比	1.1
居住用地占比	51.18%
公益用地占比	11.54%
商业用地占比	13.50%

设计说明

基于现状村墟发展割裂、古今文化断层的困境，规划提出了"家园同美""利益同生""文化同荣"的三大策略，通过构建"一心两轴六片"的功能结构，对场地进行了系统性空间格局重构，协调各方主体利益，焕活古今文化赋能发展。

空间设计 SPACE DESIGN

道路体系规划

道路生成分析

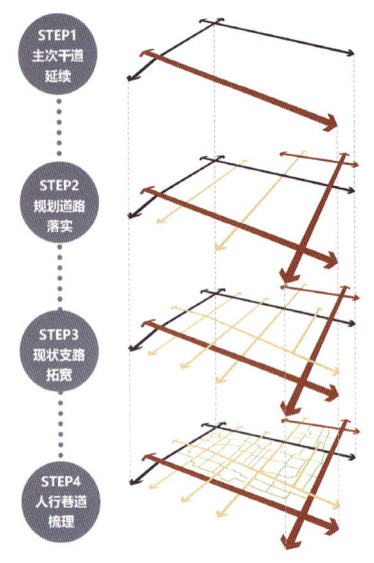

- STEP1 主次干道延续
- STEP2 规划道路落实
- STEP3 现状支路拓宽
- STEP4 人行巷道梳理

道路等级分析

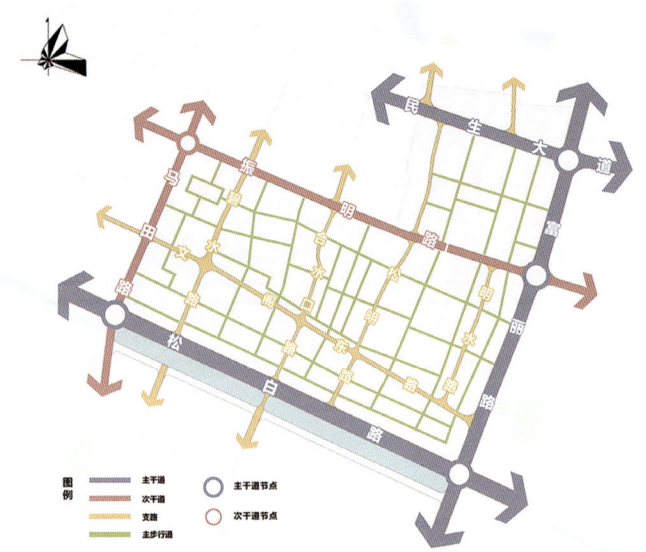

道路方向	道路名称	道路等级	红线宽度	道路形式	车行情况
东西向	松白路	主干道	42m	三块板	双向八车道
东西向	民生大道	主干道	35m	三块板	双向六车道
东西向	振明路	次干道	18m	一块板	双向四车道
东西向	文阁东路	支路	12m	一块板	双向二车道
南北向	马田路	次干道	18m	一块板	双向四车道
南北向	富丽路	主干道	36m	三块板	双向六车道
南北向	碧水路	支路	10m	一块板	双向二车道
南北向	合水口路	支路	8m	一块板	双向二车道
南北向	松明路	支路	8m	一块板	双向二车道
南北向	明水路	支路	6m	一块板	双向二车道

道路绿化界面分析

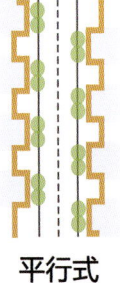

渗透式　交叉式　平行式　围合式

道路剖面分析

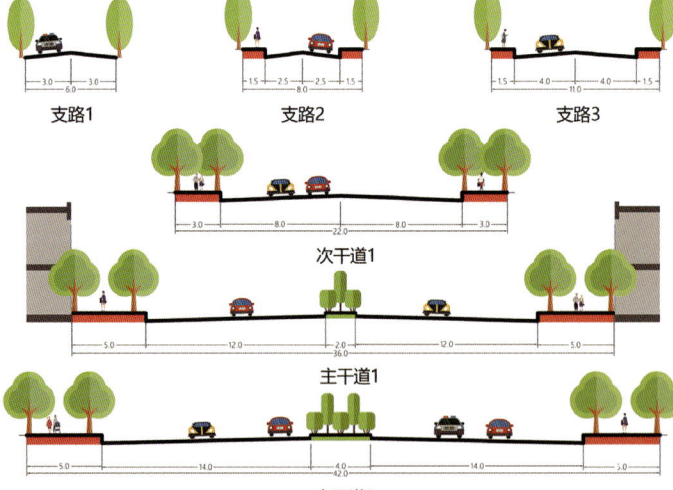

支路1　支路2　支路3　次干道1　主干道1　主干道2

道路界面引导

人行天桥

下沉广场

底层架空

桥底空间

建筑退界

滨水绿道

机动车停车组织

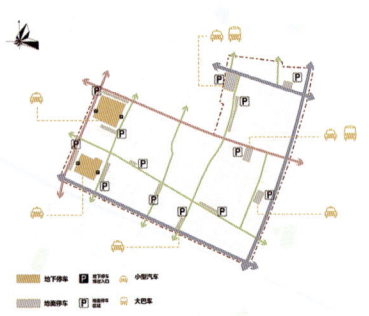

消防车道及登高面

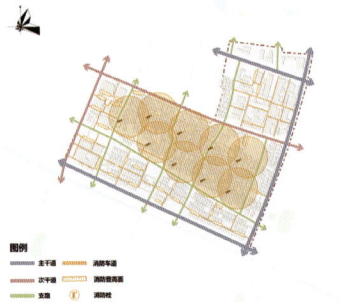

夜间照明系统

次干道照明系统

主干道照明系统

景观系统

规划道路生成

景观系统规划

景观策略规划

采用六大策略对景观进行详细规划，打造多元景观系统。

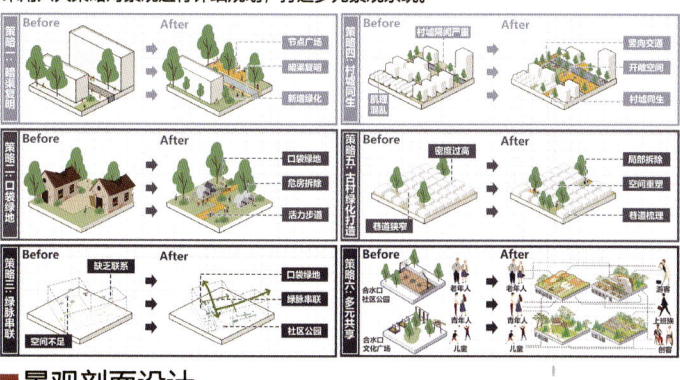

景观剖面设计

合水口路景观剖面图

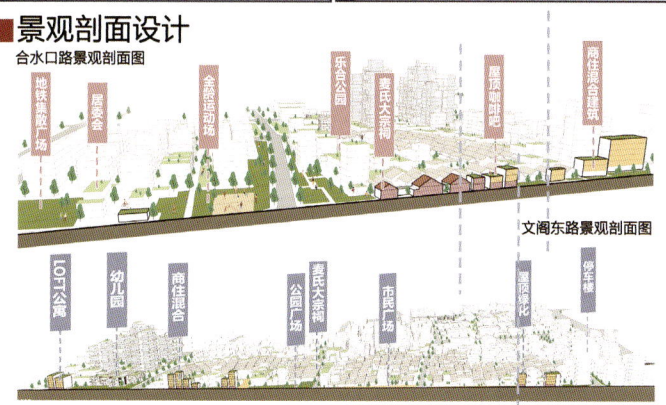

文阁东路景观剖面图

公共交通系统规划

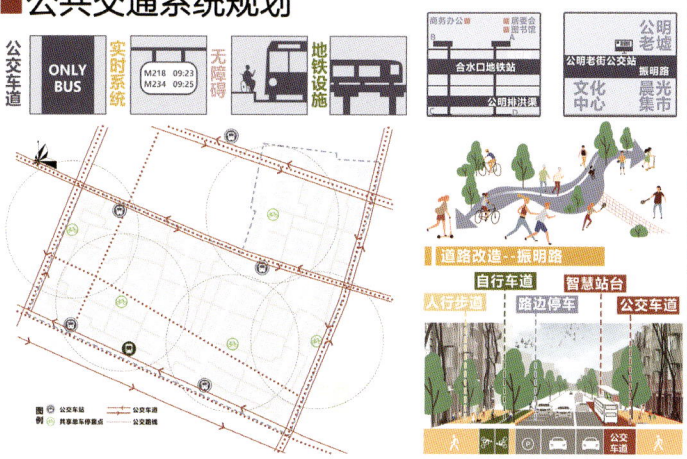

景观串联系统

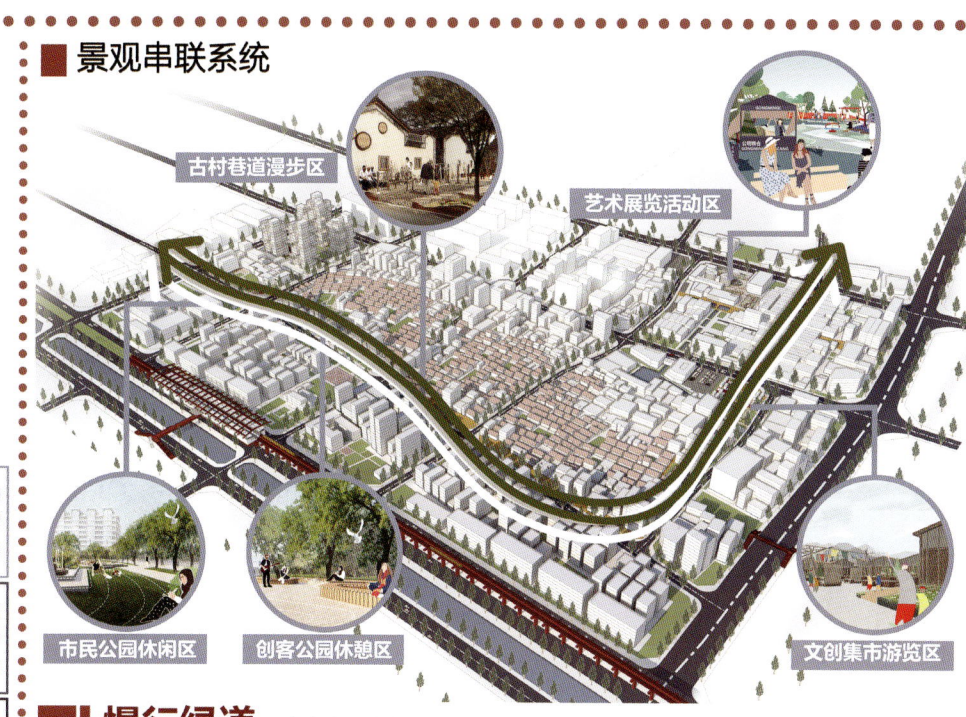

- 古村巷道漫步区
- 艺术展览活动区
- 市民公园休闲区
- 创客公园休憩区
- 文创集市游览区

慢行绿道

慢行系统规划

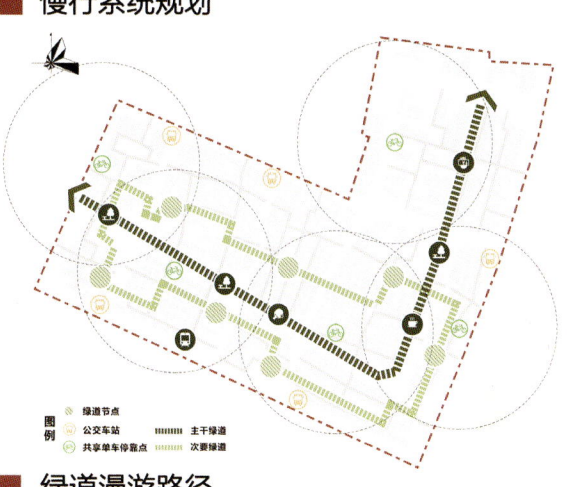

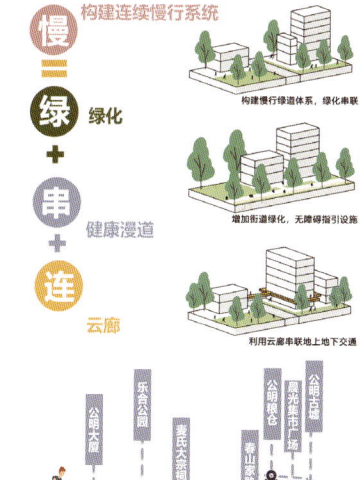

构建连续慢行系统

慢 = 绿（绿化）+ 串（健康漫道）+ 连（云廊）

绿道漫游路径

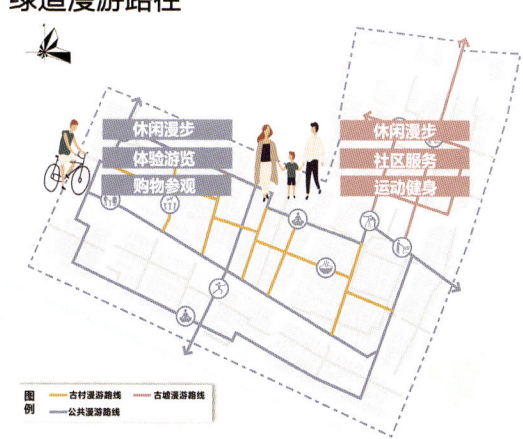

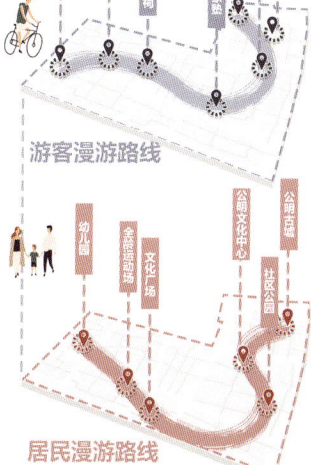

游客漫游路线

居民漫游路线

2023"南粤杯"7+1联合毕业设计竞赛
深圳市光明区公明古墟保护和更新设计

建筑风貌

精细化管控策略

巷道规划意向

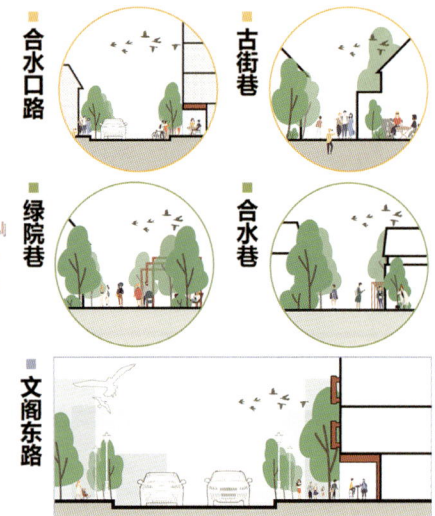

合水口路　古街巷　绿院巷　合水巷　文阁东路

主要街巷界面引导

图例：历史建筑／公共开放空间／主要商业界面／鼓励街道绿植界面／底层橱窗化／外墙改造／底层缩进／底层架空

建筑风貌控制

建筑色彩管控

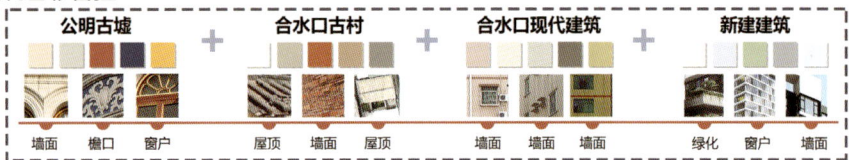

公明古墟 + 合水口古村 + 合水口现代建筑 + 新建建筑
墙面　檐口　窗户　屋顶　墙面　屋顶　墙面　墙面　墙面　绿化　窗户　墙面

建筑改造指引

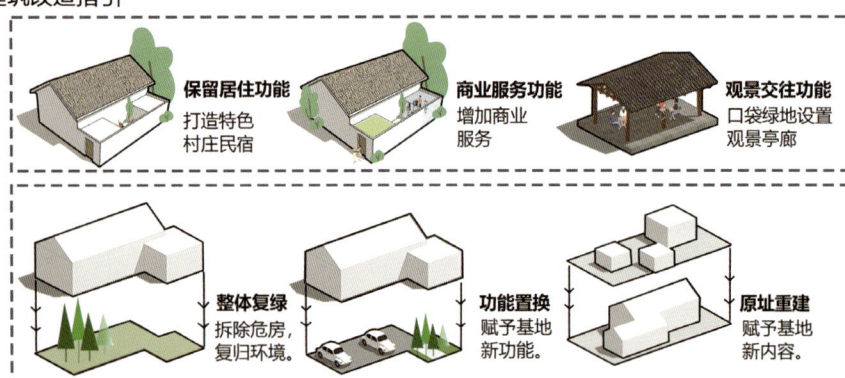

- **保留居住功能** 打造特色村庄民宿
- **商业服务功能** 增加商业服务
- **观景交往功能** 口袋绿地设置观景亭廊
- **整体复绿** 拆除危房，复归环境。
- **功能置换** 赋予基地新功能。
- **原址重建** 赋予基地新内容。

还迁房建设规划

总平面图

户型效果

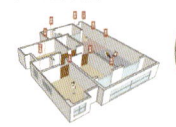

街道界面风貌管控规划

现代建筑改造底层缩进，色彩与周边骑楼整体协调　　规划修缮骑楼整体风格与前者保持协调，还原公明老墟原有风貌　　主轴骑楼界面
现状已修缮骑楼保持原有风貌，立面绿化装饰

底层透明橱窗化　｜　立面外挂绿植装饰　｜　广场流动集市，重现古墟旧景　｜　保留巴洛克风格样式

历史节点进行整体维护，功能更新　　沿街保证整体风貌协同，形成连续的景观感知界面
底层采取缩进、架空或是透明橱窗化的方式保证沿街风貌更加生动

历史建筑修缮　｜　立面外挂绿植装饰　｜　外立面壁画装饰，打造丰富入口景观　｜　与历史建筑风貌协同

城市道路界面设计

文阁东路　　　　　　　　　　　　　　　　合水口路

现代高层建筑　商住混合建筑　麦氏大宗祠　古村界面　现代居住建筑　　　古村展示界面　现代居住建筑　振明路　现代居住建筑　社会停车场

社区构建　COMMUNITY CONSTRUCTION

多元社区

人群需求分析

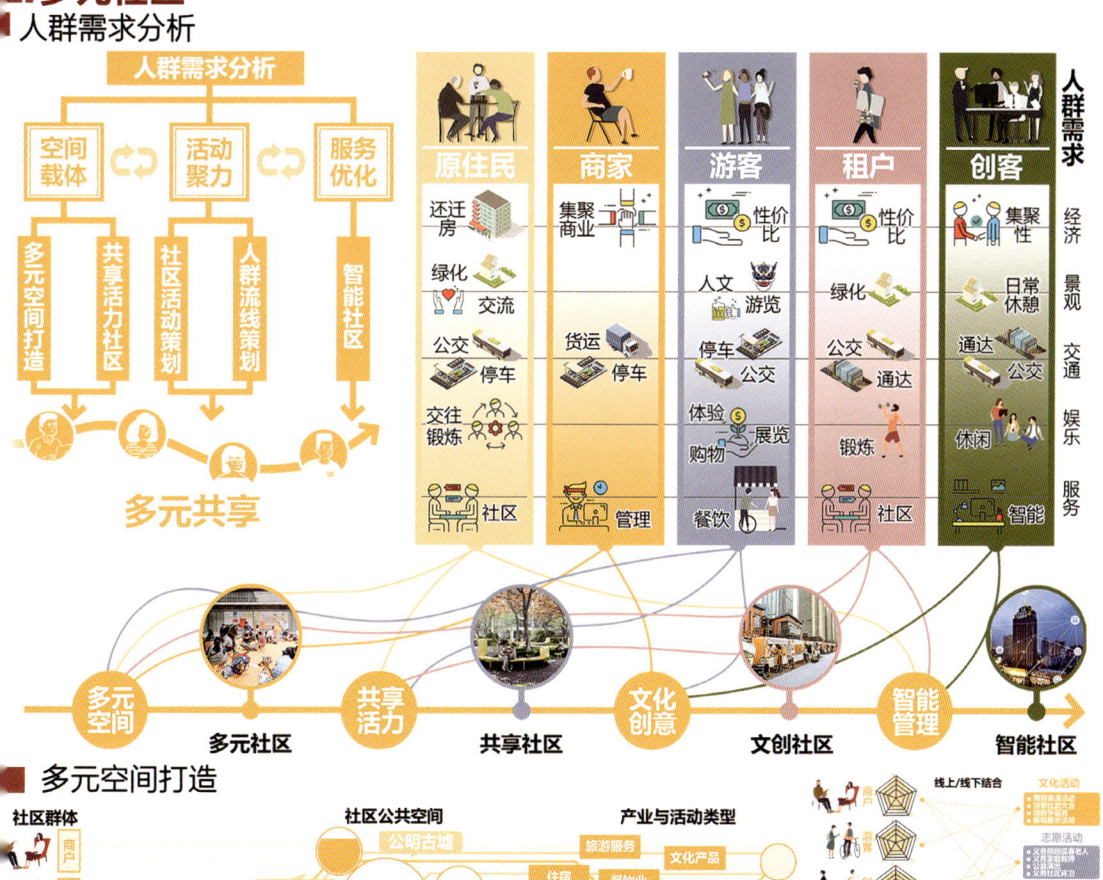

多元空间打造

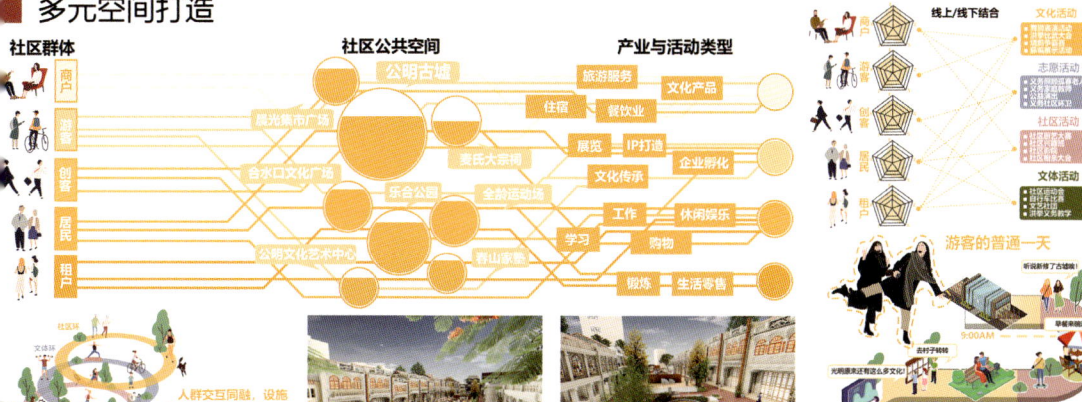

空间需求分析

共享活力社区

创客的普通一天

居民的普通一天

2023「南粤杯」7+1 联合毕业设计竞赛
深圳市光明区公明古墟保护和更新设计

经济评估 / ECONOMIC EVALUATION

■ 综合整治成果

■ 留改拆情况

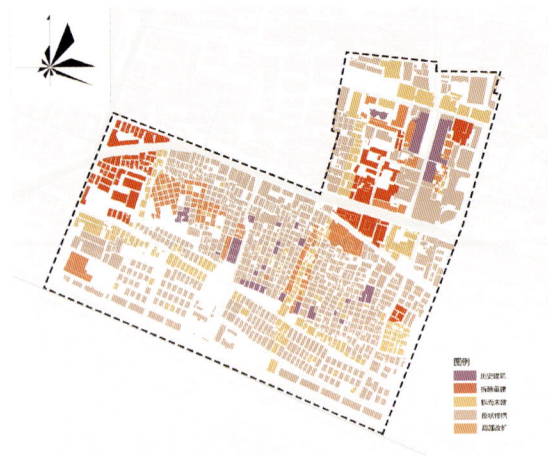

拆除重建
拆建范围：
29980㎡
7.8%

拆而未建
拆除范围：
28231㎡
7.4%

局部改扩
改扩范围：
23824㎡
6.2%

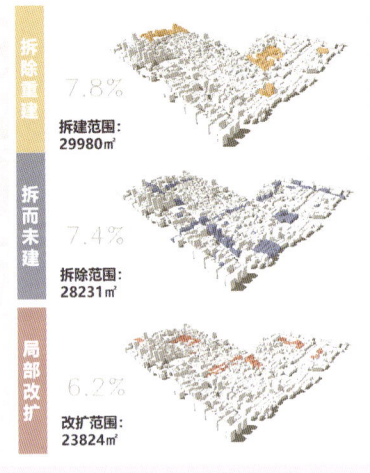

拆除后原址新建
拆建范围29977㎡（7.8%）
涉及建筑面积：86382.17㎡
拆除78栋

建筑局部改建或扩建，部分建筑加构筑物
拆建范围23824㎡（6.2%）
涉及建筑面积：47617.5㎡
改扩142栋

依据现状质量及规划需求拆除
拆建范围28232㎡（7.6%）
涉及建筑面积：79565.23㎡
拆除182栋

包含现状保留和保护修缮两种处理方式
保护修缮范围主要为合水口古村内部建筑及古塘周边骑楼民居。

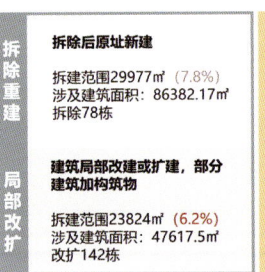

改建原则：
- 疏通街巷空间
- 增加公共空间
- 凸显历史风貌
- 完善服务配套

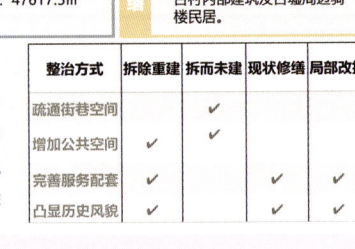

整治方式	拆除重建	拆而未建	现状修缮	局部改扩
疏通街巷空间	✓	✓		
增加公共空间	✓	✓		
完善服务配套	✓		✓	
凸显历史风貌	✓	✓	✓	

■ 拆除建筑范围
拆除重建 7.8% + 拆而未建 7.6%

拆除建筑范围为15.4%，满足拆建涉及的拆除用地面积之和原则上不超过试点项目综合整治总用地面积的30%。[1]

■ 拆除建筑面积165947㎡
■ 新建建筑面积182837.7㎡
其中 住宅122241㎡
公服建筑12520㎡

■ 拆建比
依据规定原则上不大于2

[1]《深圳市人民政府关于结合城中村综合整治试点项目推进历史文化保护和特色风貌塑造工作的通知》

拆迁建筑

■ 拆除建筑面积165947㎡

安置范围

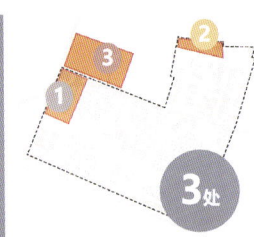

3处

- 就近安置率。更新单元（片区）或项目居民就地、就近安置率不宜低于50%。
- 统筹解决新市民、低收入困难群众等重点群体租赁住房问题，住房租金年度涨幅不超过5%。
- 鼓励多方参与综合整治。鼓励有实力的大型企业，不以追求利润为目的，积极参与城中村综合整治，以及参与综合整治后物业的统一经营管理。

1.公寓——就地安置
地址：马田路与振明路交叉口东南角
建筑面积：62000㎡

2.住区——就地安置
地址：民生大道北侧
建筑面积：范围内三栋住宅，总面积45900㎡

3.住区——就近安置
地址：马田路与振明路交叉口东北角

拆除重建——完善服务配套

 生活服务 → 新建保障性住房及商品房
新建九班幼儿园
新建六层停车楼

拆除重建——凸显历史风貌
恢复骑楼风貌保护其风貌完整。

拆而未建——增加公共空间
增加广场及绿化

拆除部分建筑，空间改作城市道路，古村内部拆除部分建筑疏通巷道。
拆而未建——疏通街巷空间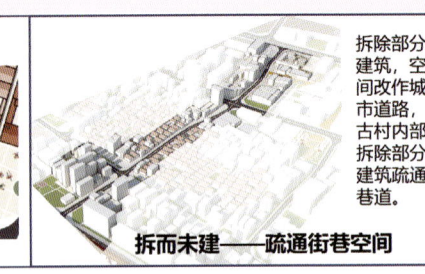

■ 改造成本估算

■ 改造成本项目清单

序号	项目			取定标准	计算基础
1	土地成本				按《深圳市地价测算规则》估算
2	前期费用	勘察、可研、规划设计		300元/㎡	含地下室总建筑面积
3	建造成本	住宅	回迁住宅	4500元/㎡	按回迁建筑面积计算
			可售住宅	3500元/㎡	按可售住宅面积计算
		商业		4500元/㎡	按可售商业面积计算
		公建配套		3500元/㎡	按配套公建面积计算
		历史建筑改造修缮费		7000元/㎡	包括麦氏大宗祠、粮会、骑楼等
		园林绿化、景观道路		550元/㎡	按用地面积75%计算
		地下室		3300元/㎡	按含地下室建筑面积
		基础设施配套费		200元/㎡	按含地下室总建筑面积
		工程安全		15元/㎡	按含地下室总建筑面积
4	开发期税费	工程质量监督费		8元/㎡	按含地下室总建筑面积
		工程报建费		176元/㎡	按含地下室总建筑面积
		招投标及预算编制费		1元/㎡	按含地下室总建筑面积
		工程监理费		4元/㎡	按含地下室总建筑面积
5	不可预见费			3%	按1-4项合计
	合计				

■ 土地成本计算

地块编码	建筑类型	土地的市场价格（元/㎡）	对应建筑面积（㎡）	建筑类型系数	年期系数	产权修正系数	商业楼层修正系数	城市更新项目修正系数	宗地地价（元）
1-1	住宅	14213	11146.97	1	1	1	/	0.0443	7018532.488
1-2	商业	17290	4416.23	1	1.0889	1	0.8	0.0779	5181578.946
3-2	商业	14213	59659.13	1	1.0889	1	0.5	0.0779	35963183.72
4-1	住宅	14213	57615.03	0.4	1	1	/	0.0443	14510596.51
4-3	住宅	14213	31408.17	0.4	1	1	/	0.0443	7910284.554
4-4	住宅	14213	17527.45	0.4	1	1	/	0.0443	4414364.702
5-1	住宅	14213	69293.45	1	1	1	/	0.0443	43629643.75
5-3	住宅	14213	53002.5	1	1	1	/	0.0443	33372276.79
6-1	办公	9226	23483.22	1	1.1064	1	0.4	0.0642	95883362.44
土地成本合计									247883823.9

■ 改造成本估算

序号	项目		取定标准	计算基础	计算成果（元）
1	土地成本			按《深圳市地价测算规则》估算	247883823.9
2	前期费用	勘察、可研、规划设计	300元/㎡	含地下室总建筑面积	168829098
3	建造成本	住宅 回迁住宅	4500元/㎡	按回迁建筑面积计算	259267635
		可售住宅	3500元/㎡	按可售住宅面积计算	39014395
		商业	4500元/㎡	按可售商业面积计算	231300000
		公建配套	3500元/㎡	按配套公建面积计算	52594500
		历史建筑改造修缮费	7000元/㎡	包括麦氏大宗祠、粮会、骑楼等	93100000
		园林绿化、景观道路	550元/㎡	按用地面积75%计算	156997500
		地下室	3300元/㎡	按含地下室建筑面积	190129599
		基础设施配套费	200元/㎡	按含地下室总建筑面积	112552732
		工程安全	15元/㎡	按含地下室总建筑面积	8441454.9
4	开发期税费	工程质量监督费	8元/㎡	按含地下室总建筑面积	4502109.28
		工程报建费	176元/㎡	按含地下室总建筑面积	99046404.16
		招投标及预算编制费	1元/㎡	按含地下室总建筑面积	562763.66
		工程监理费	4元/㎡	按含地下室总建筑面积	2251054.64
5	不可预见费		3%	按1-4项合计	49994192.09
	合计				1716467262

分期实施 PHASED IMPLEMENTATION

首期建设计划

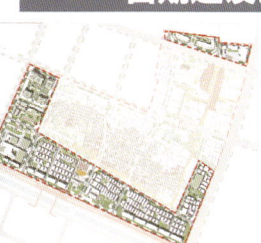

拆而不建：
涉及拆除建筑96栋。
局部改扩建：
涉及局部改扩建建筑1栋。
居民自改：
针对城中村住宅，引导村民或租客进行自改。

家园美化，居民自改

中期建设计划

拆而不建：
涉及拆除建筑27栋，其中红线范围内6栋。
局部改扩建：
涉及局部改扩建建筑26栋，其中红线范围内14栋。
拆除重建：
设计功能改变建筑22栋，其中红线范围内0栋。

古墟重现，文化引领

远期建设计划

拆而不建：
涉及拆除建筑96栋，其中红线范围内40栋（疏通街巷）。
局部改扩建：
涉及局部改扩建建筑115栋，其中红线范围内93栋。
拆除重建：
设计功能改变建筑4栋，其中红线范围内0栋。

节点营造，古村唤活

效果图 RENDERING

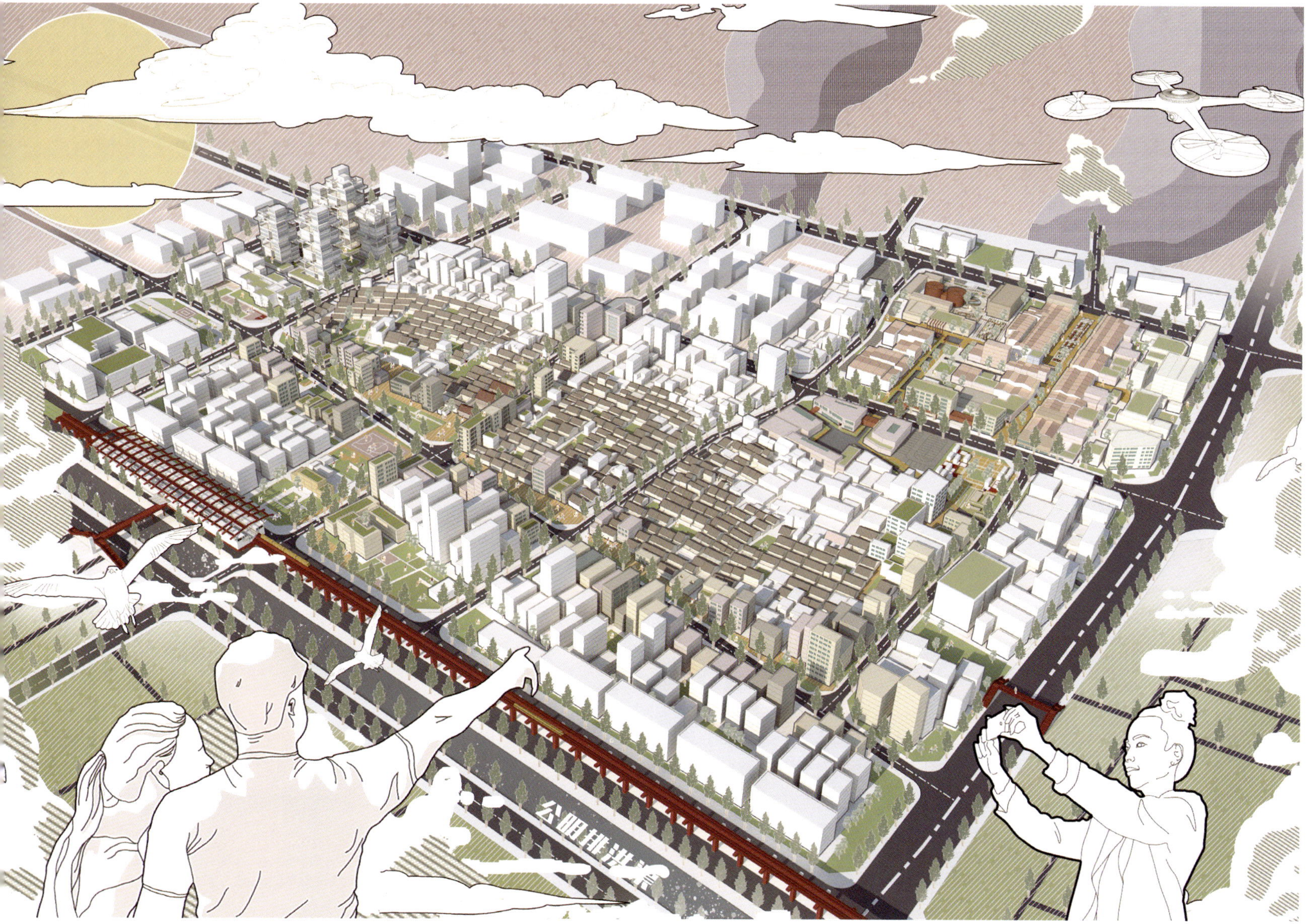

历史文化保护利用 PROTECTION AND UTILIZATION OF HISTORICAL CULTURE

保护区划

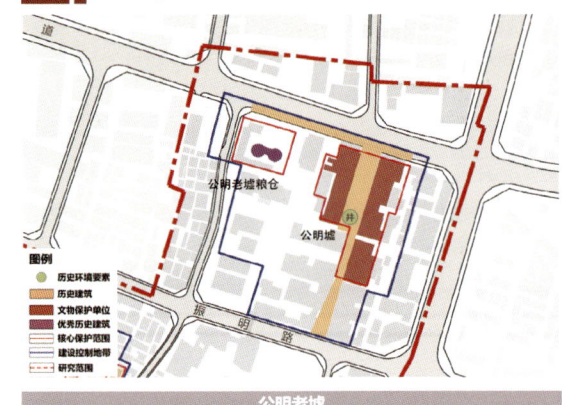

规划面积 38公顷	保护区划图
	■ 核心保护范围面积：22417m²
	■ 建设控制地带面积：100480m²

范围内不得进行新建、扩建活动（必要的基础设施和公共服务设施除外）。范围内从事建设活动，必须保证文保单位及其环境的安全，不得损害文保单位的真实性和完整性，不得对其传统格局和历史风貌构成破坏性影响。

历史要素分布图

保留了传统的街巷格局和建筑风貌

- 1处市级文物保护单位（麦氏大宗祠）
- 1处区级文物保护单位（公明墟）
- 10处优秀历史建筑
- 15处历史建筑
- 2处历史环境要素（古井+古墟街巷）

公明老墟历史风貌区保护规划

历史风貌区
编号：SZ-F-01021
地址：光明区公明街道公明老墟

公明老墟

核心保护范围：核心保护范围10927平方米，以古墟、粮仓集中的历史建筑外墙为界外延而成。
- 保护公明老墟"T"字形的街巷格局。
- 重点保护岭南民居与南洋风格相结合的骑楼式商铺建筑。
- 保护公明古墟承载的非物质文化遗产。

建筑控制地带：建设控制地带38539平方米，自核心保护范围向四周各延伸，根据周边地形及法定图则路网有所调整。
- 加强对公明老墟入口空间的控制和引导。
- 新建、扩建、改建建筑时，不得破坏历史风貌，应当在高度、体量、色彩、材料等方面与历史风貌相协调。

合水口村历史风貌区保护规划

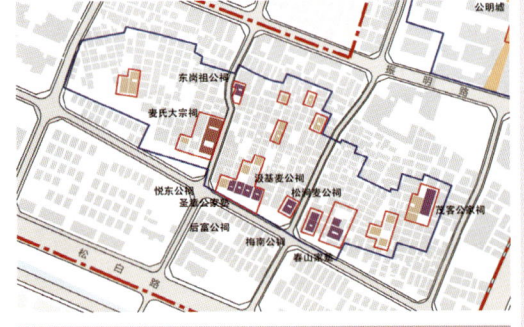

历史风貌区
编号：SZ-F-01020
地址：光明区马田街道合水口社区

合水口古村

核心保护范围：核心保护范围：11489平方米，以古村落中集中、成片的重要保护建筑外墙为界外扩3-6m，部分范围根据周边环境有所调整。
- 保护合水口梳状街巷格局和传统建筑风貌。
- 传承"洪拳"武术、醒狮等非物质文化遗产。
- 鼓励充分利用风貌区内空闲土地，将其设置为公共空间。

建筑控制地带：建设控制地带：61941平方米，自核心保护范围向四周延伸20m，根据周边地形及图则路网有所调整。
- 保障南侧公园及广场空间。
- 新建/改扩建建筑时，应当在高度、体量、色彩、材料等方面与历史风貌相协调；新建、改扩建道路时，不得破坏历史风貌。

更新管理模式 UPDATE MANAGEMENT

城市更新改造模式探究

改造手段

"微更新"

"两大困境"
- 一保就死：政府公共资金难实现大规模修缮；长时间无人维护修缮。
- 一改就乱：市场开发主体强调投入-回报的经济可行性；忽视历史格局的延续和历史风貌的保护。

引入多元主体共同参与

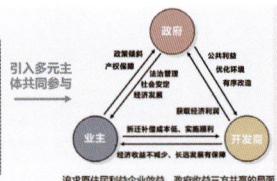

多方协同 + 市场运作

追求原住民利益企业效益、政府收益三方共赢的局面

更新机制

工作主体	主要内容
政府/社区	基础改善 改制监管
专家团队	提供更新策略 咨询服务
市民公众	深入监督 公众参与
资本市场	资金注入 后期运营

改造原则

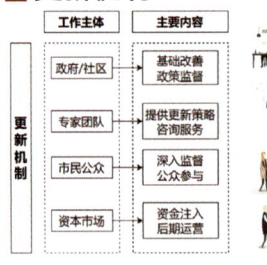

- 社区协商平台　就业帮扶课程　社区服务平台
- 社区共商空间　社区党建中心　社区文体中心

社区活动／组织研讨（线上／线下）
调动人群积极性
提升社区决策实用性

社区活动策划一 定期技能培训
目的：为当地有意培养技能的人员提供培训课程，如电商技能、家政服务、特色餐饮类。
面向人群：低收入者、待业人员。

社区活动策划二 非遗文化体验
目的：为当地人员提供非遗体验课程。
面向人群：当地居民、创业人员、艺术工作者。

运营模式

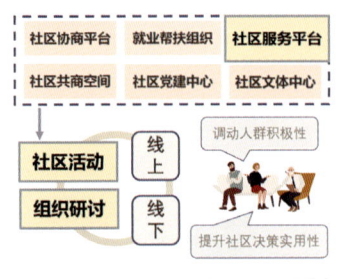

- 独立个体
- 因功能聚集
- 多功能圈交集为社区
- 健康
- 宜业
- 乐活

社区运营治理模式创新

"圈层式"治理模式

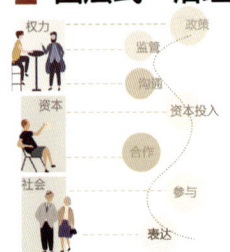

社区活动组织

政府 — 引导 — 开发商
反馈 ← 村集体 → 反馈 ← 居民

→ 社区服务平台

产业业态规划
INDUSTRIAL FORMAT

业态优势挖掘

制造业工厂　历史风貌　非遗文化
近光明科学城　　TOD　多元消费人群

STEP 1：对接周边产业，协调内部产业

依托周边科创制造等产业规模聚集发展优势，合理引入相关科创孵化工作室，并与基地周边工业区做好衔接，推进"产学研"过程，内外互促。

STEP 2：挖掘历史文化，发展特色文化产业

结合古村古墟的历史文化特征，引驻文化产业，制定有特色的业态规划方案，获取自身独特的竞争力和消费吸引力，满足不同层次消费需求。

STEP 3：结合消费需求，引导商业业态新布局

结合古村古墟周边城市商业设施配置及村内村外居民需求，确定商业业态合理比例。建设公共空间，分解商业街道压力，优化商业布局。

古村片区发展模式——BOT

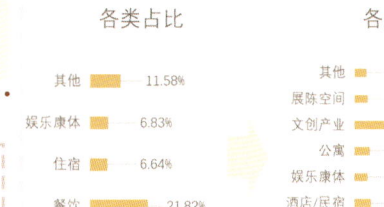

业态分区

高新孵化　文化博览　创意集市
商业办公　文旅体验　商业零售

图例：
- 商业零售业态
- 商业办公业态
- 高新孵化业态
- 文旅体验片区
- 文化博览业态
- 创意集市业态

业态比例对比

各类占比：
- 其他　11.58%
- 娱乐康体　6.83%
- 住宿　6.64%
- 餐饮　21.82%
- 零售　53.13%

各类占比：
- 其他　4.11%
- 展陈空间　4.63%
- 文创产业　15.01%
- 公寓　5.47%
- 娱乐康体　4.63%
- 酒店/民宿　5.79%
- 餐饮　21.23%
- 零售　39.13%

变化：商业类型增加；零售类比例减少；住宿类增加。

业态建设指引

主要街道业态引导

图例：
- 历史建筑　　商业零售业态
- 公共开放空间　生活服务业态
- 主要商业街道　文化博览业态
- 商服办公业态　文腺体验业态
- 科创办公业态　文创零售业态

改造后："两大片区，双线串联"

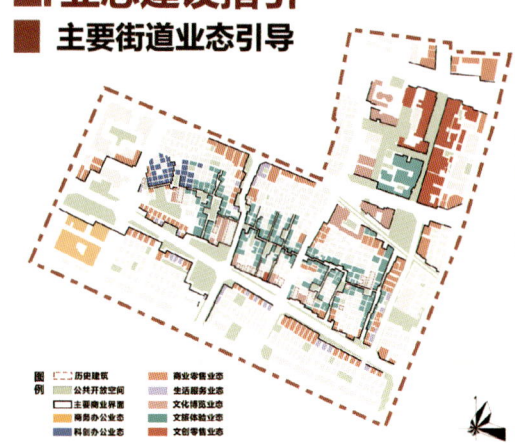

科创孵化：引入相关科创孵化工作室，并与基地周边共促产学研。

商务办公：改造原有厂房，置换功能，植入部分办公功能。

生活服务：沿街分布商业满足居民生活需求。

文创商业：采用BOT模式分团块出租给开发商，植入文创产业、民宿、非遗文化馆。

文化策划 CULTURAL PLANNING

■ 总体策划

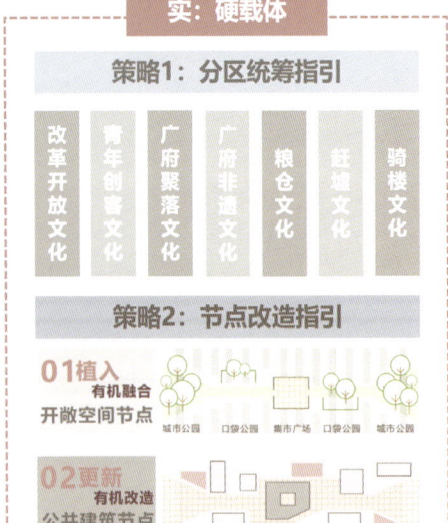
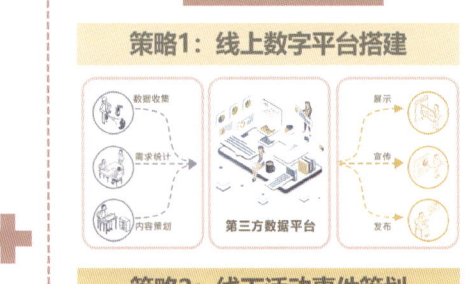

■ 硬载体

■ 文化统筹分区指引

■ 文化节点打造指引（city walk游线）

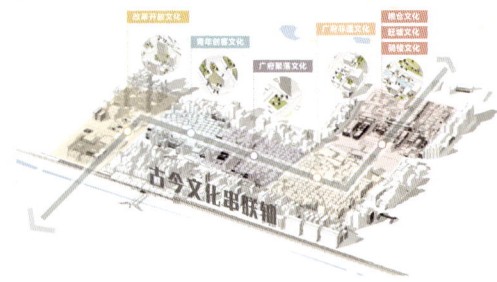

■ 软活动——线上线下文化活动策

线上+线下：打造公明文化新图景

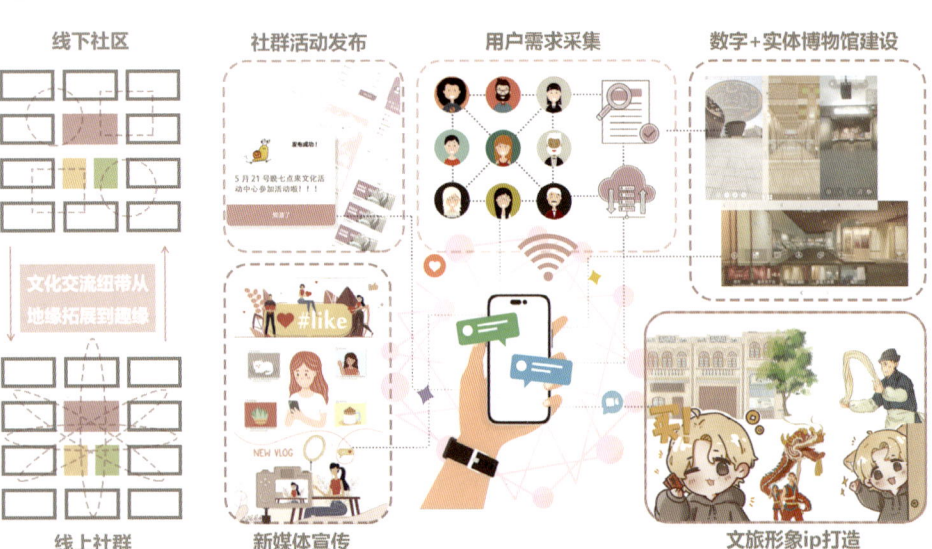

节点设计 NODE DESIGN

■ 赶墟文化片区

■ 轴测效果图

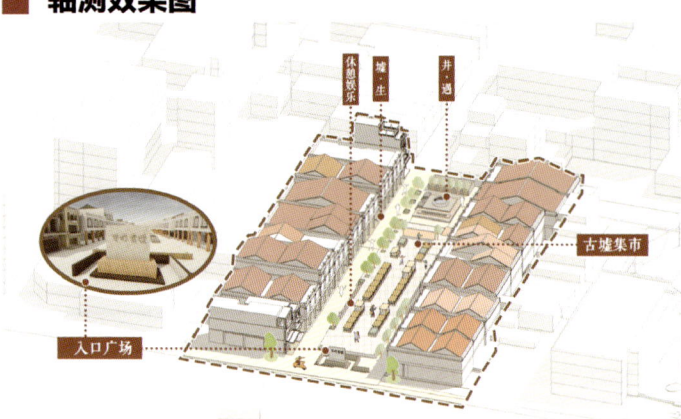

■ 平面图   ■ 功能流线图

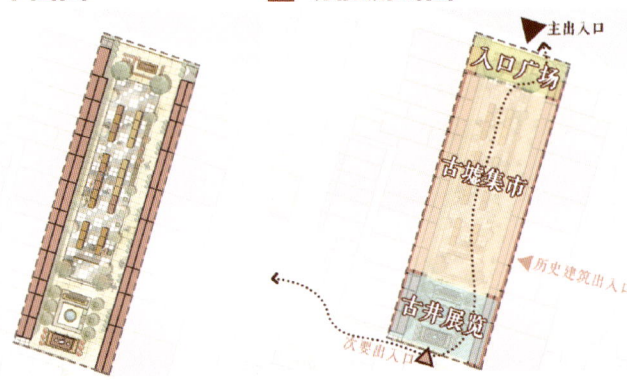

■ 商铺样式

样式一　　　　　　　　　　平面图一

样式二　　　　　　　　　　平面图二

样式三　　　　　　　　　　平面图三

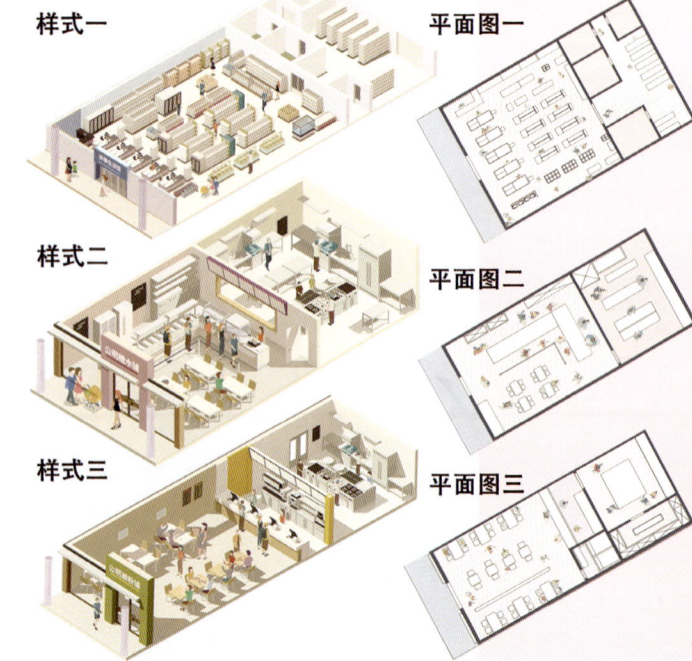

粮仓文化片区
轴测效果图

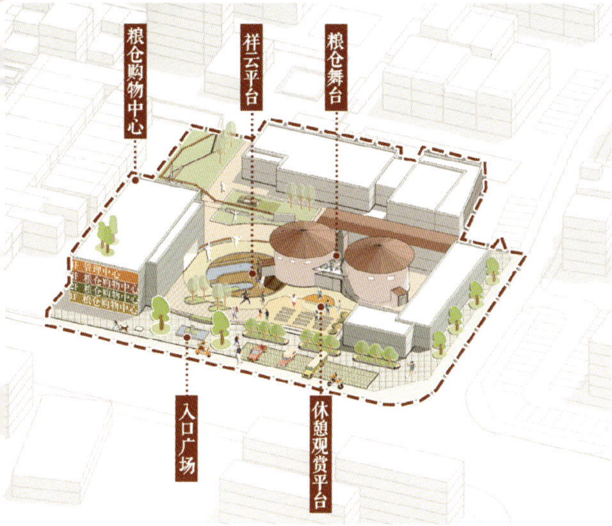

- 粮仓购物中心
- 祥云平台
- 粮仓舞台
- 入口广场
- 休憩观赏平台

平面图

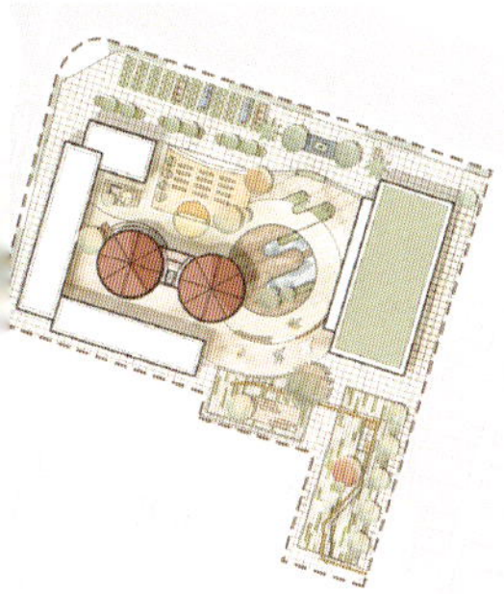

功能流线图

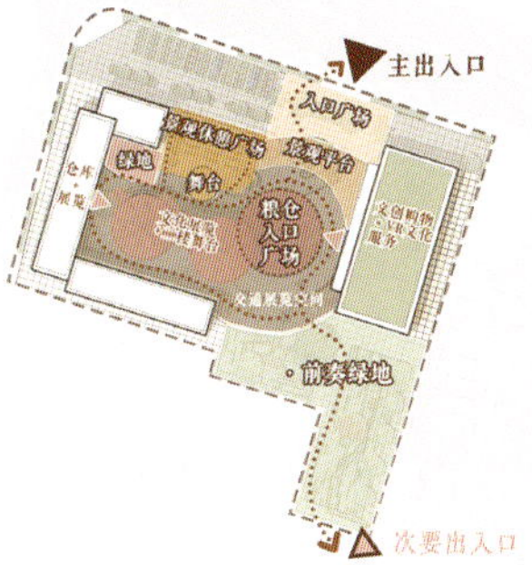

- 主出入口
- 入口广场
- 舞台
- 观景平台
- 粮仓入口广场
- 仓外绿地
- 粮仓购物中心
- 前滩绿地
- 次要出入口

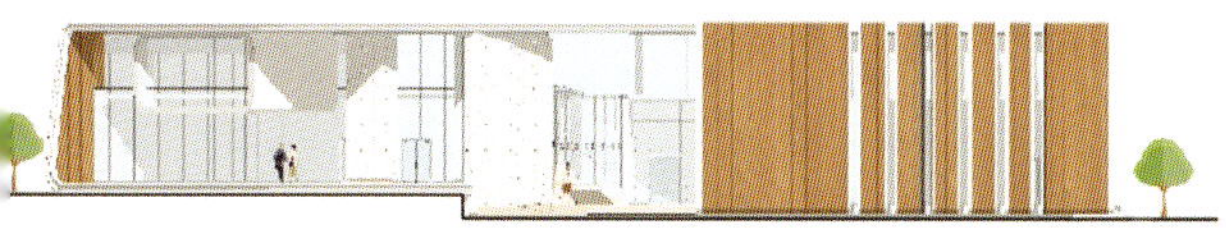

广府聚落文化片区
麦氏大宗祠

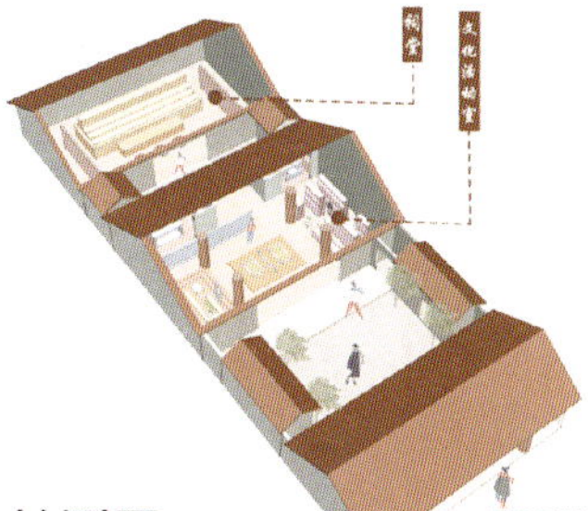

- 轴测图 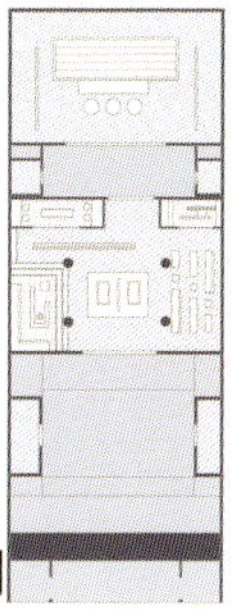
- 平面图
- 立面图
- 剖面图

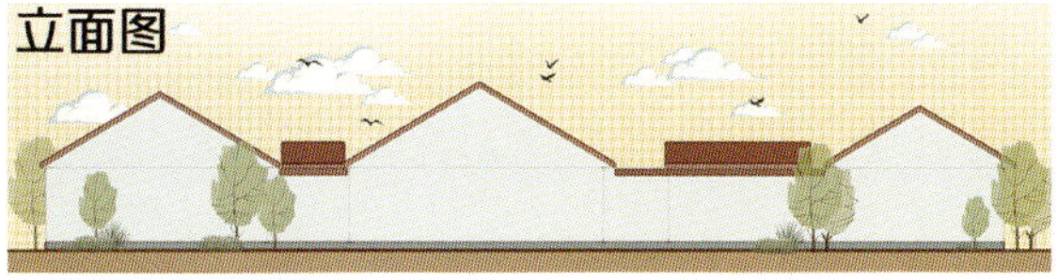

茂客公家祠

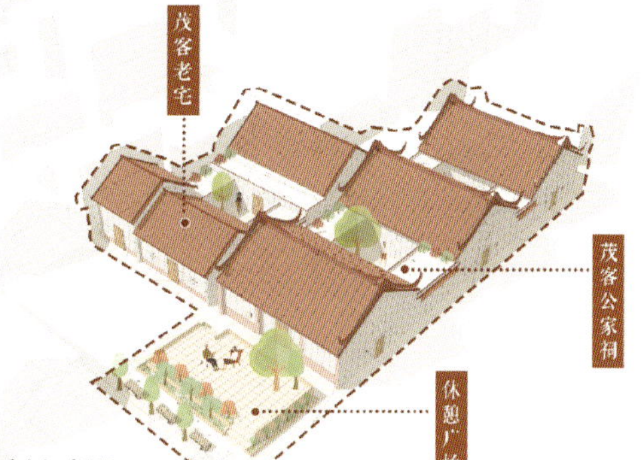

- 茂客老宅
- 茂客公家祠
- 休憩广场
- 轴测图

春山家塾

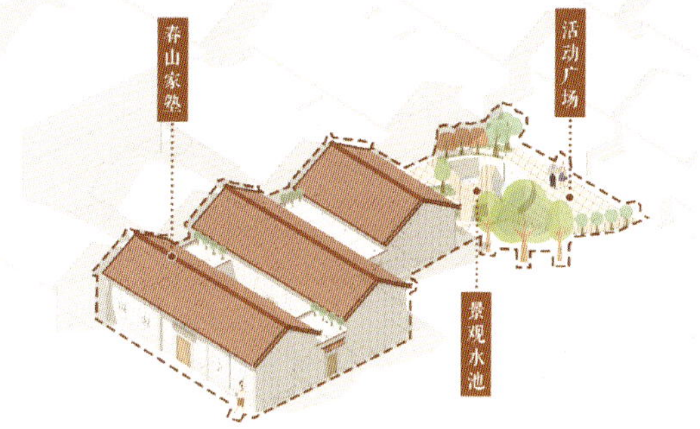

- 春山家塾
- 活动广场
- 景观水池
- 轴测图

创客文化片区
众创空间

轴测图

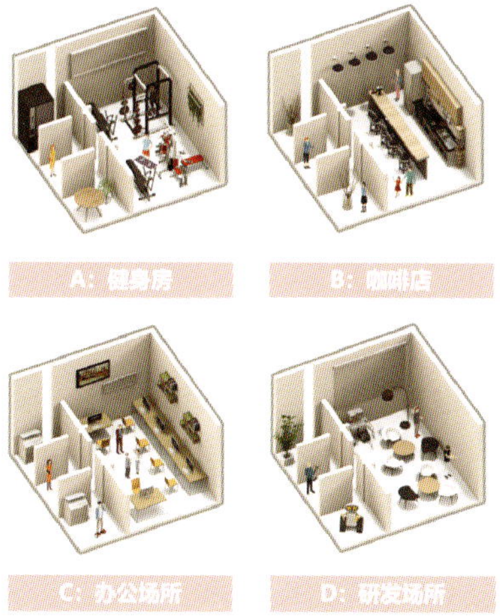

- A：健身房
- B：咖啡店
- C：办公场所
- D：研发场所

公明文化艺术中心
轴测效果图

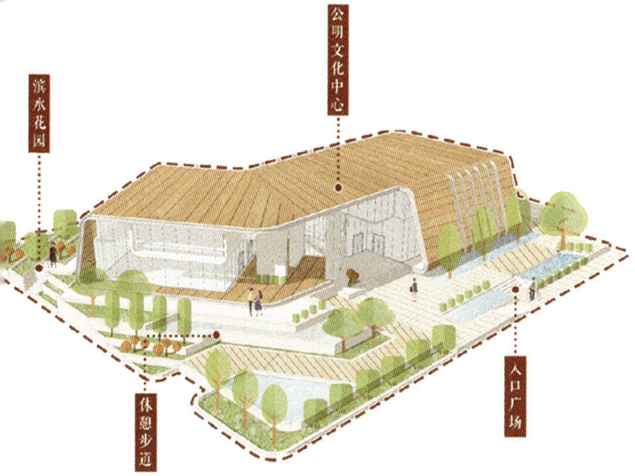

- 公明文化中心
- 滨水花园
- 入口广场
- 休憩步道

立面图

标识系统设计

2023『南粤杯』7+1 联合毕业设计竞赛
深圳市光明区公明古墟保护和更新设计

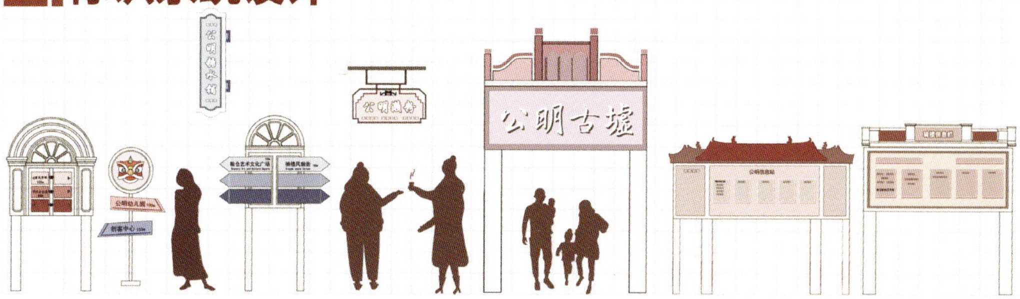

厦门大学
Xiamen University

王一苇

历经四个月的时间，本次"南粤杯"七校联合毕业设计竞赛终于圆满结束了。在本次竞赛中完成了我们本科阶段的最后一个设计，虽然其中过程困难诸多，但仍为我们的本科阶段画上了一个圆满的句号。从二月的广州深圳，到三月的昆明，再到五月的成都，近四个月的时间让我们在不同的城市有了不同的体验，结识了来自不同学校的朋友，产生了更多思想的碰撞，也非常感谢各位老师的指导。尾声已然落下，新的篇章即将开始。

王 莉

很开心能够参加"南粤杯"七校联合毕设，认识到许多优秀且有趣的同学。虽然设计的过程很辛苦，但是回想曾经的欢笑，那些付出的汗水，那些前行路上的荆棘，那些为之付出的努力，都深深地埋藏在我们心中，定格为独属于你我的回忆！

范宇琦

鲜衣怒马少年时，不负韶华行且知。我们即将以为期四个月的联合毕设告别大学五年的生涯。从初期的深圳调研到中期昆明的工作坊，最后到成都答辩，我学到了很多专业的知识，结识了不少其他学校的优秀同学，这一路上有老师们的谆谆教诲，也有队友们的不懈努力和精诚合作，在"南粤杯"中，大家都收获满满。回首五年光阴，目光所及，皆是回忆，我将带着期望与祝福离开亲爱的母校厦大，开始新的征程。

蔡增娱

苦耕春前片片土，笑纳秋后粒粒珠。本次"南粤杯"七校联合毕业设计竞赛历经四个多月，从前期调研的迷茫，到到中期的逐渐找到思路，再到后期的完善方案，一个从无到有，从痛苦到破茧的过程，是我们无数个日日夜夜的堆叠，换来了一份较为满意的答卷。感谢各位老师的指导，让我们不断地重塑，做到尽善尽美；感谢粤规院举办的活动，让我们能有机会与各个学校的同学交流，能有机会得到各位大佬们的指导。

姚 珊

山水一程，幸得相逢。转眼间联合毕设已接近尾声，共赴三座城市的记忆仍旧鲜活得仿佛昨日。很幸运在本科生涯的最后一学期经历了如此丰富多彩的实践之旅，很幸运有机会和来自其他六个院校的同学共同交流见证成长。感谢"南粤杯"组委会和各个评委老师在过程中对我们的所有帮助和指导，感谢我的组员们不遗余力共同奋斗的日日夜夜，感谢自己以及相遇的所有人，给予了我这个圆满的句号与一段自由浪漫的青春时光。行文至此终落笔，祝"南粤杯"联合毕设越办越好，祝此程遇见的所有同学老师前路漫漫皆灿烂。愿我们山水有相逢，来日皆可期。

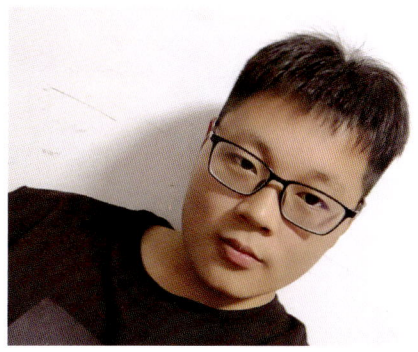

亓国祥

时光荏苒，大学本科五年中的最后一次设计也要结束了。从1月份的组队开始，到后面的深圳场地调研（虽然因故未能参加），昆明工作营，最后的成都答辩。每一段旅程都让我受益良多，特别是在整个设计中与队友们一次次的讨论，一次次对设计的完善，让我们整个方案从无到有。本次竞赛的过程中，多样化的作品要求如小品，视频等，也让我学会了更多在方案介绍时的方式，也让我学到了很多新软件和新技术。

趁"墟"而入，里应外"合"
——深圳市光明区公明古墟保护和更新设计

指导老师：王量量、郁珊珊
作　　者：王一苇、姚珊、范宇琦、蔡增娱、王莉、亓国祥
学　　校：厦门大学

研究背景 Research Background

■ 研究范围及区位分析

图源光明区政府在线（网址：http://www.szgm.gov.cn/）

遇见光明

光明区地处深圳市西北部，位于深莞交界之地。东至龙华观澜，西接宝安松岗，南抵宝安石岩，北与东莞市接壤。

光明区属于低山丘陵地貌，岗峦起伏，地势东北高西南低。区内水系密布，青山环绕，山水林田湖草等自然资源丰富。

遇见古村

基地位于广东省深圳市光明区西部，是马田街道北部合水口社区与公明街道南部的公明社区接壤地带。研究范围约38公顷。其中合水口古村历史风貌区研究范围面积大约27.5公顷，公明老墟历史风貌区研究范围约10.5公顷。

宏观区位

中观区位

微观区位

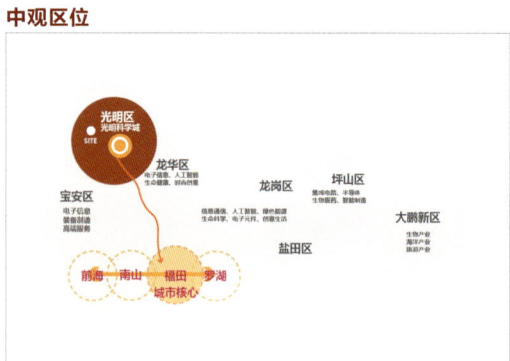

■ 研究框架

问题发掘 Problem Discovery

Part1：城市开放 or 场地封闭

公共交通与对外交通便利

——**紧邻地铁站，公共交通便利**：地铁6号线沿松白路穿过研究范围南侧，研究范围位于紧邻合水口地铁站500m服务范围内。

——**邻近高速出口，对外交通便利**：南光高速出口与规划范围直线距离约1.3 km，对外交通便利。次干道马田路与振明路分布穿过研究范围西侧与北侧。

毗邻公明商圈，生活服务设施和社区级别绿地便利可达

配套服务：医院设施便利可达，文化设施较为丰富，但老年照料点比较缺乏，覆盖面不足。
商业服务：周边生活服务设施齐全，邻近多个商圈包括新天地购物广场、国业百货、公明中心商城等，满足日常需求。
公园广场：周边共1处综合公园，5处社区公园，有良好的绿化景观环境，点状和面状绿地分布较为均匀。

Part1：城市开放 or 场地封闭

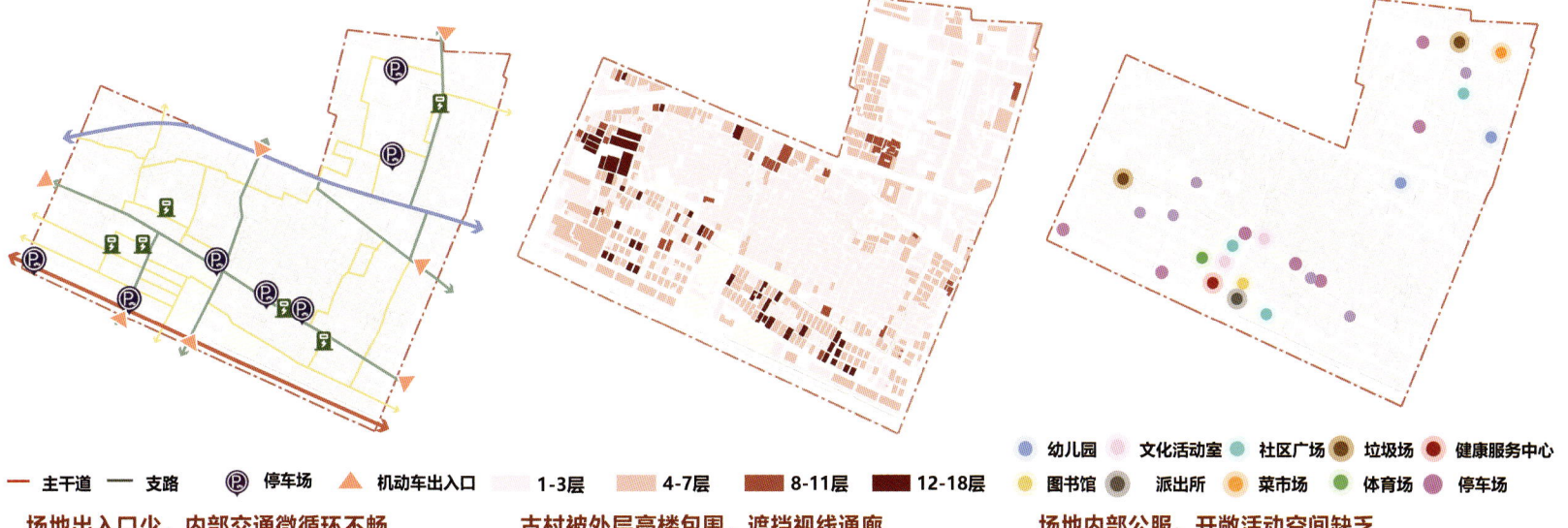

场地出入口少，内部交通微循环不畅
——**现状道路**：内部交通微循环不畅，道路等级较低。
——**现状出入口**：部分被铁门封闭且开发的出入口均设有闸道，车辆进入需收费。

古村被外层高楼包围，遮挡视线通廊
——**建筑高度"内低外高"**：古墟和合水口村建筑多为1-3层的低层建筑，外部临街建筑偏高，整体呈现出建筑内低外高的封闭形态。

场地内部公服、开敞活动空间缺乏
——**覆盖范围小**：基地内公共服务系统规模较小，无法覆盖到村落内部。
——**绿地广场缺乏**：基地绿地严重匮乏，缺少休闲性开敞空间。
——**缺少适老和适幼设施**：缺少社区老年人日间照料中心与专门的儿童活动场地。

问题发掘 Problem Discovery

Part2： 文化丰富 or 文化失语
场地文化资源类型丰富

公明古墟历史悠久，意义深远，历史上与合水口古村处于一体化发展

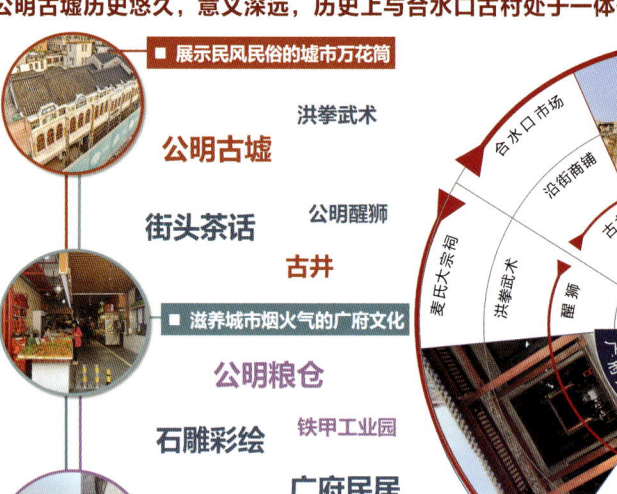

- 展示民风民俗的城市万花筒
  - 公明古墟
  - 洪拳武术
  - 街头茶话
  - 公明醒狮
  - 古井
- 滋养城市烟火气的广府文化
  - 公明粮仓
  - 石雕彩绘
  - 铁甲工业园
  - 广府民居
- 凝视工业文明的历史足迹
  - 厂房

多元文化：墟市文化、广府文化、工业文化

01 明朝 合水口开基立业 — 永乐 1423年
02 清朝 武术扬名 — 1636年
03 民国 缓慢发展 — 1912年 共建公明墟
04 新中国成立后 农业发展 — 1949年
05 改革开放以来 快速城镇化 — 1978年

逐渐成为城中村　村墟割裂发展

Part2： 文化丰富 or 文化失语
特色风貌建筑缺乏保护修缮，空间利用率低，在地重要文化事件影响力不足

问题一　历史资源　点的遗失
场地多处历史资源点在城市发展过程中消失，仅存的历史资源散布在场地中，或不为人知，或不可亲近。

 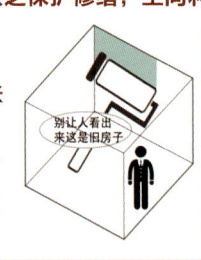

- 合水口村内遍布大小宗祠、私塾等重要历史建筑15处，少部分建筑（如麦氏宗祠、悦东公祠等）保护较好，大部分历史建筑并未得到良好的保护修缮和利用，文化内涵逐渐丢失。
- 麦氏家族是深圳地区的早期移民之一，麦氏宗祠作为宗族文化的核心，如今却鲜少有宗族活动，规定非本村村民不得入内。
- 公明老墟粮仓和古墟整体现阶段均处于闲置状态，文化内涵几近衰败。粮仓建筑结构保护较好但环境较差；古墟建筑主体已被修缮，剩余部分为危房状态无法使用。

| 历史痕迹在改造过程中被抹去 | 历史景点公共开放程度不足 | 历史建筑价值不被认可 |

墟市文化 — 繁华褪尽，墟散人离
街边商铺大门紧闭
老墟建筑登记为危房
店铺陆续搬离，昔日繁华不复

问题二　历史场所　被割裂
场地内各处历史场所都被历史围墙隔开，造成地块内部道路不通，无序的也加剧了内部的混乱。道路稀松，也不适宜游街探景。

 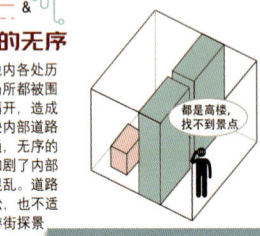

- 古墟和合水口村建筑多为1—3层的低层建筑，外部临街建筑偏高，整体呈现出建筑内低外高的封闭形态。古村被外层高楼包围，遮挡视线通廊。
- 不同形式的围墙：格网、栅栏、实墙
- 内部交通微循环不畅，道路等级较低，村内支路不成系统，多处绕弯路，道路断层。

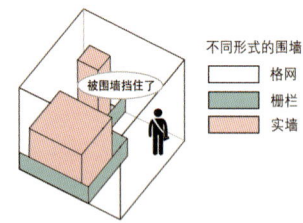 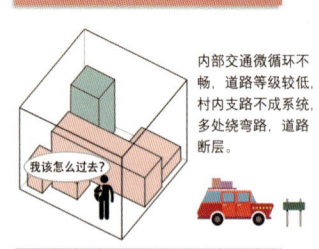

| 历史空间隐藏于高楼群落中 | 历史与生活场所被围墙隔开 | 步行道路不通畅易迷失 |

墟市文化 — 破瓦颓垣，烟火渐淡
古墟被幢幢现代楼房围困
场地大部分原住民流失
场地自封导致自我更新困难

问题三　历史记忆　被切割
场地内住区与历史空间相互混杂，却又相互对立，人们对于当地的了解甚少，难以感知。历史文化资源与生活脱离。

  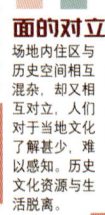 

- 洪拳是当地非物质文化遗产，如今虽仍有活动，但影响力不足。
- 工业遗存场所废弃，工业遗存粮仓仅作为堆放场所。老墟建筑登记为危房，店铺陆续搬离，街边商铺大门紧闭，昔日繁华不复。
- 除了是脱胎于城市营销的不足和对自身历史文化资源的挖掘不足以外，确实有很多不关心自己居住城市历史的原住民。原住民的流失造成自我更新困难。

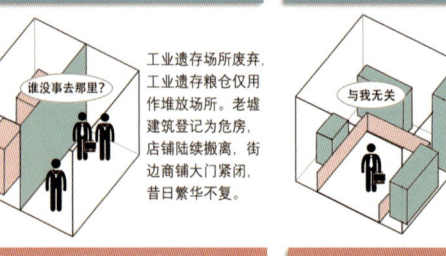 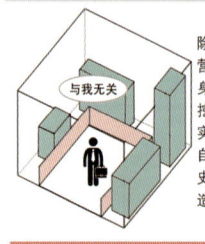

| 周边人群不了解相关历史 | 周边居民不使用历史空间 | 周边人群不使用历史资源 |

墟市文化 — 工业遗存，场所废弃
内部工业业态零散不成体系
工业遗存粮仓仅作为堆放场所
工业文明与传统文明冲突割裂

场所废弃

破瓦颓垣

墟散人离

问题发掘 Problem Discovery

Part3：产业蓬勃 or 产业失和

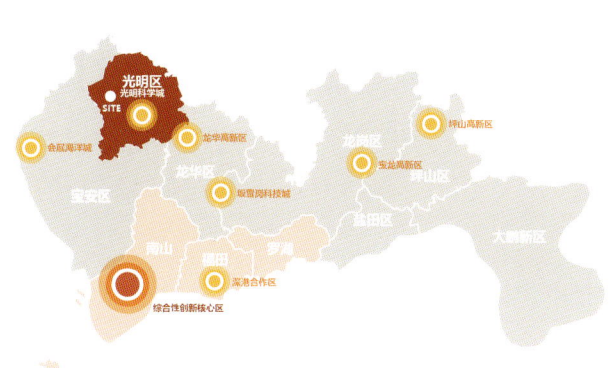

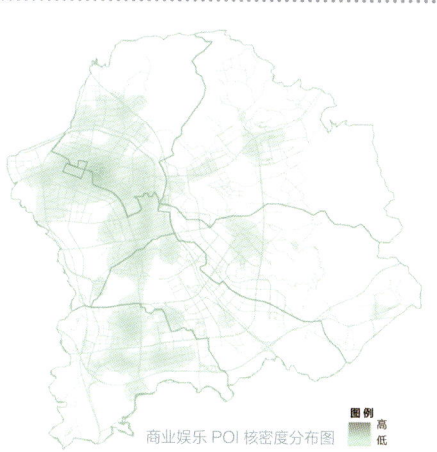

■ **光明科学城的重要战略地位**
光明科学城作为综合性国家科学中心核心，承载区光明区重大期望，场地位于光明区的综合服务区、旅游产业的老城服务组团。

■ **周边二产聚集**
基地周边产生大量工业聚集，如：合水口工业区聚集、下村工业区等。

■ **场地三产活力高前景广**
基地位于光明区三产城市活力集中点之一，距离公明副中心直线距离1km，多样的服务人群使得场地周边三产发展前景广。

Part3：产业蓬勃 or 产业失和

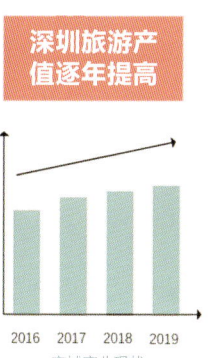
市域产业现状

区域产业结构

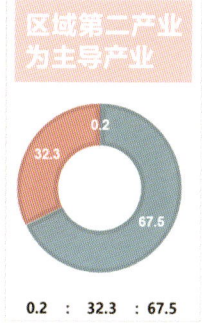
0.2 : 32.3 : 67.5

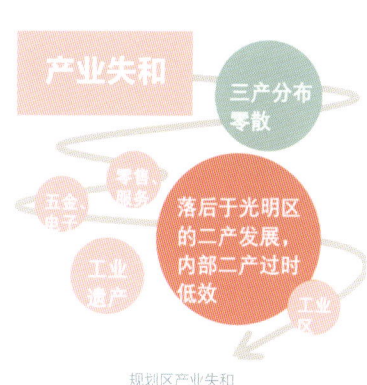
规划区产业失和

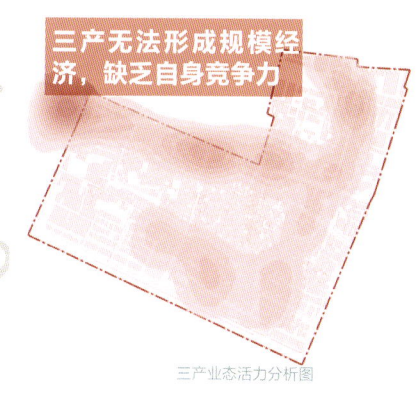
三产业态活力分析图

产业问题总结

■ **一产薄弱**
片区内农业产值占总产值的0.2%，农业对规划区产业经济的贡献微乎其微。

■ **二产发展过时低效**
产业存在同质化竞争；产业分布零碎，无法形成聚集效应，产业分工不成体系。

■ **三产起步，旅游品质有待提升**
整体业态水平低端，以小规模旅游配套零售商业为主，规模有限，需要提升服务品质和拓展延伸服务类型。

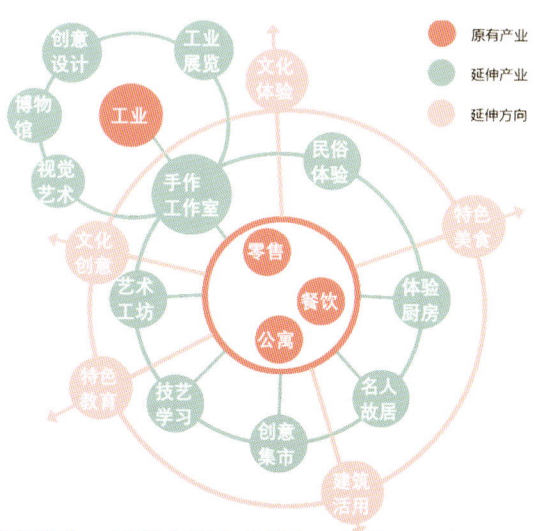

落后于光明区的二产发展，内部二产过时低效，缺乏更新动力

三产起步，缺乏合理产业链条，旅游品质有待提升

问题发掘 Problem Discovery

■ Part4：人群多元 or 社群独体

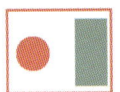  

自然村　边缘村　城中村

为降低城市扩张成本，深圳选择大量征用农地建设，原来的村落保存下来。

1980年特区成立，外来人口的急剧增加，对廉租房需求也大大增加。

失地村民在城市化进程中通过"盖房抢建"来维持生存。

> 案例房屋①：宏发嘉域

价格 4000元/月	户型 两室两厅
面积 79㎡	朝向 西南

该租房户型较大，月均价格较高，适合三人左右的家庭租住，不适合收入较低及青年租住

> 案例房屋③：上屯新村

价格 1850元/月	户型 一室一厅
面积 45㎡	朝向 东北

该租房户型较小，靠近公明第一小学，月租价格适中，适合为了方便孩子上学的一人/两人入住

> 案例房屋②：泥围新村

价格 1580元/月	户型 一室一厅
面积 49㎡	朝向 南

该租房户型较小，月租价格较低，适合单人及双人入住，适合低收入及青年群体

■ 租房需求
租房市场目前处于近乎饱和状态。

■ 多类型需求
周边租房人群多元，单人及群体入住并存，具有多元化的租房类型需求。

■ 价格及面积特征
处于租房价格、面积较低区段，正在向价格、面积增长过渡。

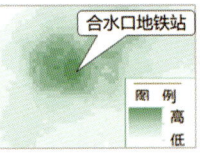
出租房屋核密度

出租房屋价格分析

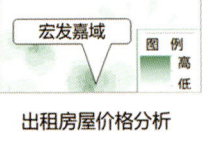
出租房屋面积分析

■ Part4：人群多元 or 社群独体

人群轨迹事件独立，空间割裂

①外来租客主要依靠地铁站通勤，少有开放活动空间。

②合水口原住村民轨迹丰富，是片区内目前公共开放空间的主要使用者。

③菜市场作为生活必需采购场所，几类人群轨迹重合最多。

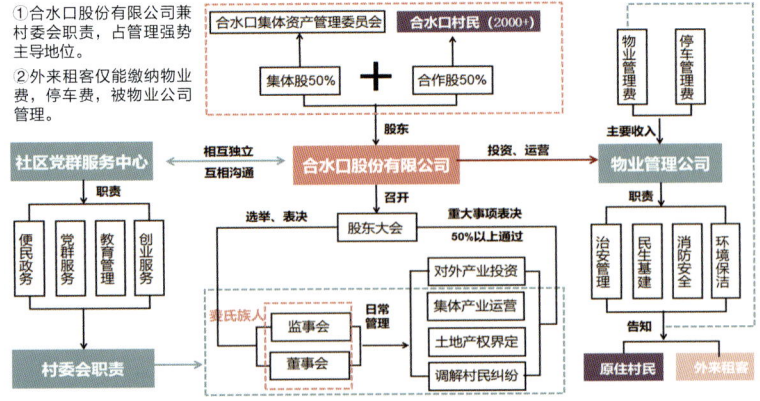

片区管理组织架构排外

①合水口股份有限公司兼村委会职责，占管理强势主导地位。

②外来租客仅能缴纳物业费，停车费，被物业公司管理。

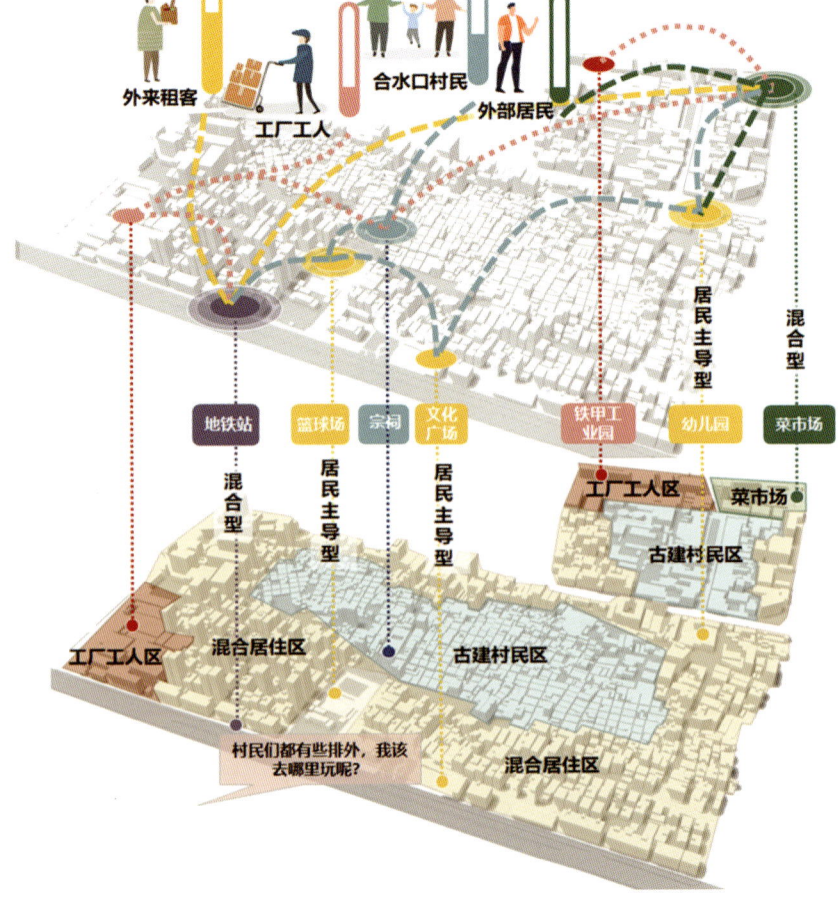

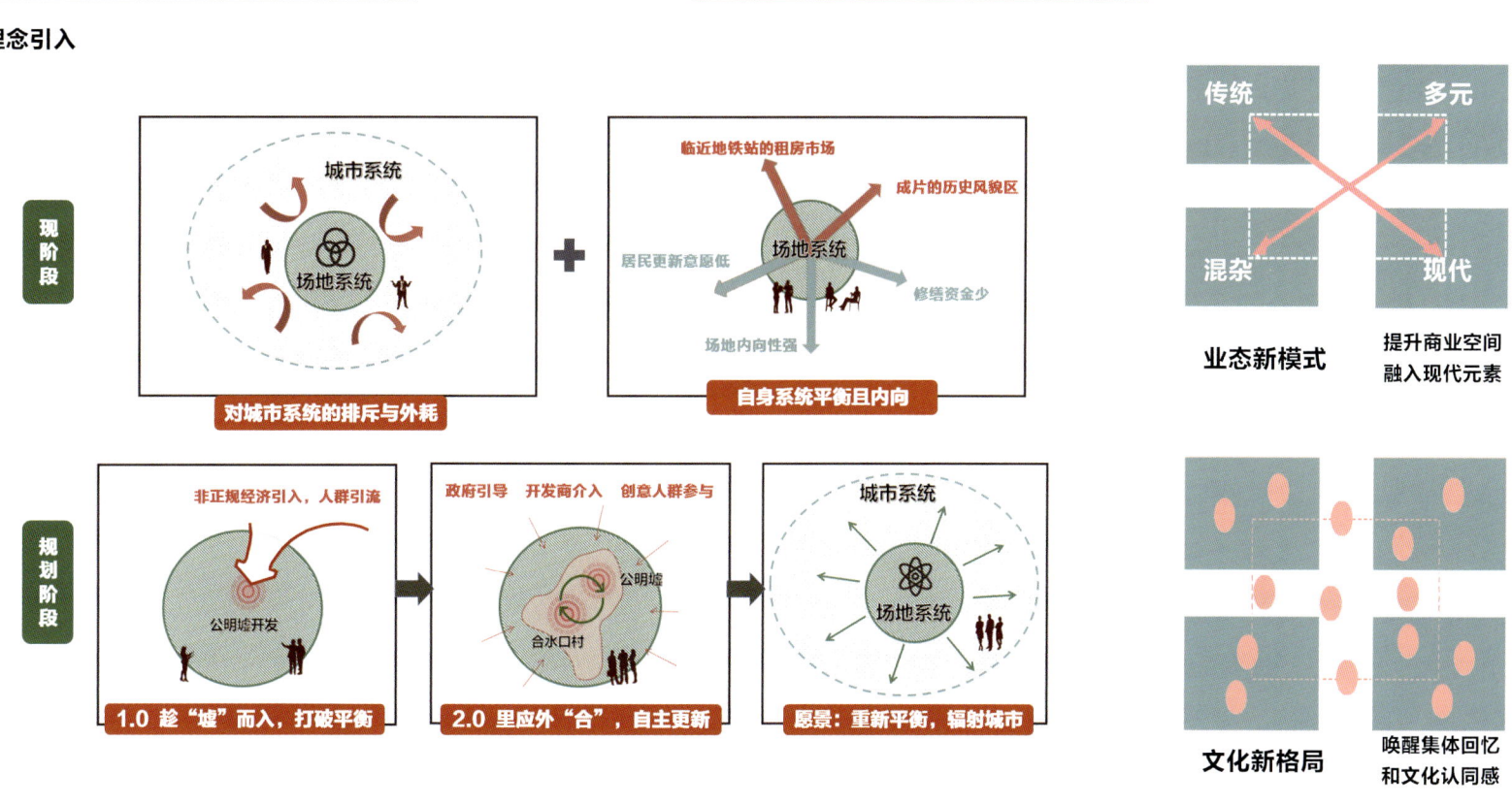

社会策略 Social strategy

■ 社会问题与社会策略

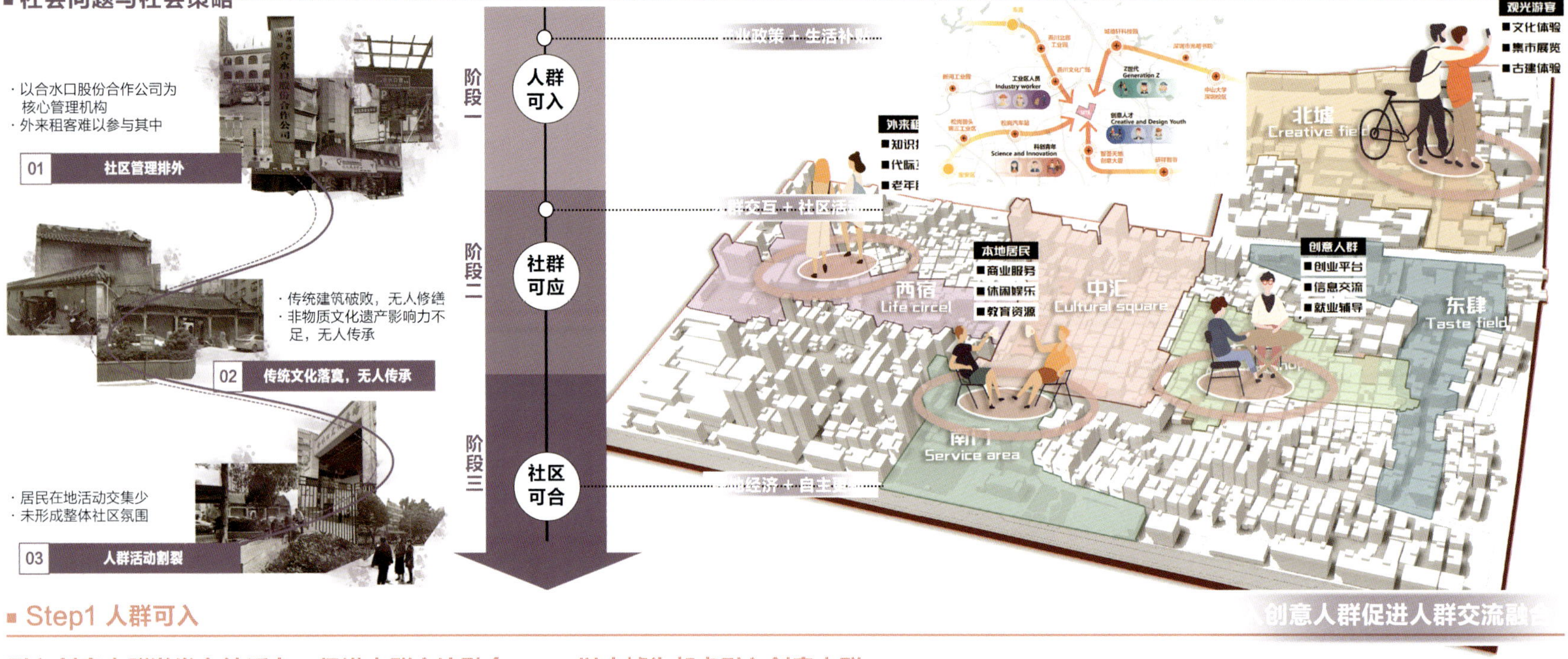

- 以合水口股份合作公司为核心管理机构
- 外来租客难以参与其中

01 社区管理排外

- 传统建筑破败，无人修缮
- 非物质文化遗产影响力不足，无人传承

02 传统文化落寞，无人传承

- 居民在地活动交集少
- 未形成整体社区氛围

03 人群活动割裂

阶段一 人群可入 — 业政策 + 生活补贴
阶段二 社群可应 — 社交互 + 社区活动
阶段三 社区可合 — 经济 + 自主

■ Step1 人群可入

引入创意人群激发在地活力，促进人群交流融合

■ 社区的"6%"理论

当一个社区吸引了 6% 的创意人才后，人就会源源不断地涌入，就有了一个惯性，这将推动社区转向繁荣。

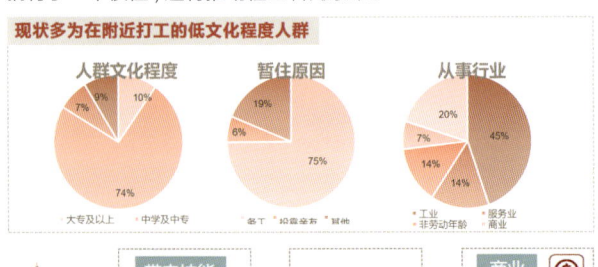

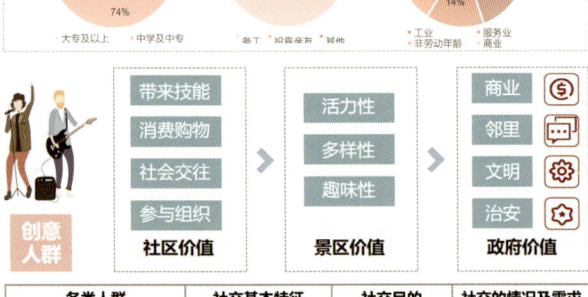

以古墟为起点引入创意人群

■ 趁"墟"而入

通过古墟业态吸引多元人群，古村的住房、生活策略来留住人群。

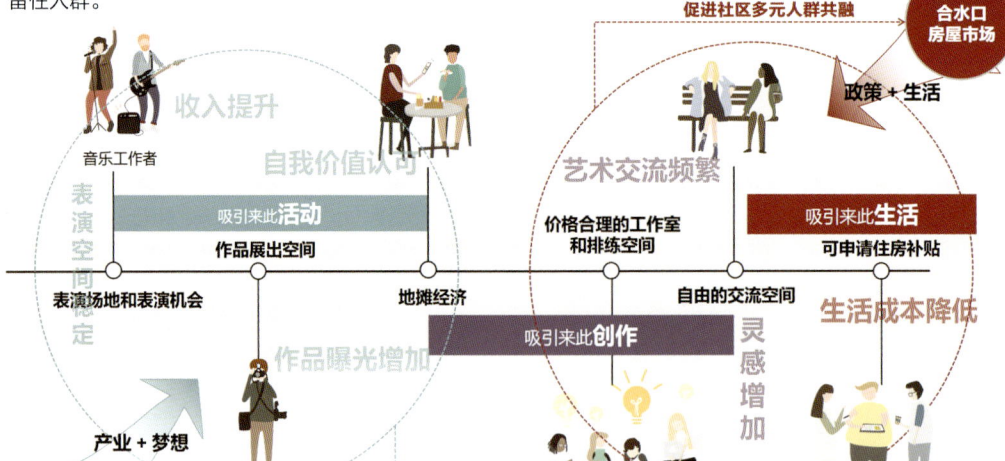

以公明墟的非正规经济，趁"墟"而入，通过表演场地和展出空间吸引创意人群；以合水口的房屋市场，里应外合用政策和生活留住创意人群；从而以公明墟推动多元文化产业发展，以合水口促进社区多元人群共融。

■ 现状人群不融合，未来需要人群融合

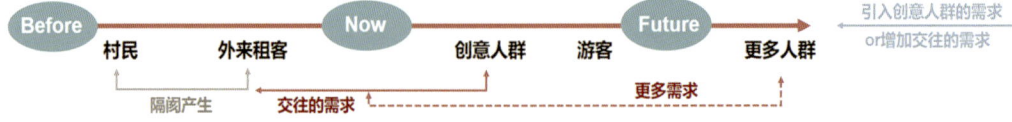

社会策略 Social strategy

Step2 社区可应

未来人群交互分析

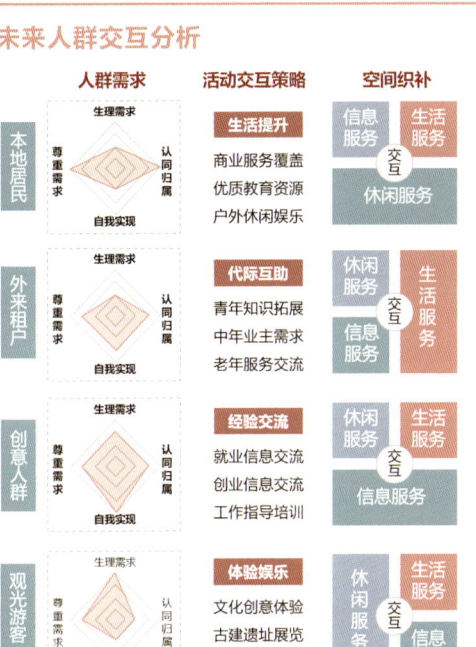

应连——线上线下共同构建新在地人网络

■ 线上：居民交流共享资源的平台"Heshui Cloud"

■ 线下：构建"6+X"协商理事会，建立参与型社区协商治理模式

应活——植入长短期新型社区活动

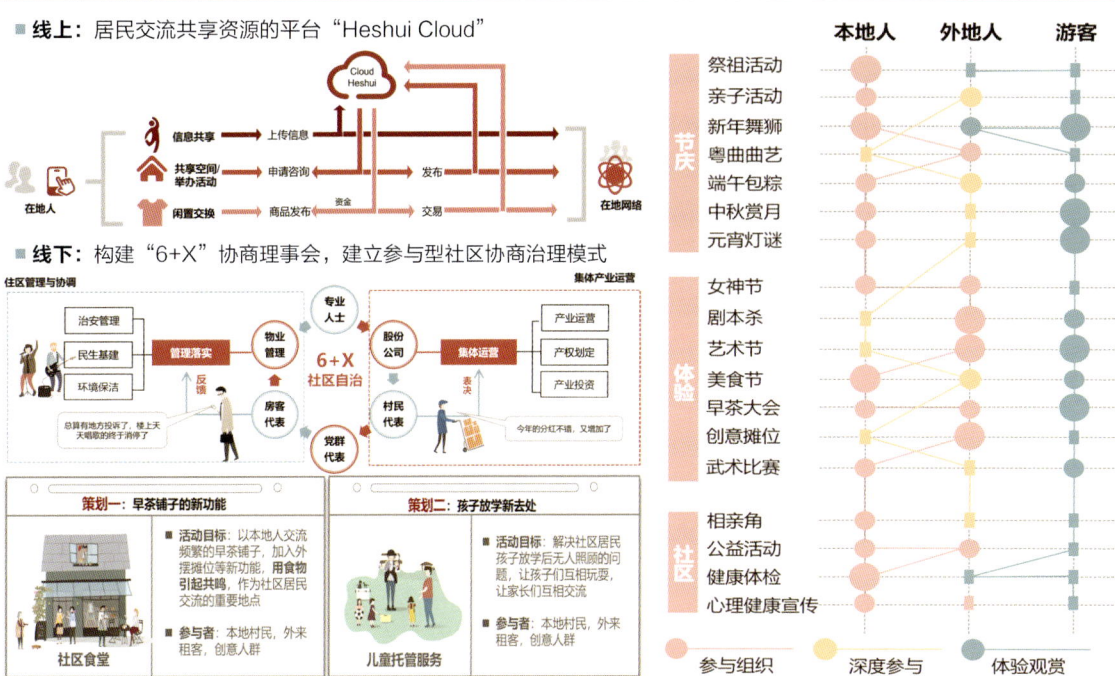

Step3 社区可合

合营——社区产消一体，激活在地经济

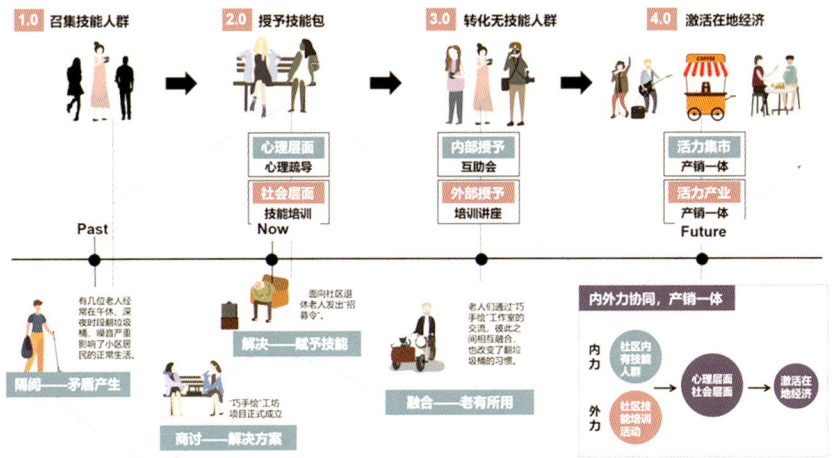

合建——厘清多方需求，明确发力主体

■ 更新过程主体化

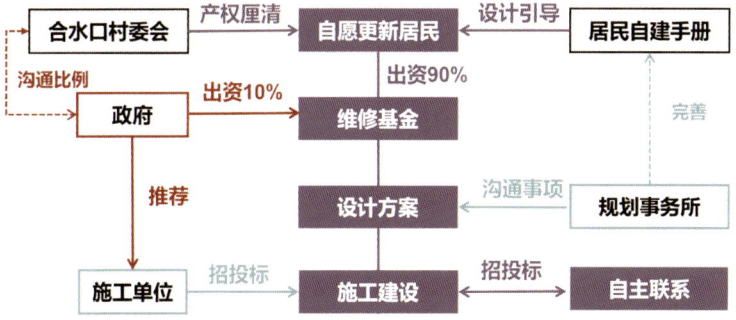

■ 公共项目设计的交互化

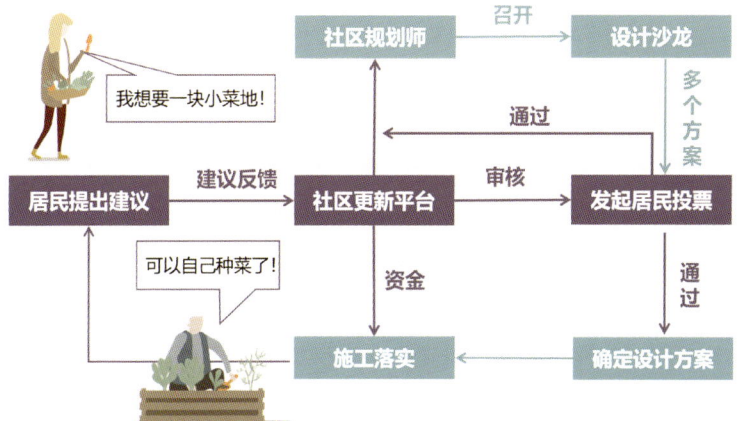

合续——延伸文化链条，丰富传统社区文化

文化方面，首先通过墟市文化激活和丰富社区文化，之后通过社群可以创造的在地经济与之应和，延长文化链条，创造更多在地人群，实现在地文化的可持续发展。

产业策略 Industrial strategy

■ 产业问题与产业策略

- 二产过失效效，缺乏动力
- 三产整体业态低端，规模有限，需要服务品质和类型的提升

01 原有产业需发展

- 场地内部建筑资源、文化资源浪费
- 与上位规划衔接断裂，亟待新兴产业的置入与发展

02 现状资源未利用

阶段一 引市入墟
阶段二 引商入巷
阶段三 引创入区

引入市集促进古墟活化开发

■ Step1 引市入墟

打造地摊经济

| 时间限制 | 规划摊贩活动路径主要集中在古墟街心广场和部分街巷，空间上连接古墟与周边菜市场、公共活动空间等人群较为密集场所，引导人群轨迹从而为古墟置入新的活力。 |
| 空间引导 | 在时间上限制摊贩运营时间，规避早晚出行高峰和小学上下学时间，并且为保障夜间经济活跃度和人群出行体验，可在夜间禁止活动街巷的车辆出行。 |

■ 运营管理模式

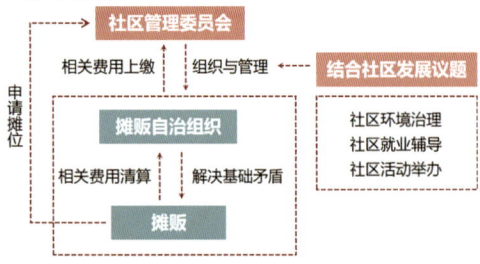

古墟开发运营模式

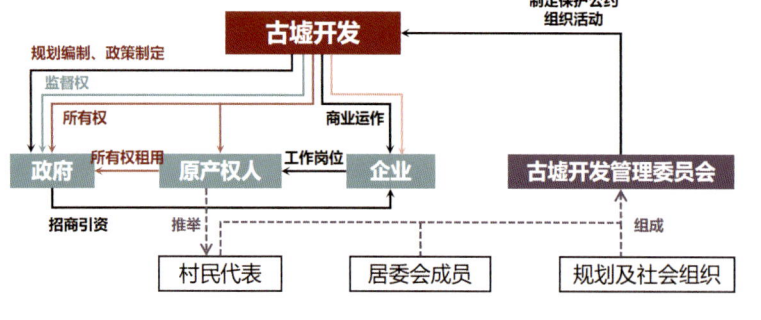

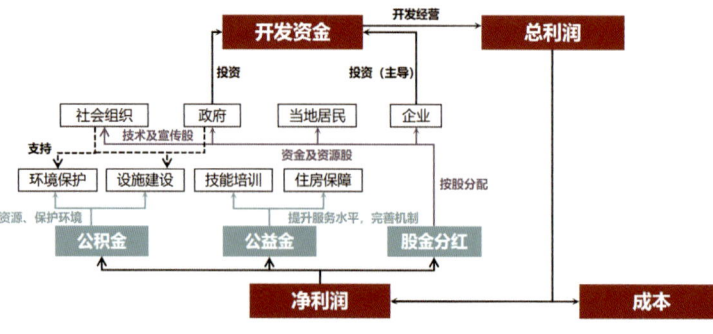

■ 古墟业态引导

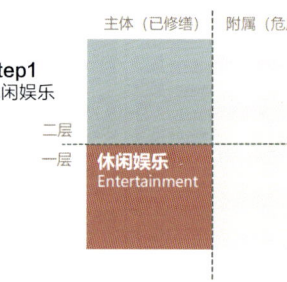

Step1 休闲娱乐

Step2 文旅商业

Step3 文化博览

产业策略 Industrial strategy

■ Step2 引商入巷　　　　　　商业轴线打造

游径轴线打造串联合水口村

形成以**村墟文化展示、市井生活体验和创意文化体验**三条路径，串联村墟景色打造集古韵慢享花园与城市文化秀场于一体的新场景。

■ 总体开发运营模式

■ 业态布局引导

- **村墟文化体验路径** · 文化展示
利用古村与古墟的历史建筑打造文化馆、博物馆、书馆、非遗工坊等文化博览业态

- **市井文化体验路径** · 配套服务
利用沿街建筑底层空间打造集品牌集合店、特色餐饮店等文旅商业和生活商业于一体的活力商业街巷

- **创意文化体验路径** · 文化展示
利用沿街建筑底层空间，部分闲置空间，打造集文化、艺术、生活于一体的创意文化活力街巷。

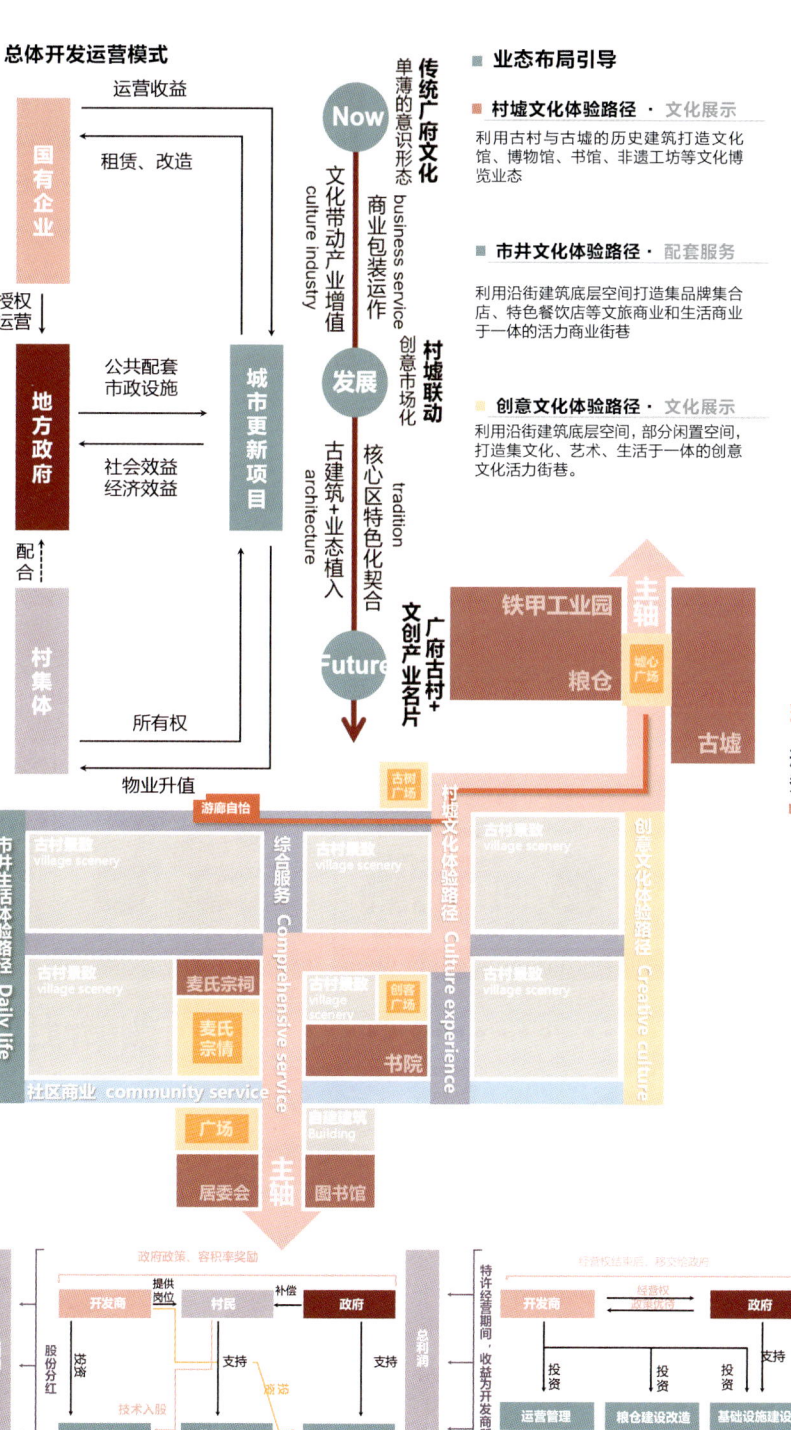

■ Step3 引创入区　　　　　　村墟联合创意改造

合水口古村更新改造

■ 古村片区发展模式

形成以**古村书院文化展示、村墟文化展示、市井生活体验和文创办公等**场所功能于一体的古韵慢享花园。

- **市井慢生活** · 配套服务
利用沿街建筑底层空间打造集品牌集合店、特色餐饮店等文旅商业和生活商业于一体的活力商业街巷

- **古村文化馆** · 文化展示
利用古村原有宗祠、书院、私塾等历史建筑打造文化馆、博物馆、书馆、非遗工坊等文化博览业态

- **村墟文化体验** · 观景平台
利用古村外围高层建筑，置入连廊，改造屋顶花园，打造可观古墟和村景的观景平台和休闲花园

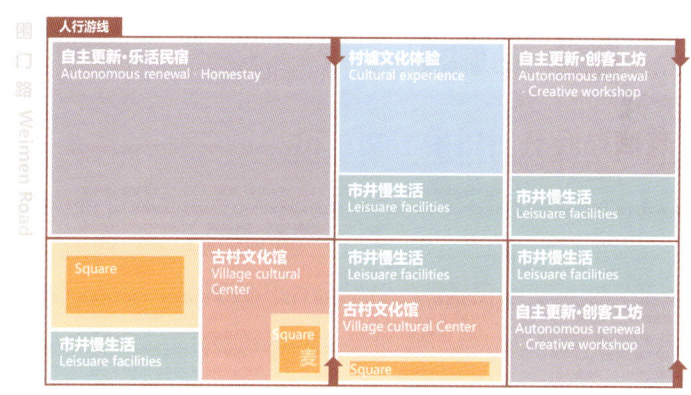

粮仓和工业园区更新改造

形成以**大型交易市集、文化展览、艺术工坊、主题策展**等创意型活动空间于一体的城市文化秀场。

- **创意慢生活** · 配套服务
利用工业区原有厂房、宿舍等建筑打造文创产品展销、便民服务等多种商业配套

- **艺术工坊** · 不固定展示
利用原有粮仓打造为不固定艺术家或创作者进行作品展示的活态博物馆和工作坊，并可成为主题策展活动的重要组成部分

- **创意市集** · 现代墟市
利用工业区原有广场和停车场空间打造集主题性、潮流性、文化性大型的交易市集，并可作为策展活动的主体场合

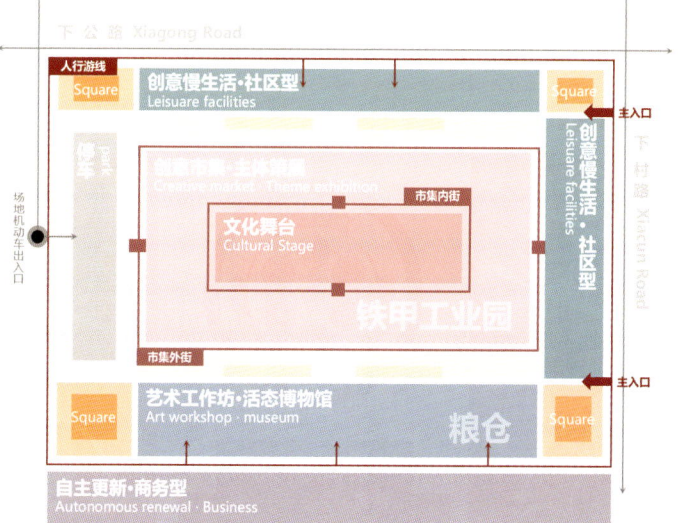

2023「南粤杯」7+1 联合毕业设计竞赛
深圳市光明区公明古墟保护和更新设计

65

空间策略 Spatial strategy

■ 空间问题与空间策略

外围自建楼将古村重重包围，难见天日

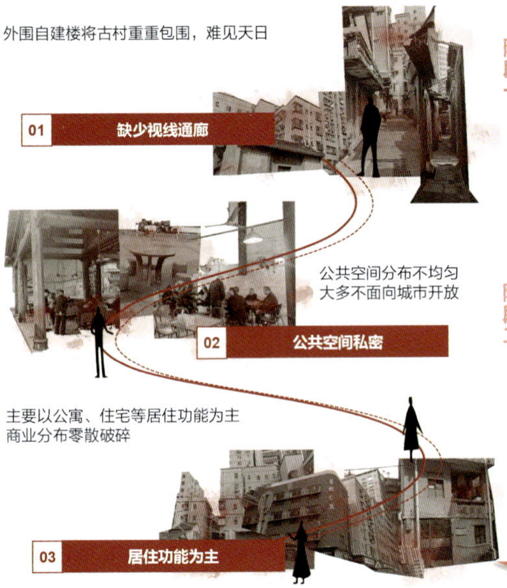

01 缺少视线通廊

公共空间分布不均匀
大多不面向城市开放

02 公共空间私密

主要以公寓、住宅等居住功能为主
商业分布零散破碎

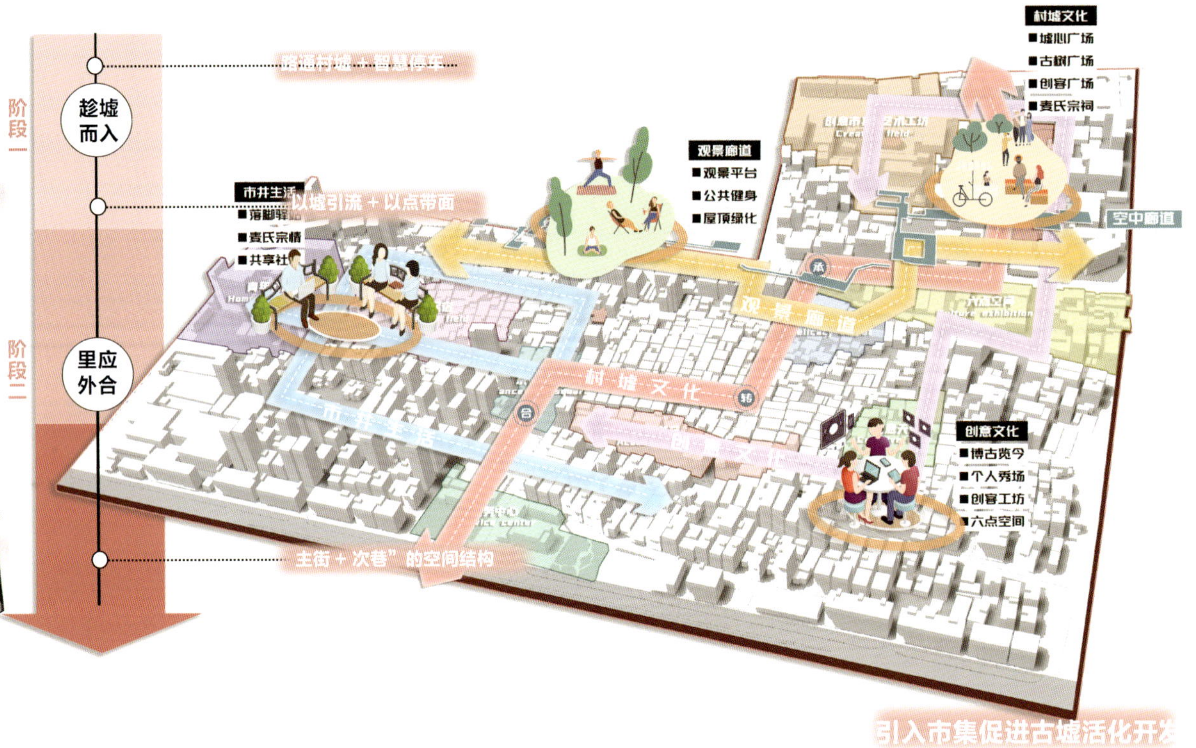

03 居住功能为主

阶段一：趁墟而入
阶段二：里应外合

以墟引流 + 以点带面

市井生活
- 滑翔驿站
- 麦氏宗祠
- 共享社区

村墟文化
- 墟心广场
- 古树广场
- 创客广场
- 麦氏宗祠

观景廊道
- 观景平台
- 公共健身
- 屋顶绿化

创意文化
- 博古赏今
- 个人秀场
- 创客工坊
- 六点空间

"主街+次巷"的空间结构

引入市集促进古墟活化开发

■ Step1 趁"墟"而入

路通村墟，智慧停车

■ 道路整治与步道优化

保留老城原有街巷肌理，局部疏通，串联公明墟至合水口村步道，对街道立面进行整治，塑造富有特色的梳式步行空间

丰富 街边景观活动

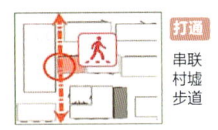
打通 串联村墟步道

划带 划分道路层次

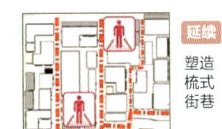
延续 塑造梳式街巷

■ 智慧停车体系

设置智能互联停车APP，提高停车效率；停车规模考虑未来人流，并在入口处设置停车楼，解决大部分停车问题，提升街道安全性

智能互联停车 车位下的传感器将停车数据上传到云端，司机通过APP搜索空车位、支付停车费

进出口用ETC自动结算，实现3秒通行

以墟引流，以点带面

打造古墟空间

商铺政策支持
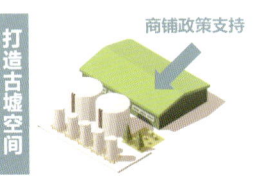
修缮公明墟广场商铺，改善地块门面，打造公明名片

墟内人群引流
置入地摊经济空间，激发夜间活力，形成人群流量集聚点，辐射合水口村

活化公共空间

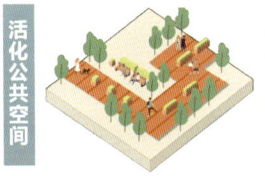
利用闲置空地置入新型空间：引入建筑小品、体育设施，增加绿化，活化开放空间，打造街头绿化和社区步道等节点

扩大现有的空间范围，增强辐射：增加设施，营造文化节点空间，生成运动、健身、娱乐等活动空间

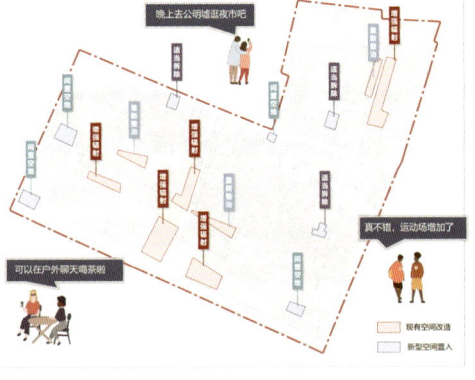

线路规划

起点：创意市集 → 节点：粮仓文化展厅 → 榕树休闲广场 → 终点：古村创意体验

- 文化展览
- 创意集市
- 个人秀场
- 主题策展

- 交易买卖
- 早点夜市
- 饰品穿搭
- 特色美食

- 创客路演
- 艺术工坊
- 手作体验
- 阅览书馆

- 活态展示
- 历史记忆
- 传统街区
- 骑楼老街

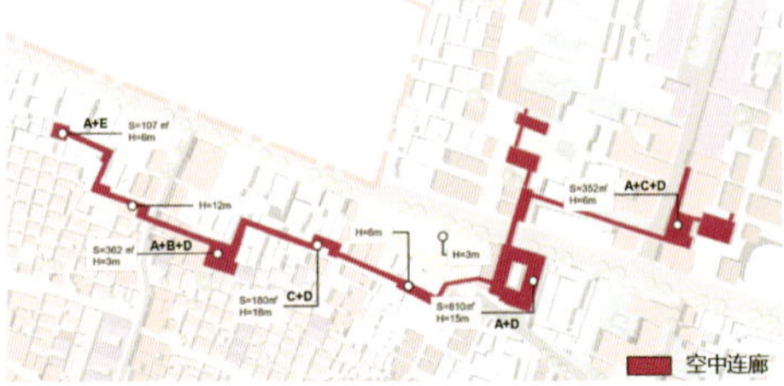

空间策略 Spatial strategy

Step2 里应外合 — "主街 + 次巷"的空间结构

底层架空，古建可观
- 底层链接历史建筑
- 底层链接公园空间

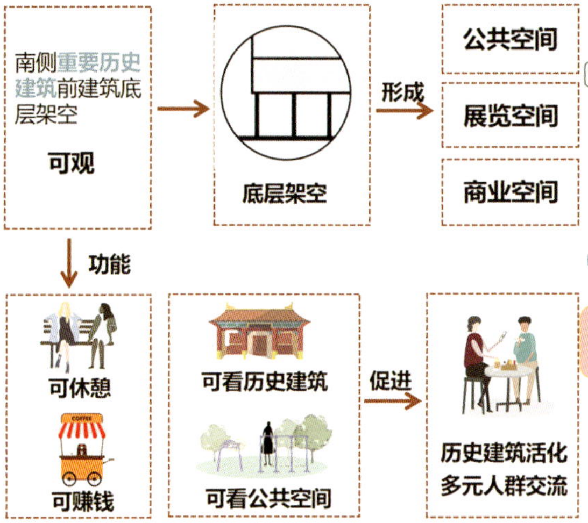

最烟火之巷——市井巷
- 生活服务
- 创意民俗
- 时尚公寓

最文艺之巷——书院巷
- 市民广场
- 公共服务
- 休闲落脚
- 文化观光
- 博物展览
- 体验学堂
- 产品制作
- 特产市场
- 美食体验
- 文化体验
- 集市展览
- 古建体验

廊连村墟，古村可览
- A 休闲放松
- B 屋顶农场
- C 屋顶露营
- D 儿童游乐
- E 公共健身

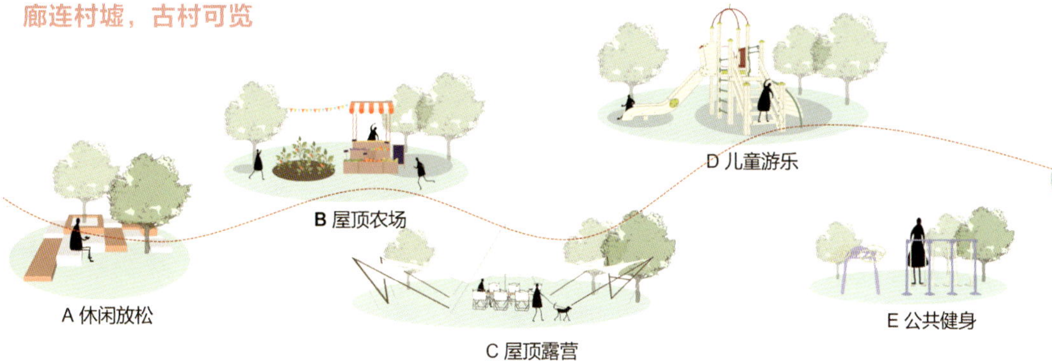

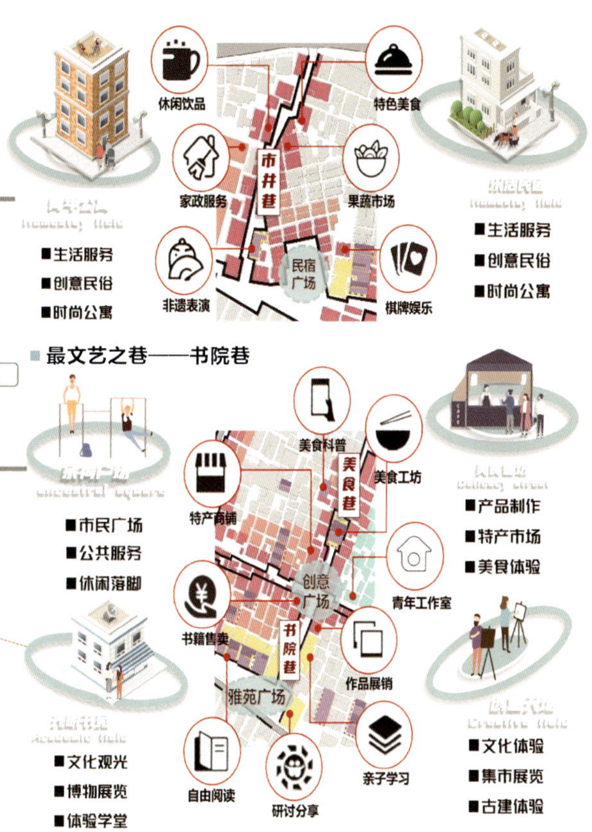

村墟游径，场地可触
■ 村墟文化体验路径与四大广场设计
总体遵循"起—承—转—合"的叙事逻辑。

古树广场 / 墟心广场 / 创客广场 / 麦氏宗祠广场

鸟瞰图 Aerial view

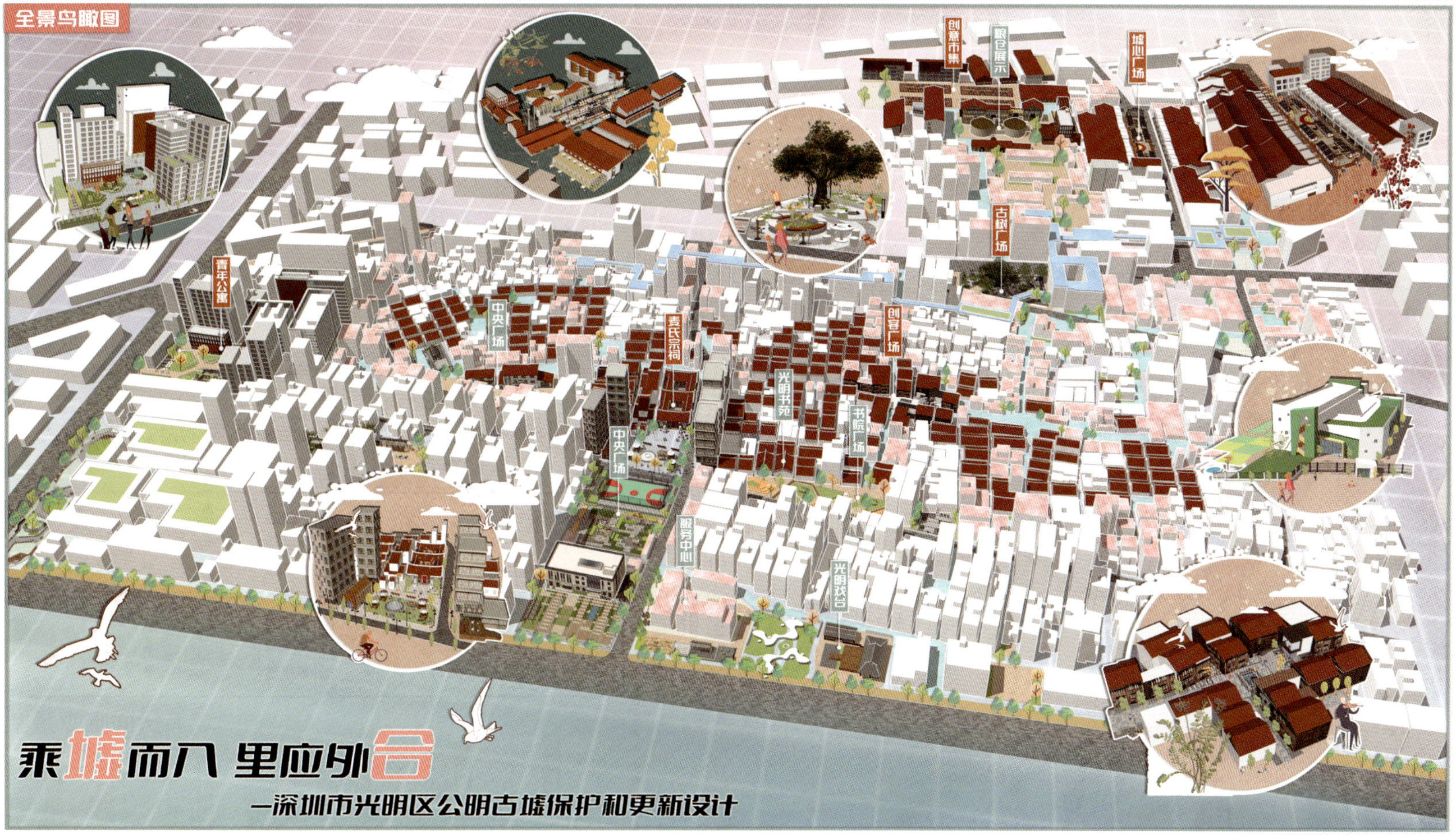

全景鸟瞰图

乘墟而入 里应外合
——深圳市光明区公明古墟保护和更新设计

宗祠广场：可以和街坊邻居快乐打牌啦，真热闹！

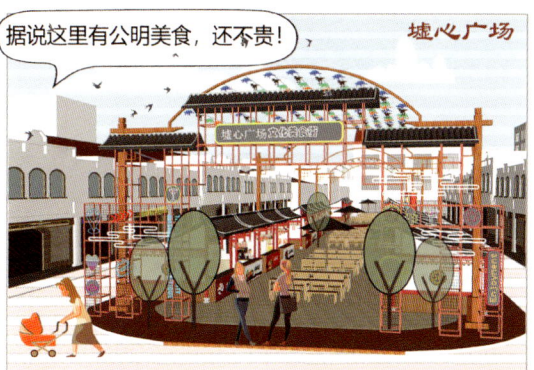
墟心广场：据说这里有公明美食，还不贵！

粮仓展示厅：每间工作室都可以在这儿布展。

创客音乐广场：音乐喷泉附近经常有私人乐队夜间演奏，氛围很棒！

工厂艺术区：工厂改造后的艺术区环境真不错！很适合工作后来逛逛。

夜间集市：在这里又淘到不少小玩意儿呢！

青年公寓广场：在家里也可以办公，出门就是充满活力的广场！

节点设计 Nodes design

创意广场节点

和创意工坊对接，除艺术家入住外，日常可以举办文创集市、夏日晚会等活动提高

青年公寓节点

富有活力的居住空间，垂直方向上有共享交流空间。植入电子阅览室、小型剧院等功能

古树广场节点

利用村内古树，建设村墟连接处的古树口袋广场，成为市民休闲交流的历史记忆节点

墟心广场节点

利用古墟空间继续发挥原有属性，并利用古墟文化特色改造商业空间

粮仓展厅节点

利用工业区和粮仓改造的空间与平台可作为策展活动的主体场合

麦氏宗祠节点

社区内部的共享交往、活动空间，游览者可通过宗祠感受场地宗族文化

■ 公明古墟广场建筑现状与分析
■ 骑楼商铺修缮与广场改造

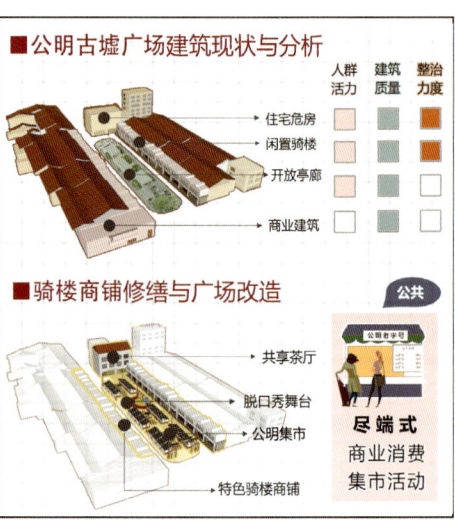

尽端式 商业消费 集市活动

■ 粮仓工业区建筑现状与分析
■ 粮仓改造与平台加建

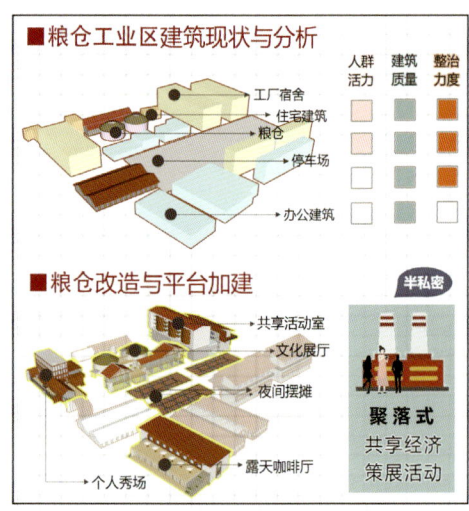

聚落式 共享经济 策展活动

■ 麦氏宗祠建筑现状与分析
■ 宗祠修缮与广场景观营造

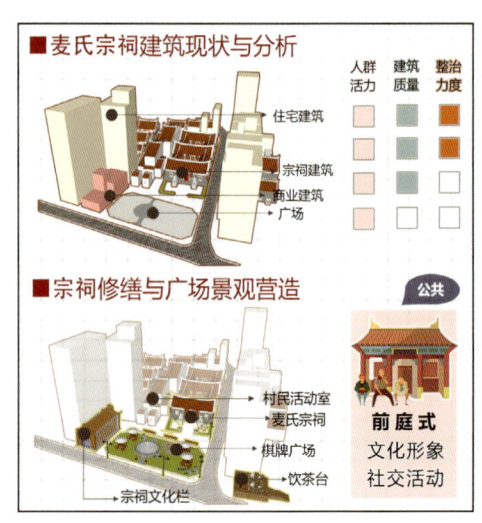

前庭式 文化形象 社交活动

游径设计 Paths design

综合游径一张图

总体遵循"起—承—转—合""的叙事逻辑：

从北侧公明古墟的墟心广场出发，沿解放街进入古树广场，感受广府村落的历史记忆；进入合水口村，游走在梳状街巷，感受古村文脉的传承延续，体验繁华市井与城中村的活色生香；驻足创客广场，体验古村文化与未来创新的碰撞冲击，最后沿着合水口路来到麦氏大宗祠广场，重拾记忆，溯源历史。

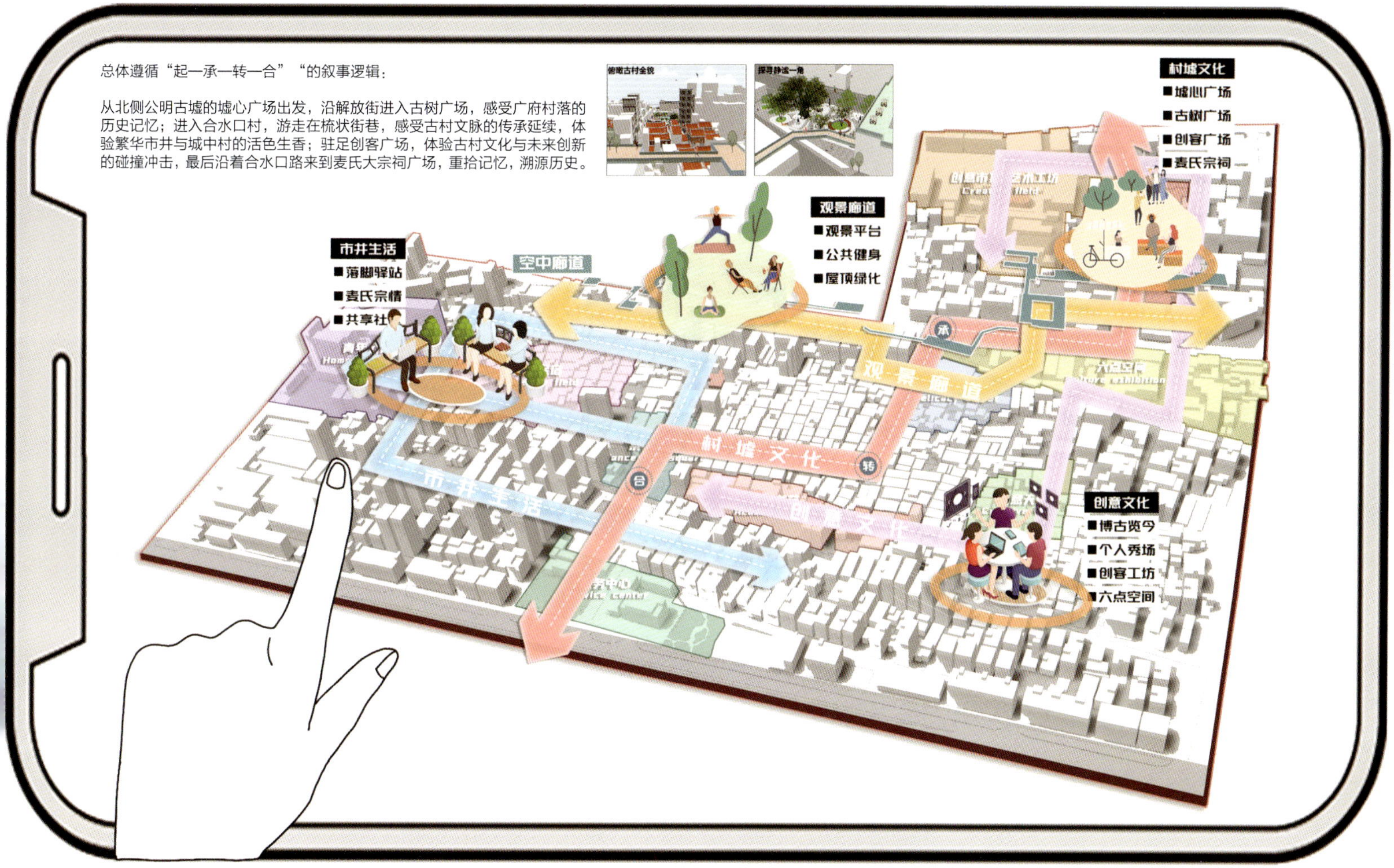

市井生活
- 落脚驿站
- 麦氏宗情
- 共享社区

空中廊道

观景廊道
- 观景平台
- 公共健身
- 屋顶绿化

村城文化
- 墟心广场
- 古树广场
- 创客广场
- 麦氏宗祠

创意文化
- 博古览今
- 个人秀场
- 创客工坊
- 六点空间

■ 创意文化体验路径

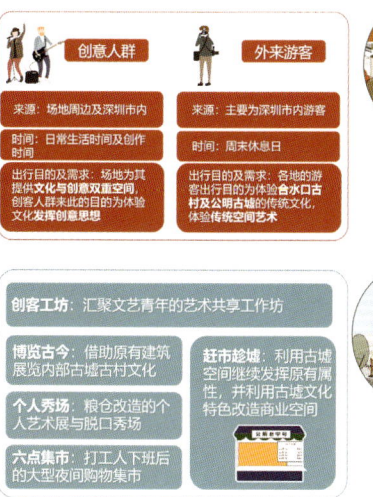

创意人群
- 来源：场地周边及深圳市内
- 时间：日常生活时间及创作时间
- 出行目的及需求：场地为其提供**文化与创意双重空间**，创意人群来此的目的是体验文化**发挥创意思想**

外来游客
- 来源：主要为深圳市内游客
- 时间：周末休息日
- 出行目的及需求：各地的游客来此行目的为体验**合水口古村及公明古墟的**传统文化，体验传统空间艺术

- **创客工坊**：汇聚文艺青年的艺术共享工作坊
- **博览古今**：借助原有建筑展览内部古墟古村文化
- **个人秀场**：粮仓改造的个人艺术展与脱口秀场
- **六点集市**：打工人下班后的大型夜间购物集市
- **赶市趁墟**：利用古墟空间继续发挥原有属性，并利用古墟文化特色改造商业空间

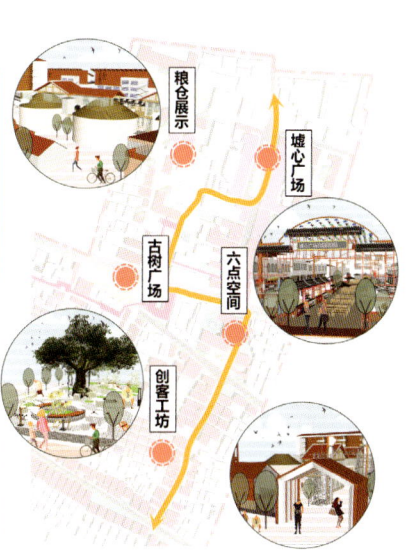

■ 市井生活体验路径

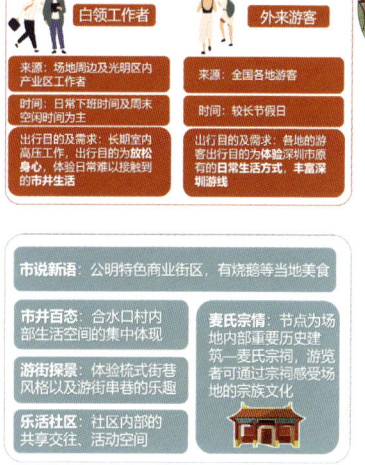

白领工作者
- 来源：场地周边及光明区内产业区工作者
- 时间：日常下班时间及周末空闲时间为主
- 出行目的及需求：长期室内高压工作，出行目的为**放松身心**，体验日常难以接触到的**市井生活**

外来游客
- 来源：全国各地游客
- 时间：较长节假日
- 出行目的及需求：各地游客出行目的为体验深圳市原貌—麦氏宗祠，游览的**日常生活方式**，丰富深圳游线

- **市说新语**：公明特色商业街区，有烧鹅等当地美食
- **市井百态**：合水口村内部生活空间的集中体现
- **游街探景**：体验梳式街巷风格以及游街串巷的乐趣
- **乐活社区**：社区内部的共享交往、活动空间
- **麦氏宗情**：节点为场地内部重要历史建筑—麦氏宗祠，游览者可通过宗祠感受场地的宗族文化

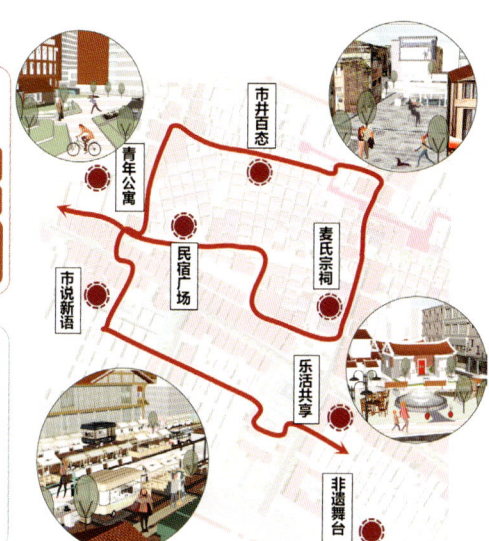

四川大学

Sichuan University

李佐佑尔

将近四个月的毕业设计终于落下帷幕,除了不用再看着合水口村发呆的开心,也有毕业的愁绪,总之心情很复杂。算起来这个片区其实是我接触过的最差、问题最多的城中村,当时拿到题目晕头转向了很久,最后竟也做了一个感觉不错的方案,真有种关关难过关关过的自豪感。感谢我的组员们,感谢指导老师,也感谢参加"南粤杯"的同学,这次和大家一起做设计的经历真的很有趣,能在毕业前玩上这么一通、做上一些喜欢的小研究,真的很开心!

仇乙宇

三个月的时间转瞬即逝,联合毕设迎来了终期答辩,也迎来了我们本科生涯的尾声。参与本次毕设是一个不断提升和突破的过程,我第一次走进深圳的城中村调研,第一次来到春城昆明,第一次使用激光模型切割机。在两位指导老师的耐心指导和小组成员的齐心协力下,我们顺利完成了任务,对我来说这是一次宝贵的经历,不仅锻炼了我的意志,也让我在专业学习上受益匪浅,给本科学习画上了一个圆满的句号,祝愿"南粤杯"越办越好!

游佳铭

在"南粤杯"七校联合毕业设计中,我有幸与众多来自不同学校的同学一同合作,相互学习,使我的创新意识、团队合作能力和心理素质得到了全面提升。整个毕业设计在与不同类型的同学合作过程中,我受益匪浅,懂得了如何在团队中发挥自己的优势,从不同视角考虑问题。在此次联合毕业设计中,我不仅收获了专业知识,更获得了交流、合作、共同进步的宝贵经验。

谯可卿

一转眼,已经到了"南粤杯"7+1联合毕业设计竞赛的终期。四个月的时间,从一开始的摸索懵懂到如今的清晰明确,我们七个人摸爬滚打,凝炼心血完成了这份作品。万物有所生,而独知守其根。感谢赵老师与牛老师在整个过程中的悉心指导,感谢主办方与七所学校所有老师同学的付出,是他们让"南粤杯"有了更深刻的联结,促进了专业交流与进步。最后,感谢共同努力的小伙伴们,每一次疲意时的打气,每一场思维碰撞,都让人铭记于心!

潘云宵

这是一场久经磨难的,历经风沙的"南粤杯"毕业设计。不仅是其长达十年的坚持,更是疫情后的苦尽甘来。作为川大最后一届本科规划生,能够在此次和其他六校参加活动,进行现场调研、中期汇报,是一件很快乐很充实的体验。这次竞赛,补足了因近几年疫情而不能远赴其他地区的遗憾,也借此机会认识到了很多其他院校的同学,非常开心!

兰志懿

联合毕设是对我们五年规划学习成果的检验,我们在一次次思辨中提高了专业能力,最终交出了令人满意的毕业答卷。两位指导老师耐心细致,小组成员团结一致,每个人都贡献了自己的价值与努力,携手解决了一个又一个困难。而各个学校的设计思维、规划手法以及各种奇思妙想都令我耳目一新,我们更在相互切磋和团结协作中结下了宝贵的友谊。山高路远,三个月的联合毕设只是我们城乡规划生涯的开局,相信我们终将再会!

王一沛

第一次加入"南粤杯"大家庭,同学们优秀的作品和汇报,老师们精彩的点评,让我受益匪浅。本次毕业设计的主题是深圳市光明区公明古区河水口村片区城市更新设计,基地情况复杂,但我们还是迎难而上,在有限的时间里认真调研,大家都是线下见面,交流机会也更多。后续的规划更是多次讨论,反复推敲,力求突出特色。在参加毕业设计的这个过程中,汗水与泪水交织成歌,真挚的情感欣喜与收获,让时光熠熠生辉!

趁时而墟·市之所在

2023年"南粤杯"7+1联合毕业设计竞赛
日常公共生活视角下合水口片区保护更新设计
Renovation of Heshuikou Area from the Perspective of Daily Public Life

壹 平旦 缘起篇

区位分析

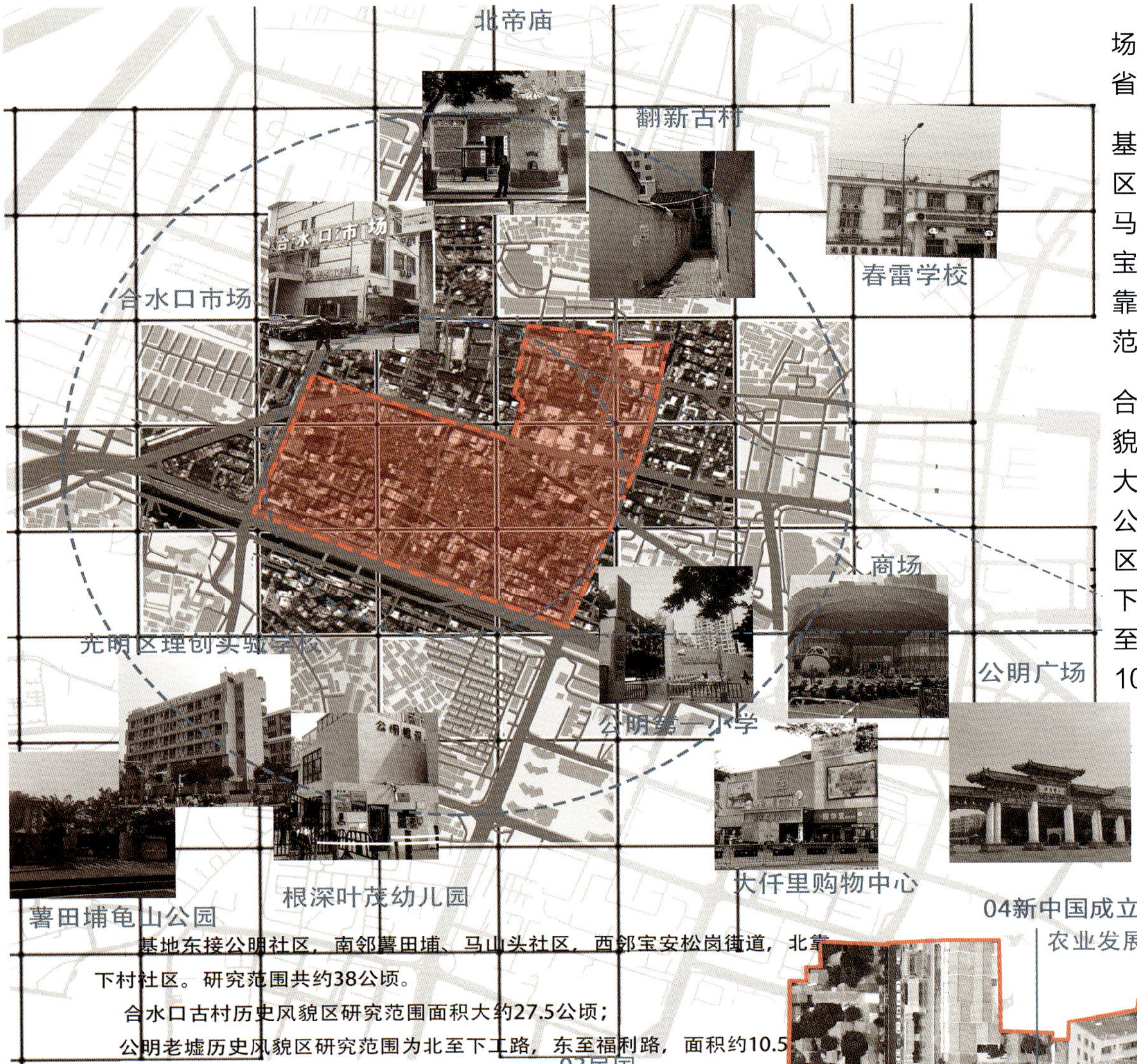

场地位于中国广东省深圳市光明区。

基地东接公明社区，南邻薯田埔、马山头社区，西邻宝安松岗街道，北靠下村社区。研究范围共约38公顷。

合水口古村历史风貌区研究范围面积大约27.5公顷；公明老墟历史风貌区研究范围为北至下工路下工路，东至福利路，面积约10.5公顷。

基地东接公明社区，南邻薯田埔、马山头社区，西邻宝安松岗街道，北靠下村社区。研究范围共约38公顷。
合水口古村历史风貌区研究范围面积大约27.5公顷；
公明老墟历史风貌区研究范围为北至下工路，东至福利路，面积约10.5

历史沿革

- 01 明朝 — 合水口开基立业
- 02 清朝 — 武术扬名
- 03 民国 — 缓慢发展
- 04 新中国成立后 — 农业发展、快速城镇化

1423年 | 1819年 | 1922年 | 1949年 | 1977年 | 2002年 | 2022年

周边道路分析

周边绿地分布

周边设施分布
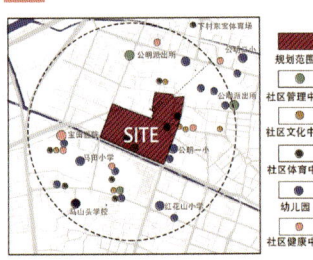

周边POI分析

等时圈分析

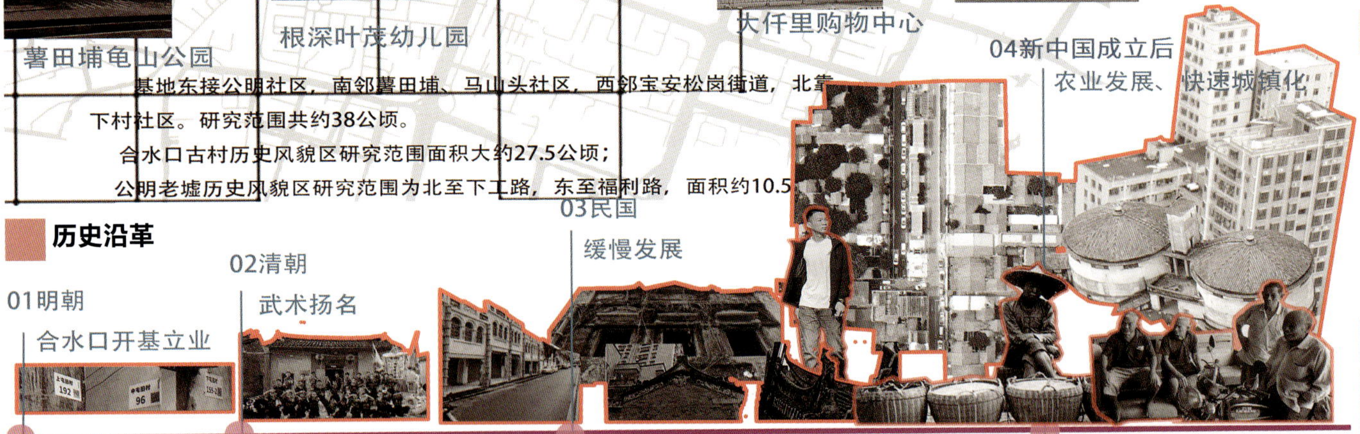

缘起 Background

人群结构

年龄结构 population age	儿童13%	青年人 84%		老年人3%
人群性别 population gender	男性57%		女性43%	
租住比例 rent proportion	本地居民18%	外来人口82%		
暂住事由 reasons for stay	投靠亲友6.3%	务工74.9%	经商4%	其他14.8%
受教育水平 education level	大专及以上9.8%	中学及中专73.9%		初中以下16.3%
职业分布 reasons for stay	工业44.7%	服务业13.8% 商业6.8%	其他32%	无业2.7%

统计单位：百分比

合水口村和公明墟内部人群各项指标较复杂。年龄结构以青年人为主，其中超过4/5为外来人口，暂住事由大部分为务工。村中现状人口整体文化程度大多在初高中阶段，主要从事工业和服务业。

人群需求

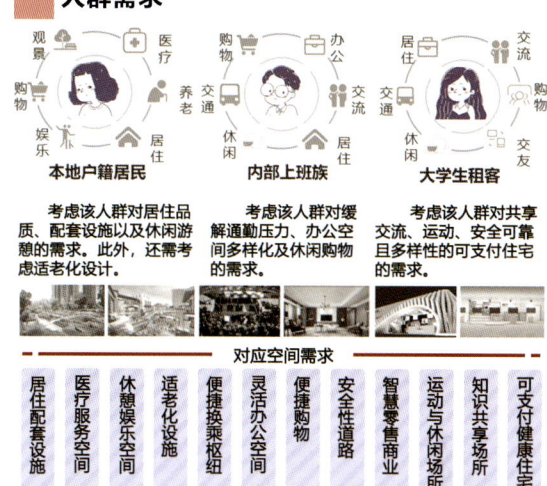

本地户籍居民 / 内部上班族 / 大学生租客

考虑该人群对居住品质、配套设施以及休闲游憩的需求。此外，还需考虑适老化设计。

考虑该人群对缓解通勤压力、办公空间多样化及休闲购物的需求。

考虑该人群对共享交流、运动、安全可靠且多样性的可支付住宅的需求。

对应空间需求

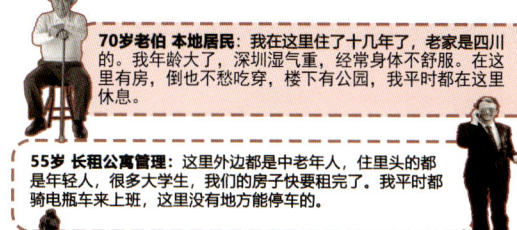

居住配套设施 / 医疗服务空间 / 休憩娱乐空间 / 适老化设施 / 便捷换乘枢纽 / 灵活办公空间 / 便捷购物 / 安全性道路 / 智慧零售商业 / 运动与休闲场所 / 知识共享空间 / 可支付健康住宅

人群活动分析

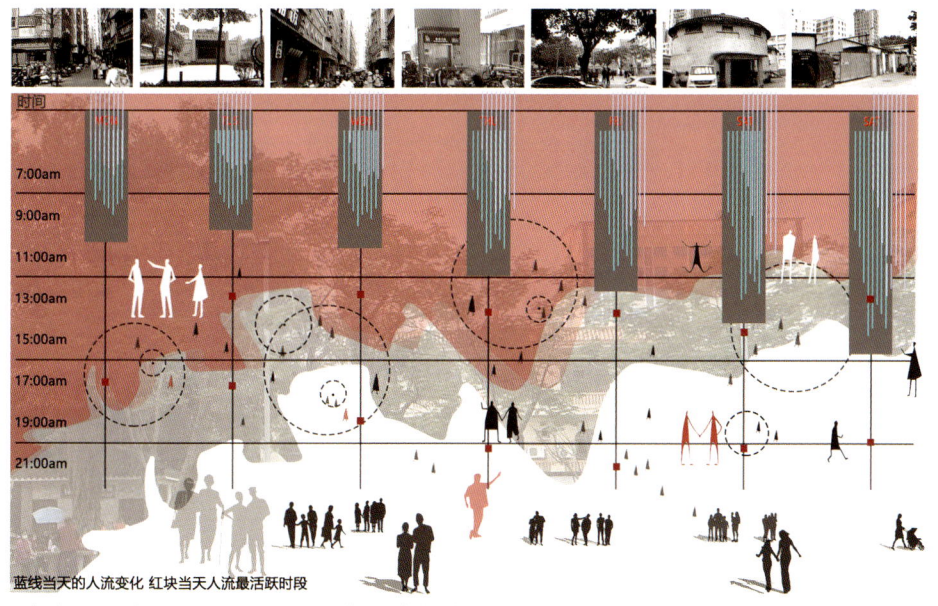

蓝线当天的人流变化 红块当天人流最活跃时段

早市早餐、通勤人流大量聚集在合水口站附近　　篮球公园与文化广场是居民们休闲游憩的去处　　公明古墟内人迹罕至

70岁老伯 本地居民：我在这里住了十几年了，老家是四川的。我年龄大了，深圳湿气重，经常身体不舒服。在这里有房，倒也不愁吃穿，楼下有公园，我平时都在这里休息。

55岁 长租公寓管理：这里外边都是中老年人，住里头的都是年轻人，很多大学生，我们的房子快要租完了。我平时都骑电瓶车来上班，这里没有地方能停车的。

30岁 人事公司前台：晚上人比较少，有时候加班，一个人晚上下班会有点害怕。这边都没什么商场，购物都是去大仟里，我每天坐6号线来上班单程大概1小时。

20岁 大学生：我在市区上学，每天通勤大概来回1.5小时，住这里因为房租很便宜，我跟室友合租一个月只要500一个人，周末我们就坐地铁出去玩，这里附近没有玩的地方。

41岁 找工作的中年人：我就住在旁边的村，单间一个月300，合适的工作比较难找，要么就是做短期工，做个三四天就结束了。平时我没什么娱乐，找不到工作的时候就去打牌。

价值洼地分析

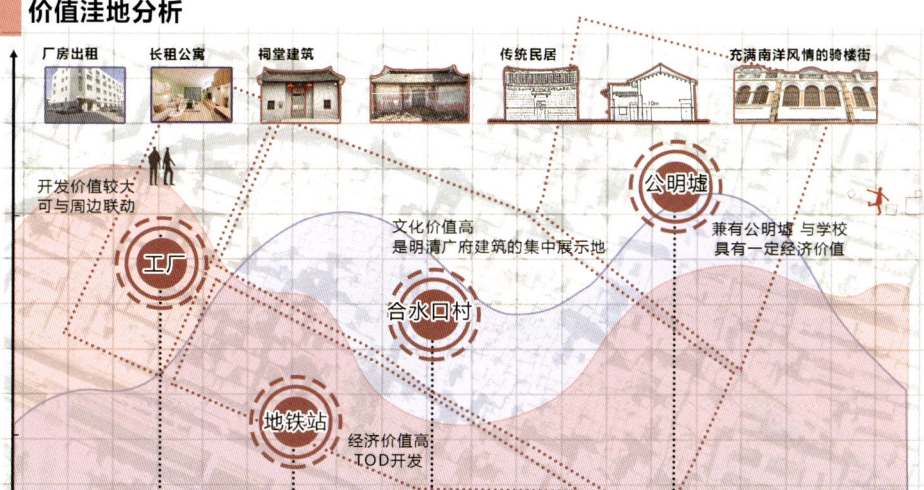

厂房出租 / 长租公寓 / 祠堂建筑 / 传统民居 / 充满南洋风情的骑楼街

开发价值较大可与周边联动　　文化价值高 是明清广府建筑的集中展示地　　兼有公明墟与学校 具有一定经济价值

公明墟 / 合水口村 / 地铁站

经济价值高 TOD开发

图例： 经济价值 / 文化价值 / 片区核心 / 片区范围

随着周边房地产的发展，高楼崛地而起，合水口古村落成为城市的失落空间，经济价值低下，相较于周边高楼的租金，古村落成为了片区中的"经济洼地"。与此同时，悠久的历史赋予了古村文化沉淀，拥有较高的文化价值。这种不平衡性使其成为最应重点打造的区域。

基于价值识别的改造意向

区域联动，经济开发
工厂 / 地铁站 → 人才公寓 / TOD 公园

焕活墟市，文脉串联
合水口村 / 公明墟 → 居住 / 历史游览 / 墟市商业

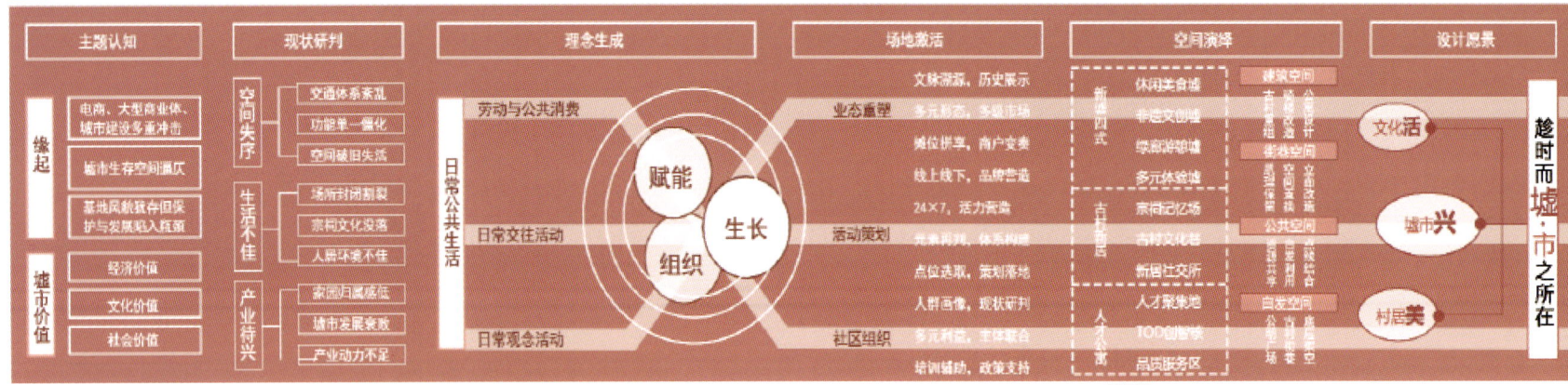

构思 Conception

日常公共生活理论演化

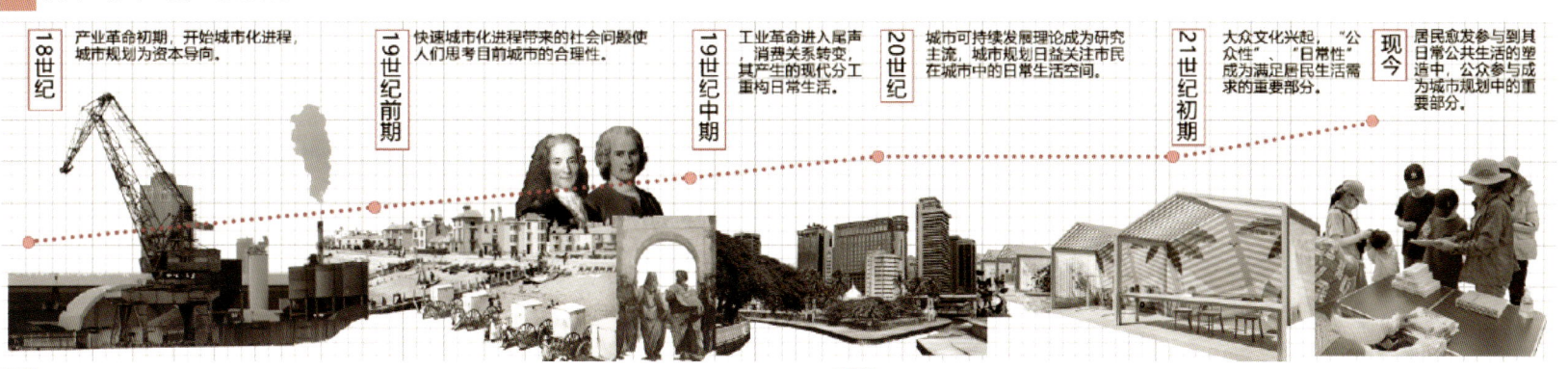

18世纪	19世纪前期	19世纪中期	20世纪	21世纪初期	现今
产业革命初期，开始城市化进程，城市规划以资本导向。	快速城市化进程带来的社会问题使人们思考目前城市的合理性。	工业革命进入尾声，消费关系转变，其产生的现代分工重构日常生活。	城市可持续发展理论成为研究主流，城市规划日益关注市民在城市中的日常生活空间。	大众文化兴起，"公众性"、"日常性"成为满足居民生活需求的重要部分。	居民愈发参与到其日常公共生活的塑造中，公众参与成为城市规划中的重要部分。

日常公共生活理论概念

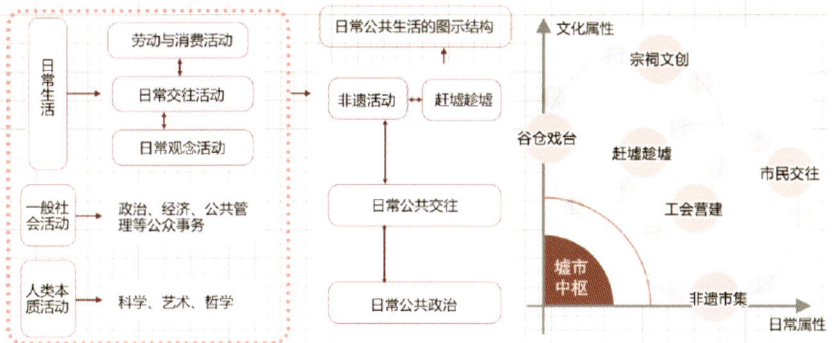

网络社会的日常公共生活

影响日常公共生活活力指标

场地日常公共生活的重塑

消费&文化重塑
以消费促进文化活力
打造多元且有意义的文化消费空间

step1：场地文化挖掘

step2：消费&文化功能植入

step1：大数据支撑建设

大数据收集现状数据并决策消费建设过程

在此过程中发生人与数据的博弈、人对建设活动的选择。

step2：大数据支撑运营

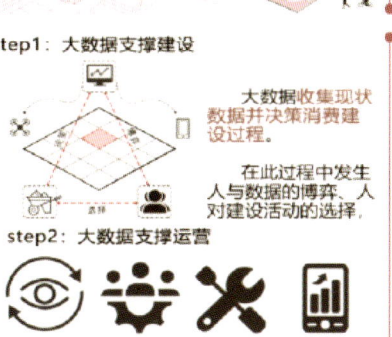

数据收集 共同决策 实施改良 成果可视

交往重塑
全年龄友好社会
青老年交往空间

step1：全龄公寓建设

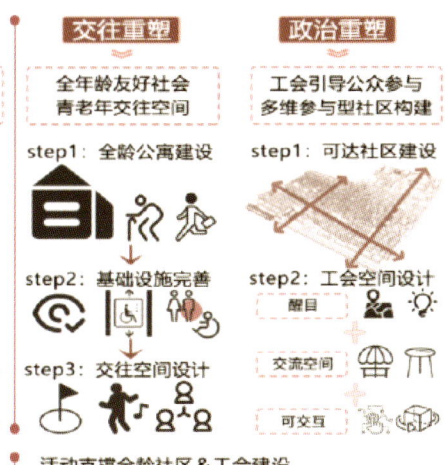

step2：基础设施完善

step3：交往空间设计

政治重塑
工会引导公众参与
多维参与型社区构建

step1：可达社区建设

step2：工会空间设计

醒目 交流空间 可交互

活动支撑全龄社区&工会建设

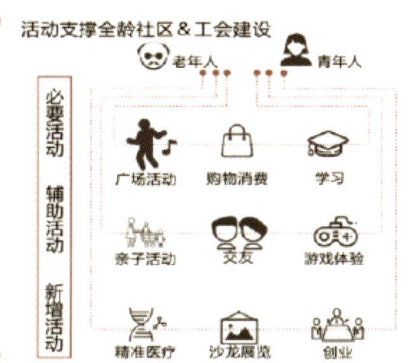

必要活动 辅助活动 新增活动

老年人 青年人
广场活动 购物消费 学习
亲子活动 交友 游戏体验
精神医疗 沙龙展览 创业

规划理论生成

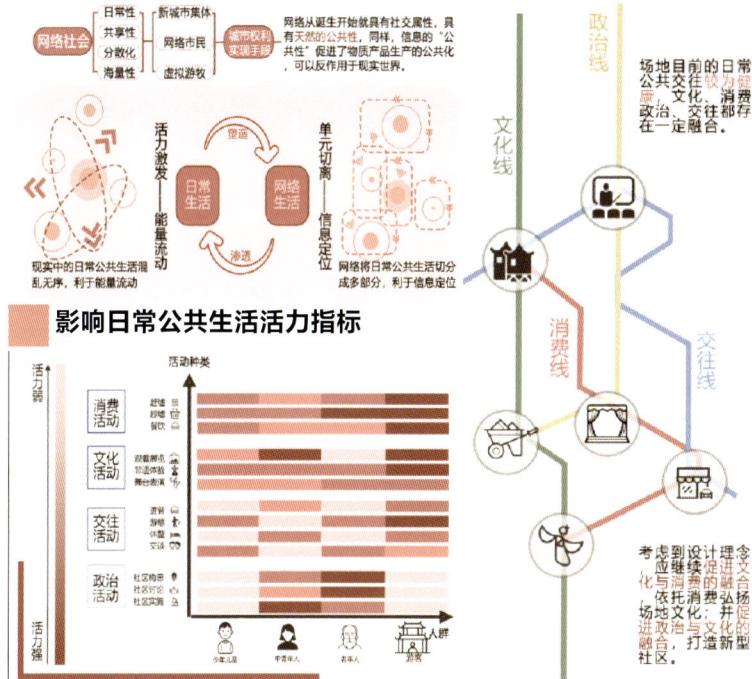

【历史回望】
城市溯源 — 非遗传承
精神
场所营建 — 活动置入
物质
古村新墟 — 宗族重塑

【时代牵手】
全龄社区 & TOD利用
物质&精神
青老共营 & 历史触媒

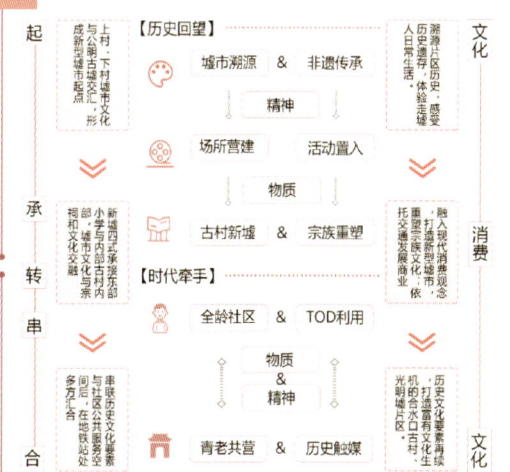

场地的整体设计框架遵循了起承转合的特点，以旧文化促消费，以消费催生新文化，进而活化场地。

首先进行历史回望，在精神层面进行叙事溯源、非遗传承溯源，进行场地营建和活动置入；在物质层面上进行古村新墟的设计及宗族重塑的设计，打造新型墟市，依托宗族发展文化、依托交通发展商业。

进而面向未来，打造全龄社区，利用高架发展TOD交通，达到青老共赢、将历史作为触媒发展场地的作用。结合场地的历史物质元素，创造新的场地精神，打造富有历史文化生机的合水口古村，公明墟片区。

规划 Planning

■ 平面图

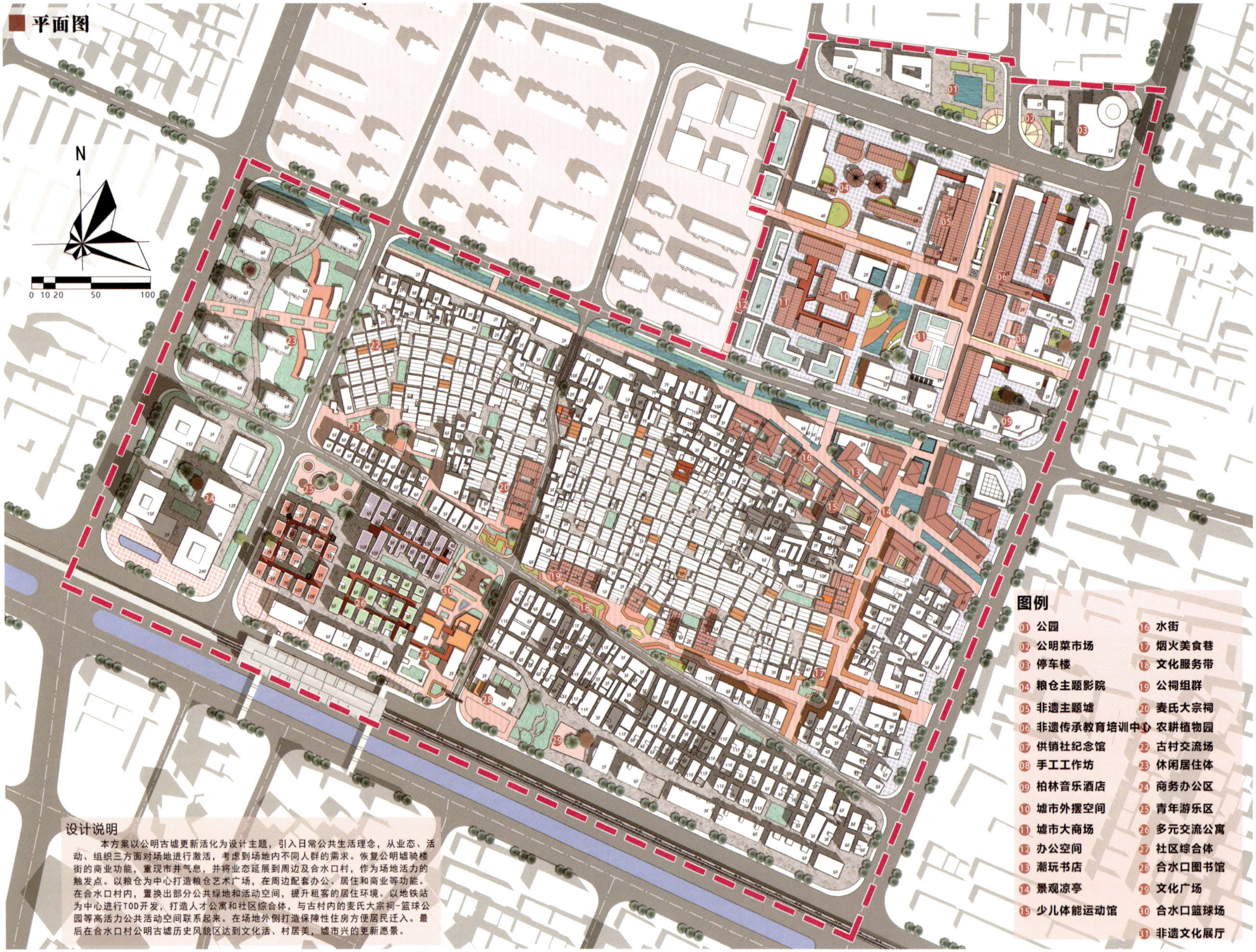

设计说明

本方案以公明古墟更新活化为设计主题，引入日常公共生活理念，从业态、活动、组织三方面对场地进行激活，考虑公明场地内不同人群的需求。恢复公明古墟骑楼街的商业功能，重现市井气息，并将业态延展到周边及合水口村，作为场地活力的触发点。以粮仓为中心打造粮仓艺术广场，在周边配套办公、居住和商业等功能。在合水口村内，置换出部分公共绿地和活动空间，提升租客的居住环境。以地铁站为中心进行TOD开发，打造人才公寓和社区综合体，与古村内的麦氏大宗祠、篮球公园等高活力公共活动空间联系起来。在场地外侧打造保障性住房方便居民迁入。最后在合水口村公明古墟历史风貌区达到文化活、村居美、城市兴的更新愿景。

图例

01	公园	16	水街
02	公明菜市场	17	烟火美食巷
03	停车楼	18	文化服务带
04	粮仓主题影院	19	公祠组群
05	非遗主题城	20	麦氏大宗祠
06	非遗传承教育培训中心	21	农耕植物园
07	供销社纪念馆	22	古村交流场
08	手工工作坊	23	休闲居住体
09	柏林音乐酒店	24	商务办公区
10	城市外摆空间	25	青年游乐区
11	城市大商场	26	多元交流公寓
12	办公空间	27	社区综合体
13	潮玩书店	28	合水口图书馆
14	景观凉亭	29	文化广场
15	少儿体能运动馆	30	合水口篮球场
		31	非遗文化展厅

■ 剖立面图

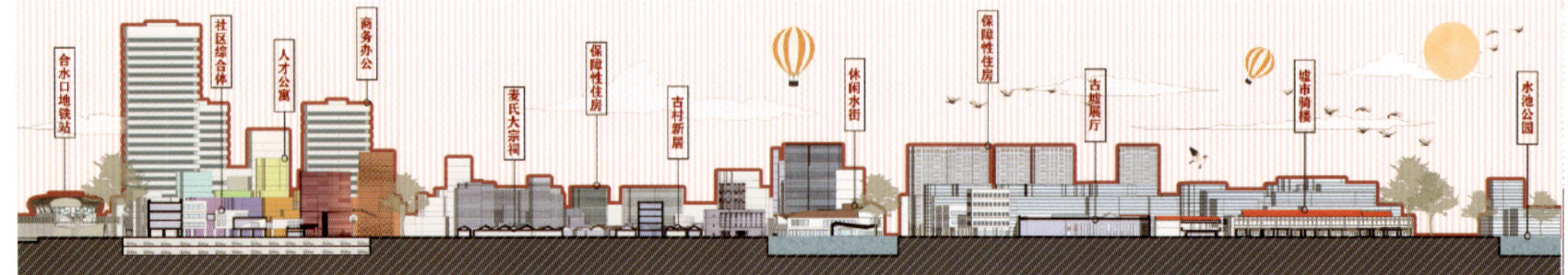

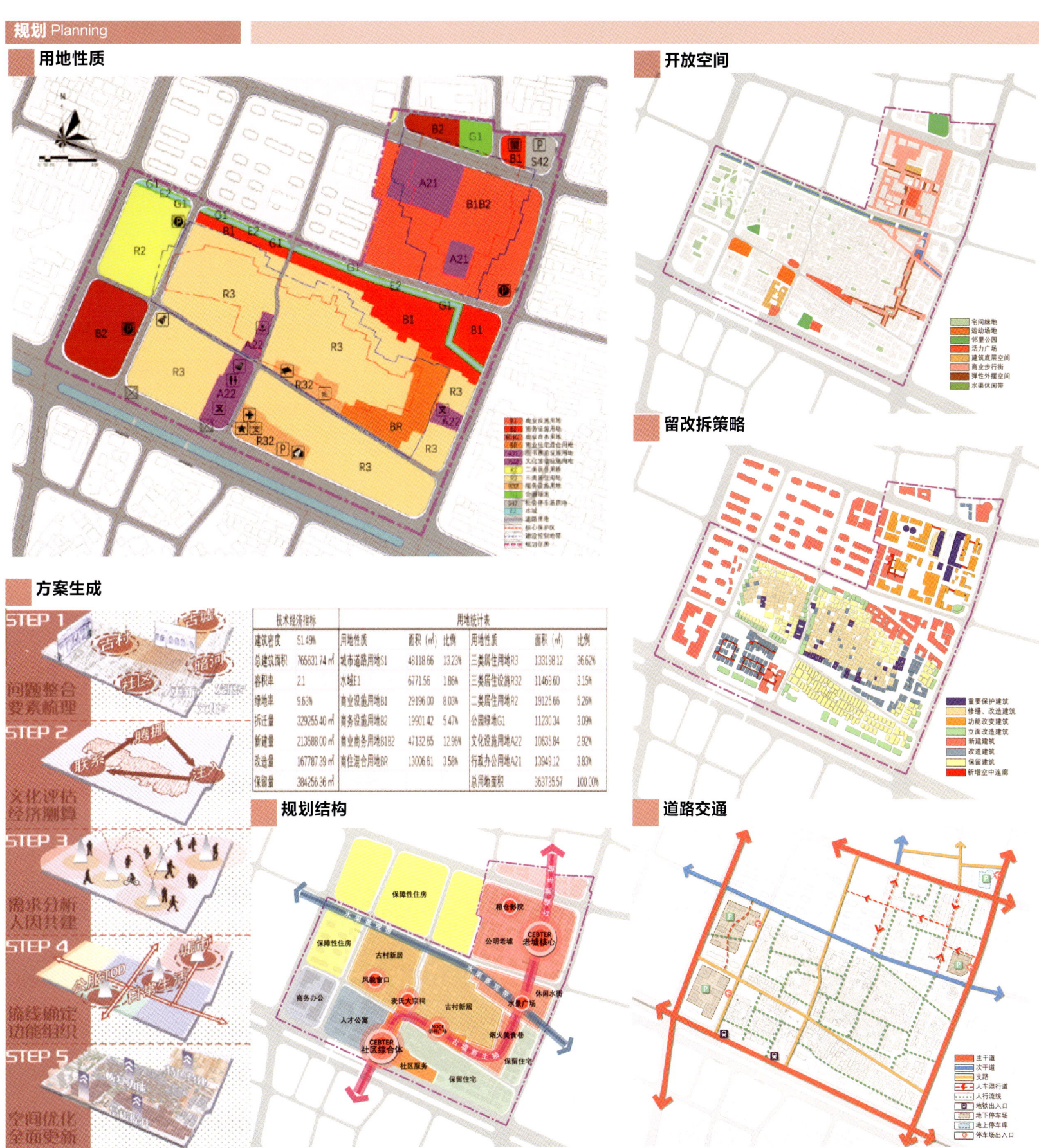

激活 Activation

建筑空间

合水古村建筑形式：单体——院落——组合

人才公寓——开放共享的青年之家

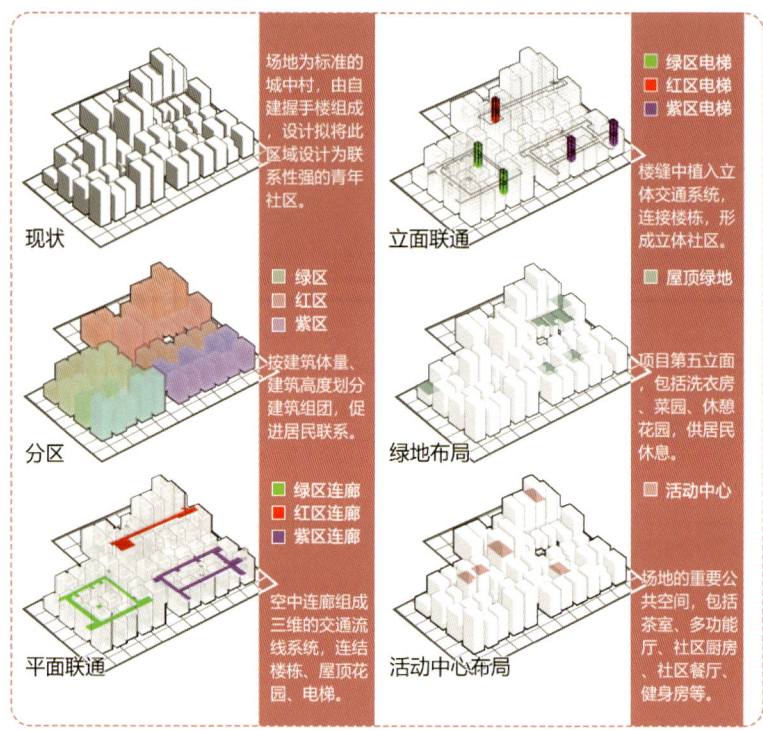

在建筑单体方面，首先将部分建筑的底层打通，打通水平空间，增加通风流动；然后在保留建筑原貌的同时，根据公共生活对公共空间的需求，对建筑立面进行改造。

在院落方面，将部分围墙拆除，形成公共空间，以解决古村内公共空间不足的现状；将部分围合进行改造，对内在私人院落形成内景，对外进行公告宣传，最大化利用空间。

在组合方面，尊重场地原有的肌理的基础上，以历史建筑或公共空间为核心、6-9户为单元进行组合布局，形成功能单元；在每个单元内进行建筑的拆除、置换、组建和保留，同时进行基础设施的补充和改善，在区域内形成基础设施体系。

在建筑单体方面，场地现状为高层握手楼，设计充分挖掘建筑可以利用的特点，将间距小的握手楼改造为联系性强的青年社区。

在立体联通方面，在楼宇之间植入立体交通系统，连接楼宇，形成立体社区。空中连廊联结楼栋、屋顶公共空间与电梯。

在第五立面方面，充分利用屋顶形成公共空间，在屋顶设置洗衣房、菜园、休憩花园等，弥补原本公共空间不足的状况。

以"保留——重组——改造"的更新思路对公明古墟传统骑楼空间进行激活使用

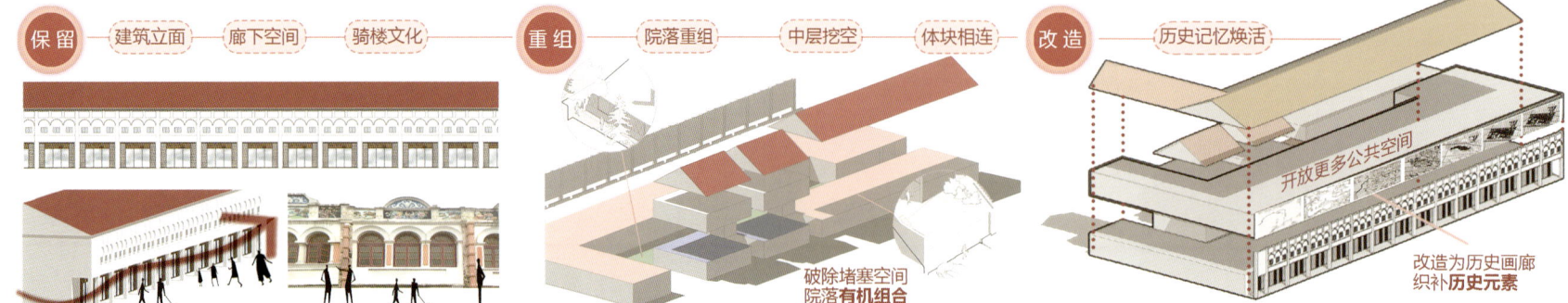

保留，充分保留骑楼建筑的特点，对建筑立面、廊下空间和骑楼文化进行延续。

重组，尊重原有的肌理，在人群需求的基础上对建筑空间进行重组，将中层挖空、体块相连，将原有堵塞的空间破除，将院落进行有机组合。

改造，对建筑空间功能进行改造，保留文化氛围，将中层开放出的公共空间改造为历史画廊，用历史元素进行空间织补。

激活 Activation

街巷空间

古村历史线索街巷
- 历史线索街巷格局被完整保护
- 结合现有空地与危房置换出公共绿地
- 打造小尺度的街区公共空间
- 打开内部院落
- 增加更多的公共空间

古村公共街巷
- 增加原有功能的公共性
- 围绕公共建筑做开放场所营造良好的社区交往氛围
- 街巷空间与历史线索产生对话与交流

延续原有街巷肌理
- 保留街巷原有不规则肌理
- 拆除危房，留出空间置换为非正规绿地
- 以历史元素设计转角立面吸引人群进入古街

古村历史线索街巷，延续原有街巷格局，结合现有空地与危房置换出公共绿地；打造小尺度的社区公共空间；将内部远阔打开以增加更多的公共空间。

古村公共街巷，增加街巷原有功能的公共性。围绕公共建筑营造良好的社区交往氛围；延续历史线索，使街巷空间与历史线索产生互动。

延续原有街巷肌理，保留齿状与梳状街巷肌理的基础上，拆除危房置换为非正式绿地；以历史元素设计转角立面，吸引人群进入。

街巷空间与界面

图例：建筑界面 / 重要建筑 / 街巷空间

古村新居 | 麦氏大宗祠 | 公共院落 | 改造建筑 | 古村新居 | 保障性住房

公共空间

活动点选择

活动点 ←—— 150~200m ——→ 活动点

废弃单体建筑

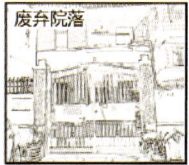
废弃院落

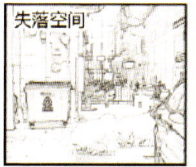
失落空间

宗祠建筑

废弃公共空间

激活 Activation

公共空间

点空间 / **线空间**

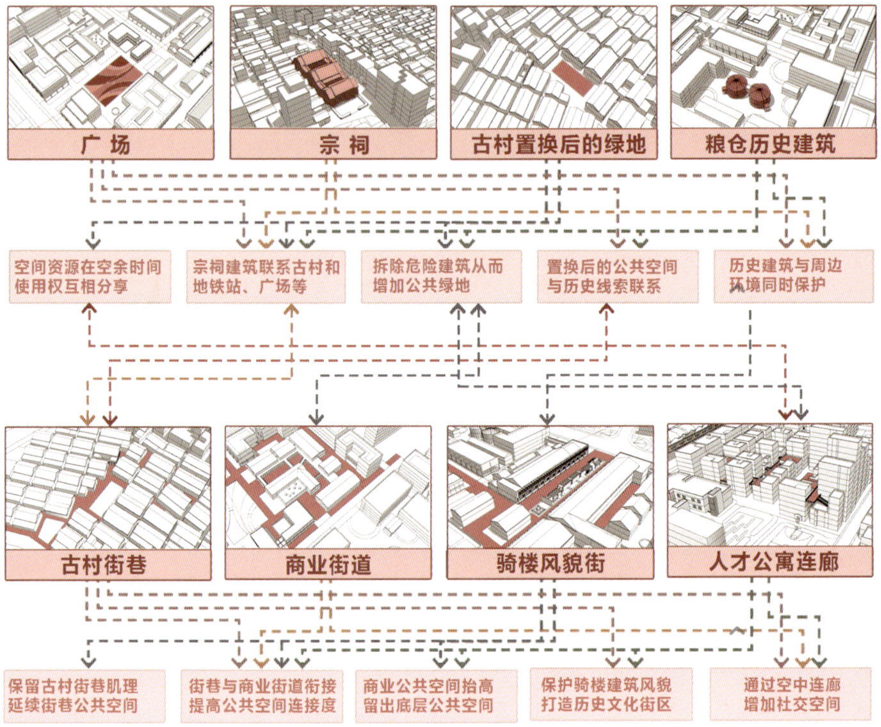

广场 → 宗祠 → 古村置换后的绿地 → 粮仓历史建筑

- 空间资源在空余时间使用权互相分享
- 宗祠建筑联系古村和地铁站、广场等
- 拆除危险建筑从而增加公共绿地
- 置换后的公共空间与历史线索联系
- 历史建筑与周边环境同时保护

古村街巷 → 商业街道 → 骑楼风貌街 → 人才公寓连廊

- 保留古村街巷肌理延续街巷公共空间
- 街巷与商业街道衔接提高公共空间连接度
- 商业公共空间抬高留出底层公共空间
- 保护骑楼建筑风貌打造历史文化街区
- 通过空中连廊增加社交空间

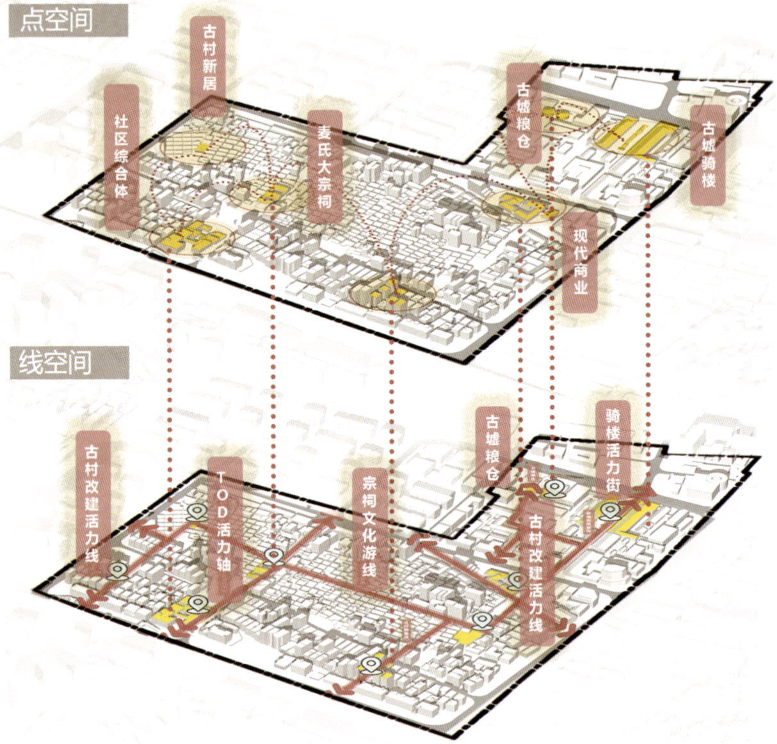

自发空间

广场空间 — 公明广场：广场舞、草坪音乐节、街头表演、散步、购物 » 后备箱墟市、移动摊点、喝茶聊天、趁墟、聚会

每隔五日的墟市，走墟和趁墟的活动从骑楼街延续到广场空间，在平时这里有各种各样的表演活动，是居民和游客都喜欢的户外空间。

自发空间是公共空间的一部分，但是他更加强调的是使用者自下而上的对公共空间进行自发性的设计。

如公明广场，平时居民可以在这里跳广场舞进行草坪音乐节等，在每隔五日的趁墟日，骑楼街的活动延续到这里，就会自发形成后备箱墟市，移动摊点等。

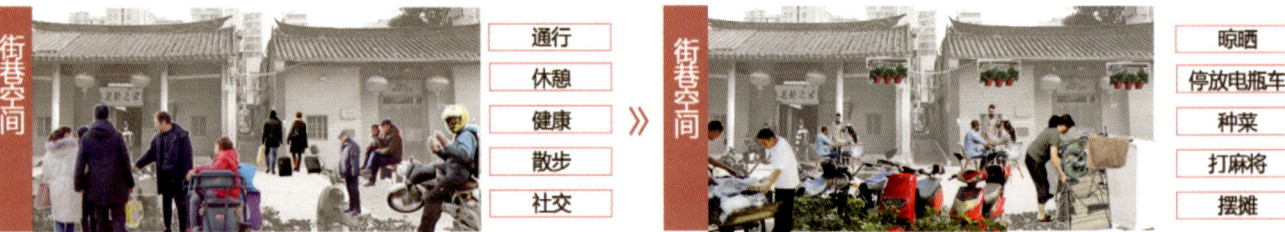

街巷空间：通行、休憩、健康、散步、社交 » 晾晒、停放电瓶车、种菜、打麻将、摆摊

在古村内置换出绿地和活动空间后，租客的生活环境提升，人们会自发性地改造利用自己身边的环境，用来晒衣服，种菜和经营性活动等。

在古村内，街巷空间置换出绿地和空地后，人们可以在这里休憩，散步，最后居民会自发地利用这些空地进行晾晒停放电瓶车和经营性活动等。

底层架空空间：通行、休憩、餐饮、散步、购物 » 遮荫、自习、运动、摆摊、聚会

在底层架空的灰空间可以快速通行，为人们遮风避雨。不同类型的店铺在这里形成消费区。人们还可以在这里运动、学习等。

在古村入口的社区综合体底层架空空间，这里为人们遮风避雨，可以快速通行，随后不同类型的店铺可以在这里形成消费区，人们会在这里摆摊、运动等。

激活 Activation

鸟瞰图

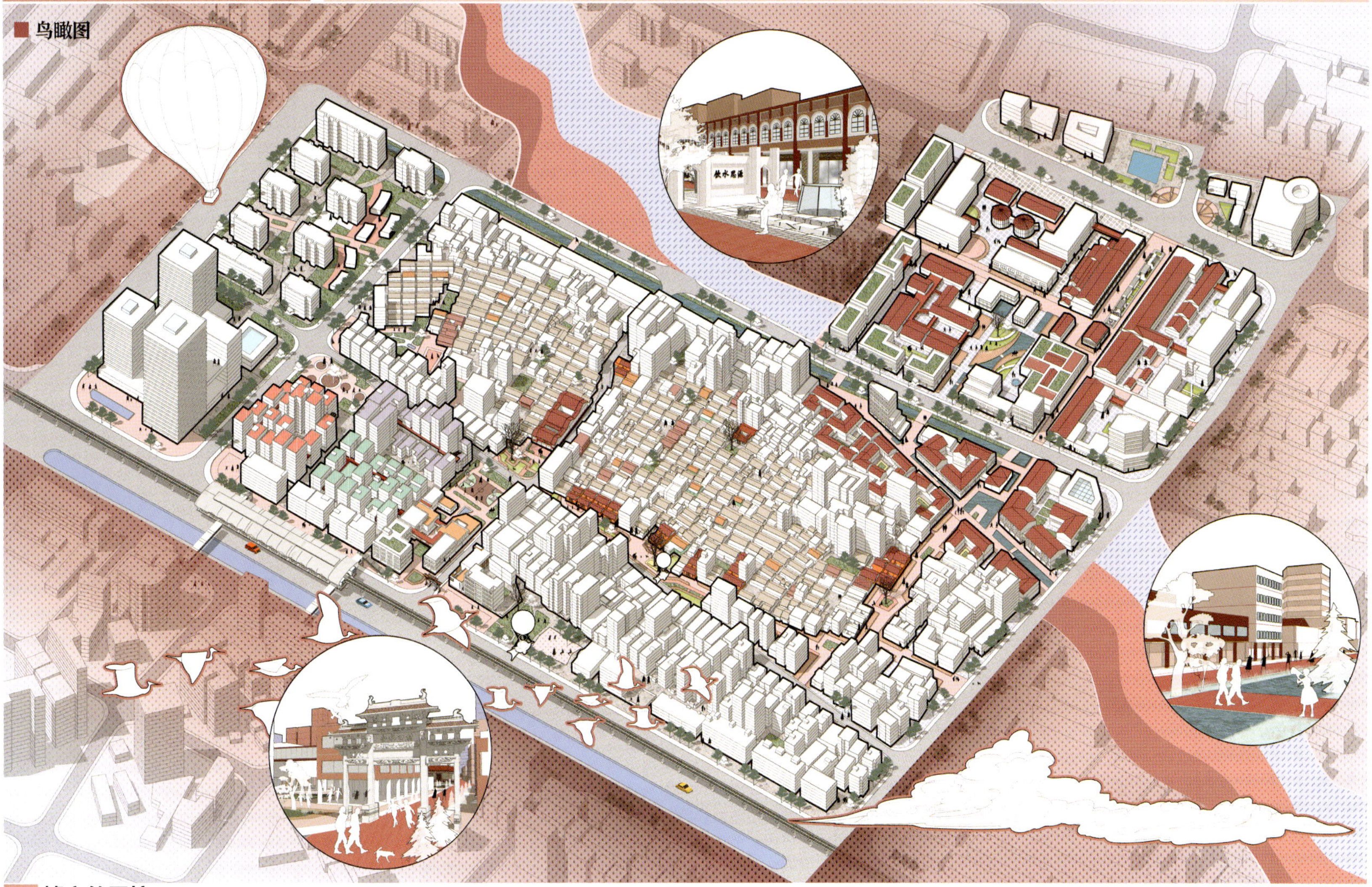

墟市的困境

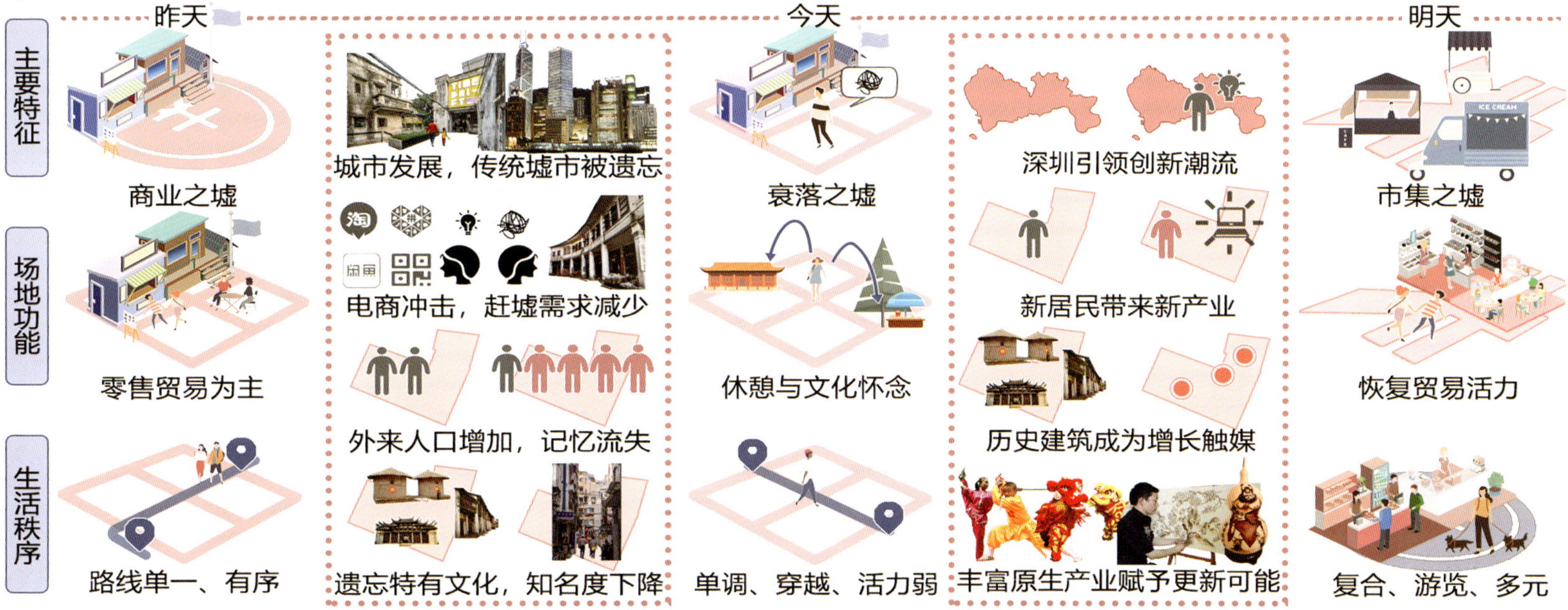

	昨天	今天	明天
主要特征	商业之墟 / 城市发展，传统墟市被遗忘	衰落之墟	深圳引领创新潮流 / 市集之墟
场地功能	零售贸易为主 / 电商冲击，赶墟需求减少	休憩与文化怀念	新居民带来新产业 / 恢复贸易活力
生活秩序	路线单一、有序 / 外来人口增加，记忆流失 遗忘特有文化，知名度下降	单调、穿越、活力弱	历史建筑成为增长触媒 / 丰富原生产业赋予更新可能 / 复合、游览、多元

2023「南粤杯」7+1 联合毕业设计竞赛
深圳市光明区公明古墟保护和更新设计

激活 Activation

业态重塑

挖掘场地记忆: 【宗祠】【武术】【舞狮】【茶艺】

挖掘在地民俗: 民俗文化、宗祠文化、粮仓文化、市井文化

激活与重塑 / 新塑四式

提出"旧市新墟"的规划理念,发展出4种墟的形态,形成新的"趁墟"体验模式

	过去	现状	未来
	商品经济交易	零售与小型商贸	商贸采购地
	节庆与宗族聚会	娱乐休闲处	文化体验所

新墟四式:走墟人、赶墟人、游墟人、非遗传承人

TOD新墟综合体 → 休闲美食墟、非遗文创墟、绿廊游憩墟、多元体验墟
文化新墟综合体

多元形态: 环保墟市、公益墟市、非遗展示、后备箱墟市、古着市场

多级市场: 批发市场、交易市场 —"把物品传递给更需要的人"

潜力分析: 特色餐饮、鲜花市集、服饰鞋品、文创艺术、新奇玩具 (现状打分 / 发展潜力)

吸引人群: 趣味、社交、娱乐、经济、休闲、散步

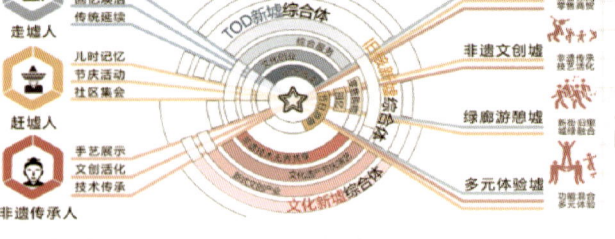
集市空间 / 活动空间 / 艺术墙绘 非遗展示

"居者得其乐": 运动、生态、社交、游戏、阅读、联盟、表演 → 户外"乐"、社交"乐"

不卖景点 卖**生活**

购物沙龙 / 谷仓影院 / 墟市游览 / 节庆展览

手作集市 / 古树凉荫 / 绿道游憩 / 武术体验

不卖产品 卖**态度**

"劳者勤其业": 传统艺术、艺人工坊、民间习俗、传统美食、农家特产、传统手艺(民俗、商品、艺人、非遗) → 墟日"勤"、艺人"勤"

线下摆摊 — 线上经营 — 品牌营造
内容制作 / 内容传播 / 【公明墟】
打造墟市生态系统,形成头牌IP

不卖度假 卖**社区**

"聚者享其盛": 租赁经营、墟市工会、人才交流、创业培训、民俗体验 → 赶墟人"多"、趣体验"多"

激活 Activation

活动策划

社区活动体系

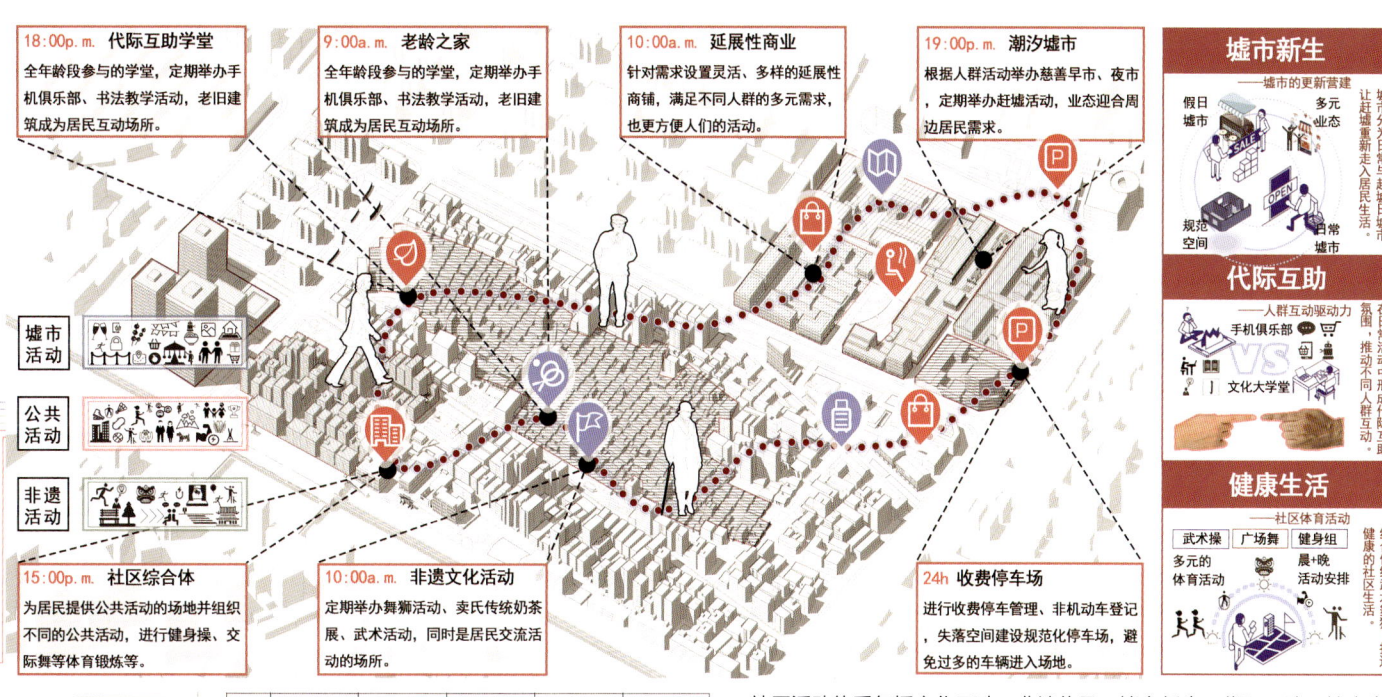

墟市新生
——墟市的更新营建
让赶墟重新走入居民生活。

代际互助
——人群互动驱动力
在日常活动中形成代际互助氛围，推动不同人群互动。

健康生活
——社区体育活动
结合传统武术舞狮，打造多元的体育活动，健康的社区生活。

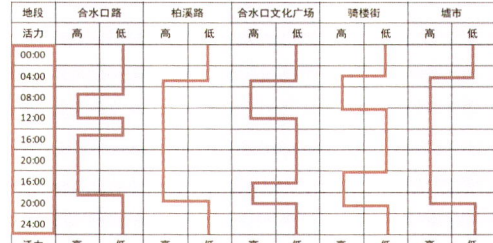

社区活动体系包括文化互动、非遗传承、墟市新生、代际互助、健康生活五大板块，构建了全年龄段、各类人群都可参与进来的活动体系，不仅满足日常生活活动需求，还延续场地的文化，吸引更多的人了解场地文化。

更新前，场地内部活力较为参差，人群活动只局限在一两个场地。通过活动策划对不同节点进行活力营造，同时在不同时间策划不同活动，从而使活力节点辐射整个场地、全时段活力提升。

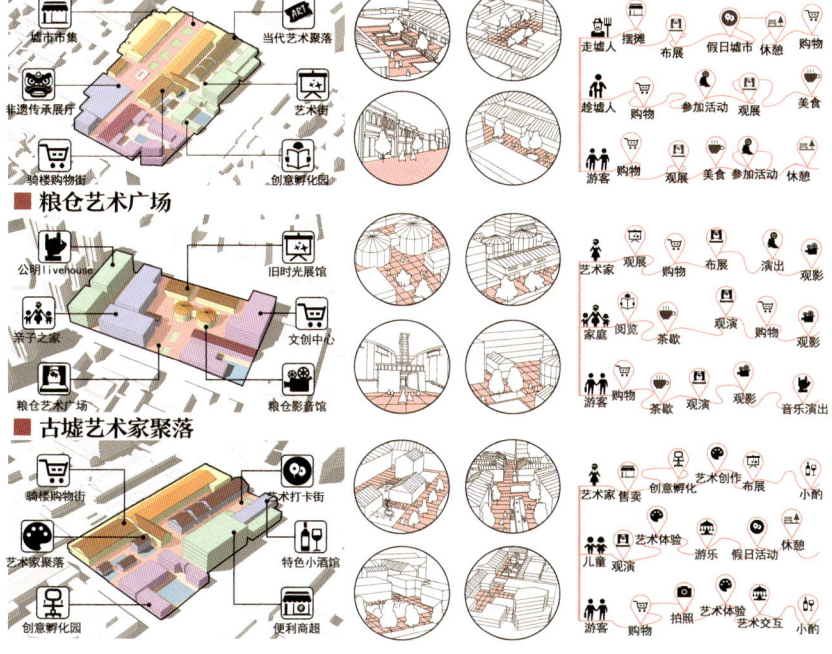

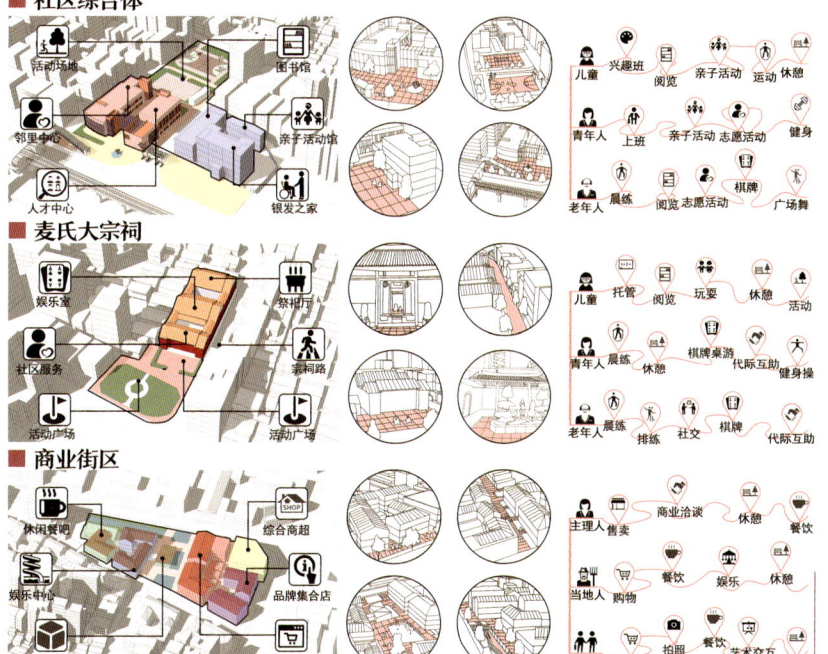

重启 Reboot
组织框架

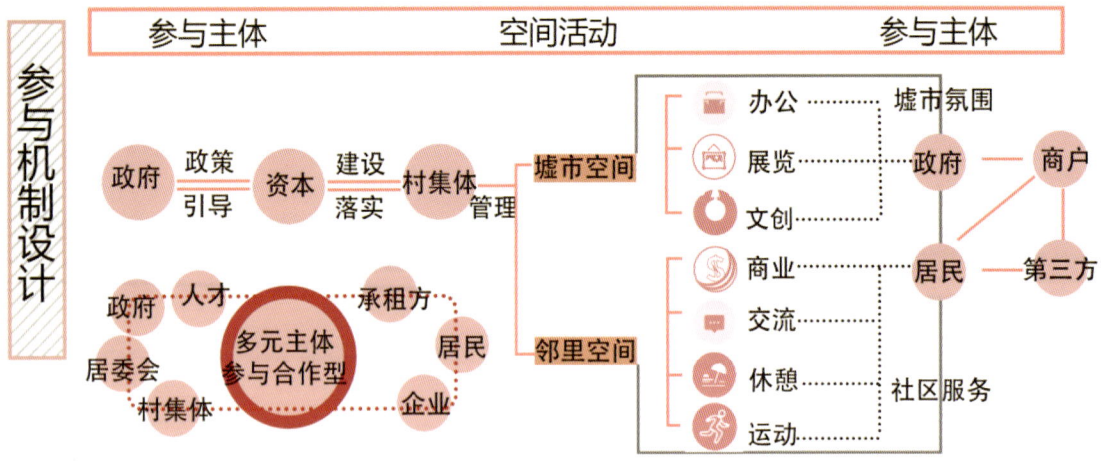

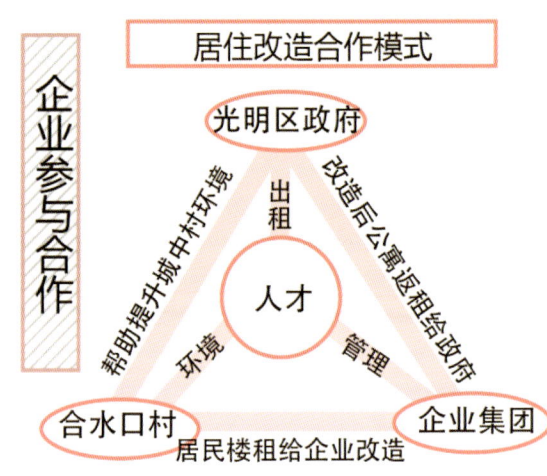

从参与机制、企业参与合作、信息技术引入三个方面构建了社区的组织框架。首先，政府引导资本，落实村集体管理机制，打造丰富的墟市空间和邻里空间，营建和谐的多元利益主体氛围。其次，光明区争渡、合水口尺寸应在企业集团的资本下良好合作，为场地引入人才、创造活力。最后，引入信息技术，打造墟市网络公众平台，引入线上墟市，保证线上线下联动，营造动态墟市活动氛围。

重启 Reboot

商业蓝图

内外共生

居住需求

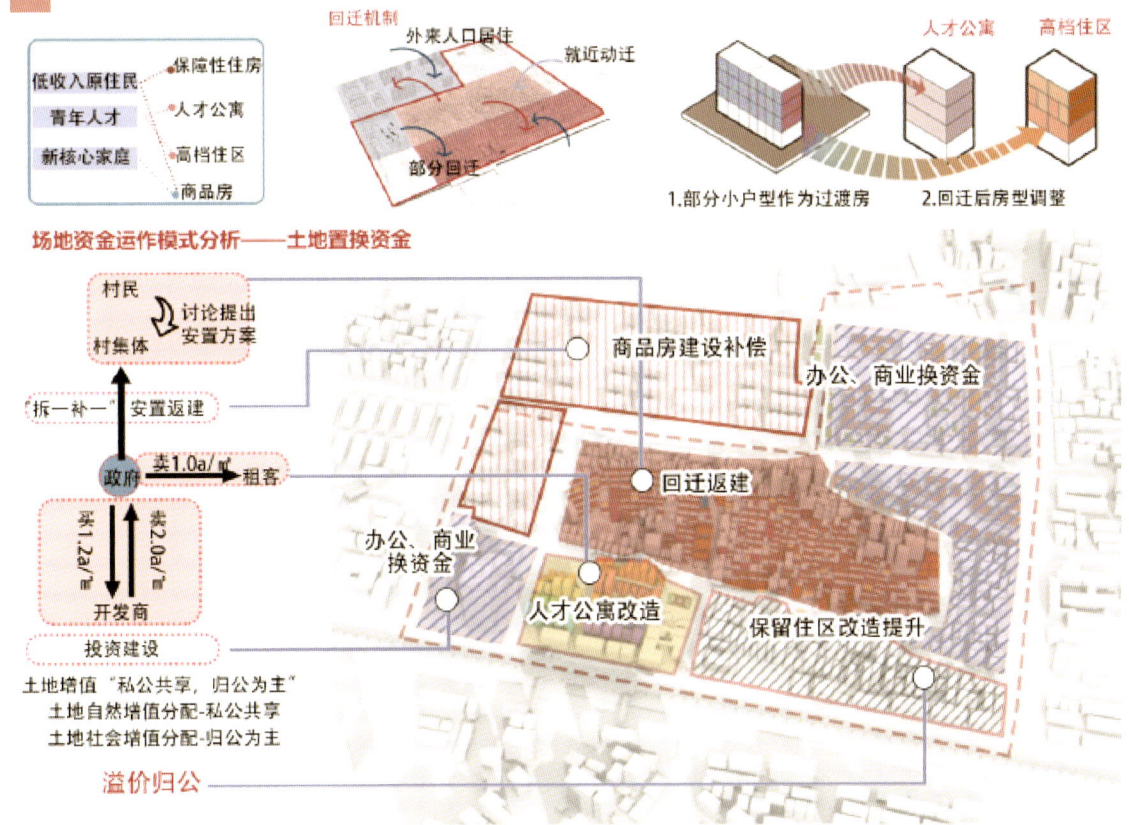

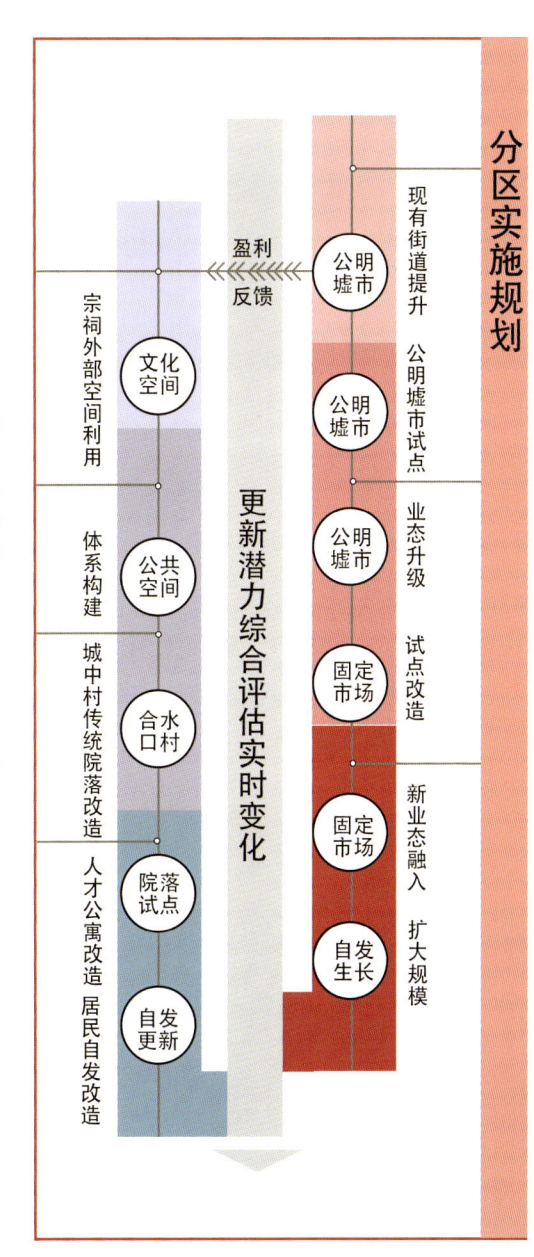

从多元街区和特色产业两个方面打造片区的商业蓝图。构建多方参与的墟市市场生活，内部群体共享墟市。构建多元的社区生活，改善现有的与社区生活隔离的状态，使墟市成为社区生活的重要组成部分。打造线上产业互助模式，形成原料、成品、技术的规模流线。通过商业零售、虚实体验等的建设，实现社群共享智慧。

对场地资金运行模式进行规划，实施拆一补一的模式，就地对拆迁人群进行安置，将部分小户型作为过渡房，回迁后入住条件较好的社区。由村民和村集体共同讨论安置方案，政府以 1.2 万元/㎡的价格将土地转让给开发商，开放商进行开发活化后以 2.0 万元/㎡的价格被政府收购，最后政府以 1.0 万元/㎡的价格出租，实现土地的流转与增值。

重启 Reboot

REGION I：新墟四式

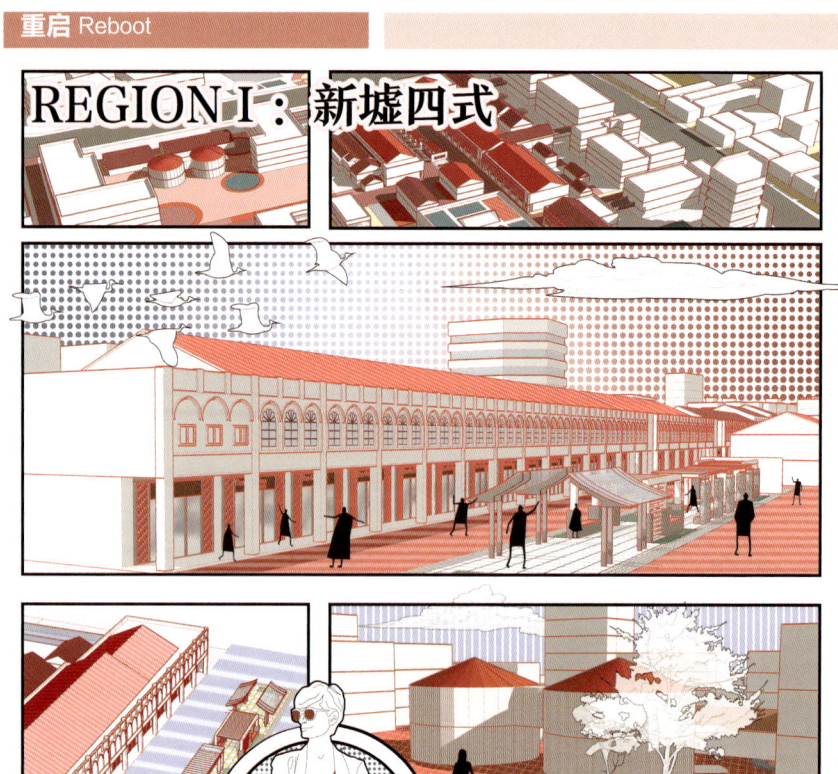

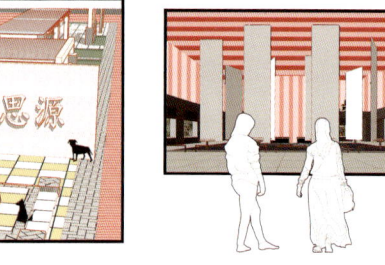
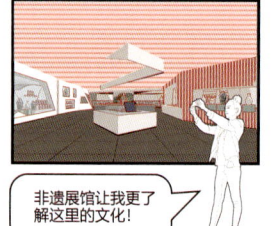

REGION II：古村新居

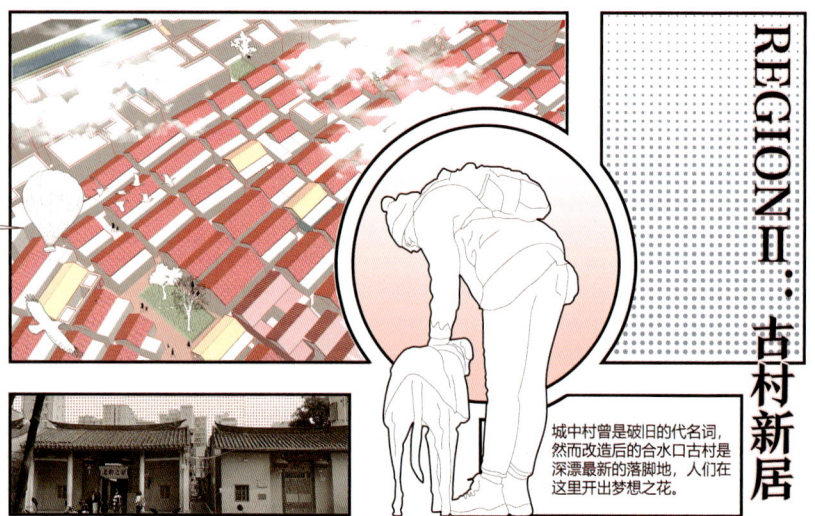

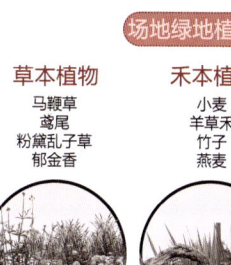

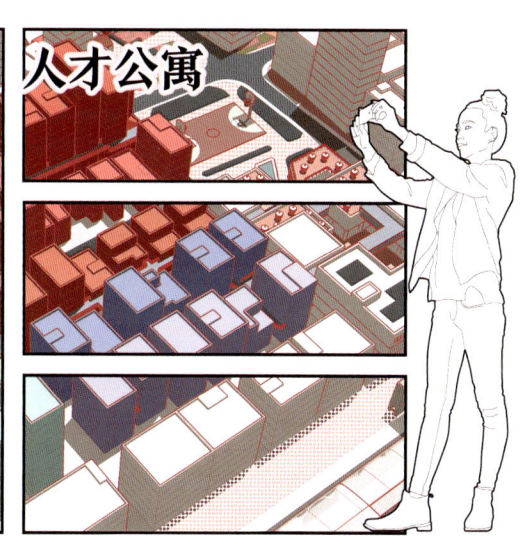
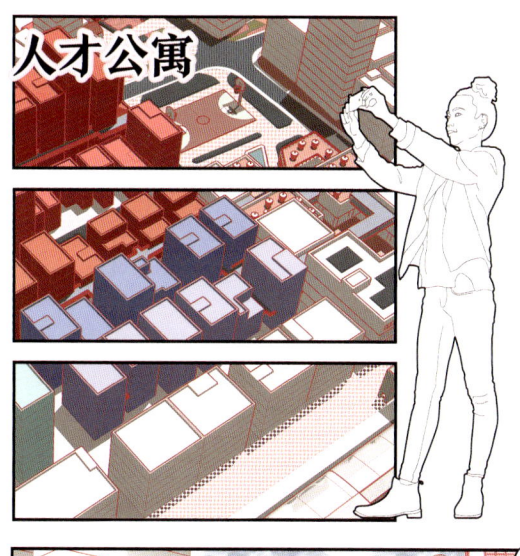

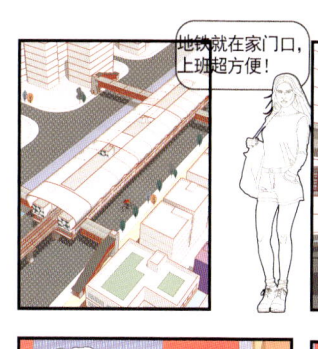

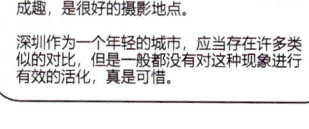

华南理工大学

South China University of Technology

徐沁园   **宋恒之**   **褚子绮**   **王昊演**

徐沁园

今年是"南粤杯"联合毕设的第十一年，回忆过去四个月的经历，我们多了很多线下互动的机会，收获颇丰。

本次设计课题聚焦具有传统风貌的城中村更新课题，具有一定的创新性和研究价值，是对我们本科学习成果一次很好的检验，也是对自身能力的一次宝贵提升。二月，我们来到深圳当地调研，深入古村古墟，体验风土人情。四月，我们在春城昆明开展中期工作坊，共同研讨设计内容，制作互动装置及模型，学到了知识，增长了见识。在锻炼独立工作和团队合作能力的同时，我们与各校同学积极交流，友好互动，结下了深厚的友谊，这必将是人生中一段美丽而珍贵的回忆。感谢"南粤杯"这个宝贵的平台！

宋恒之

作为华南理工大学一名应届毕业生，我很荣幸参加这次题目为"深圳市公明墟合水口村更新设计"的联合毕设。这是一个很有挑战性的任务，参赛过程中，我不仅提升了自己的技能，还为本科生的学习生涯画上了圆满的句号。我结交了来自其他学院的同学，成为了好友。同时，我也得到了专家评委和各院校老师的悉心指导，这让我受益匪浅。

5月28日，联合毕设在终期汇报中圆满结束。我很幸运地参加了"南粤杯"十年芳华活动，和来自其他参赛院校的同学一起合唱、互赠礼物，度过了美好的夜晚。这次联合毕设让我体验到了团队合作的重要性，也让我更加深刻地理解了设计的意义和价值。我期待着未来在职业道路上再次与大家相遇。

褚子绮

通过本次南粤杯竞赛，我遇见了很多。

在和同学们的相处过程中，我收获了不一样的友情，不一样的合作经验，以及不一样的人生经历。从一开始的调研任务，到中期的工作坊，以及最终的答辩。一个孤僻自闭的人，慢慢试着打开自己的内心，学会与他人交流，这是我此行最有价值的收获。很感谢"南粤杯"让我有一个可以尝试活出不一样的自我的机会，给我的大学生涯乃至我的人生增添极为浓墨重彩的一笔。希望"南粤杯"越办越好，也希望我能和它一起在未来的道路上越走越远，乘风破浪，披荆斩棘。

王昊演

很荣幸能获得这次参加联合毕设的机会。能够到昆明和成都这两座美丽的城市完成毕业前的最后一次设计作业，和来自天南海北的同学们相互交流，建立友谊，是一段很难忘的人生体验。

绿带融城，触墟而动
——深圳市光明区公明古墟保护和更新设计

华南理工大学 城乡规划系
小组成员：徐沁园 宋恒之 王昊演 褚子绮
指导教师：赵渺希 车乐 李昕

合水口古村、公明墟落实市、区历史文化保护相关政策要求，充分挖掘光明区历史文化价值与特色，编制保护规划

深圳市	■ 深圳市《深圳国土空间总体规划（2020-2035年）》提出**打造多元文化兼收并蓄、历史与当代相得益彰的"现代文化名城"**。 ■ 2020年2月12日，深圳市规划和自然资源局关于印发《深圳市历史风貌区和历史建筑保护办法（试行）》的通知，明确部门职责，**区政府应当在历史风貌区保护名录公布后一年内组织编制历史风貌区保护规划。**
光明区	■ 2021年10月24日，深圳市光明区人民政府关于印发《光明区历史风貌区和历史建筑保护利用工作方案》的通知，要求**市规划和自然资源局光明管理局负责统筹做好我区历史风貌区和历史建筑的保护利用工作，组织开展非城市更新范围内历史风貌区保护规划的编制**等工作。 ■ 合水口古村、公明老墟是深圳市公布的第一批历史风貌区（深府〔2020〕9号），亟需落实国家、省、市、区历史文化保护相关政策要求，开展保护规划。 ■ 2023年4月，《深圳市光明区国土空间分区规划（2021-2035年）（草案）》提出健全历史文化保护体系，活化利用历史文化资源。

《深圳市国土空间总体规划（2020-2035年）》
打造"现代文化名城"，构建深圳特色历史文化遗产保护体系，保育当代历史记忆。

《深圳市历史风貌区和历史建筑保护办法（试行）》
鼓励历史风貌区和历史建筑进行活化利用，并向公众开放。

《深圳市光明区国土空间分区规划（2021-2035年）（草案）》
保育活化，焕发历史文化魅力。合水口古村与公明老墟均为市级历史风貌区。科技驱动，建设科研经济主阵地。营造幸福宜居家园，提升公共服务水平。
坚持"绿色风、科技韵、国际范"，构建"一河九水润三区、半城山水半城园"的山水田园都市格局。

《光明区文化体育旅游发展"十四五"规划》
构建"一环六组团"全域联动发展格局。其中，老城体验组团整合周边古旧村落、历史建筑等资源，汇聚国际设计力量有序推进"微改造"，**以历史文化游径串联老城记忆，守住乡愁。**
立足"城市记忆"定位，以公明墟为核心，推动环境提升和功能改造，引回光明老字号，串联历史建筑资源，打造老城历史文化游径，建设公明墟文旅消费区。

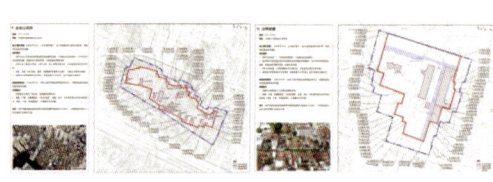
《深圳市紫线规划》中的历史风貌区合水口古村、公明老墟

座谈及街道办调研

基地介绍

基地位于广东省深圳市光明区西部，是马田街道北部合水口社区与公明街道南部的公明社区接壤地带。研究范围共约34.6公顷。其中，合水口古村历史风貌区研究范围面积大约27.5公顷，公明老墟历史风貌区研究范围面积约7.1公顷。

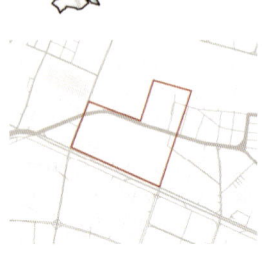

城市更新政策转型

2021年住房和城乡建设部关于在实施城市更新行动中防止大拆大建问题的通知

城市更新模式 旧模式 拆改留 → 新模式 留改拆

标准底线

 20%　原则上城市更新单元（片区）**拆除建筑面积**不应大于现状总建筑面积**20%**

 50%　居民**就地、近地安置率不宜低于50%**，确保住房租赁市场供需平稳

原则上城市更新单元（片区）或**项目内拆建比不应大于2**

2.5　现状**容积率超过2.5**的城中村、旧屋村，原则上不进行拆除重建类城市更新。

深圳市城市更新政策机遇，**以改革红利取代增量红利的更新机制**，为解决空间问题找到一条可行路径。

土地政策　《深圳市城市更新办法》政府放权，鼓励自主改造实施**主体松绑政策，鼓励权利人自行改造。**

租赁市场政策　深圳《深圳市城中村（旧村）综合整治总体规划（2019-2025）》**优先保证**城中村**低成本居住空间**的供应。

规模认定政策　深圳《关于加强和改进城市更新实施工作暂行措施的通知》现状保留部分认定、公共产品规模认定、**增量部分如何合理进行城市收益共享。**

金融扶持政策　深圳《关于加强和改进城市更新实施工作暂行措施的通知》金融政策扶持，**助力更新实施。**

土地整备政策　深圳《深圳市2022年度城市更新和土地整备计划》城市更新单元综合整治区**占补平衡。**

规划背景

社会背景

经济大发展时代的产物。改革开放后，随着科技和制造业的蓬勃发展，成千上万人涌向深圳寻找工作，农村土地所有者开始最大限度地利用村庄土地作为出租公寓，建成了密集排列的兵营式城中村建筑。这些"握手楼"成了令政府头痛的难题，但也为低收入者提供了深圳的廉价居所。

2023年全国住房和城乡建设重点工作包括：以彰显地域特征民族特色和时代风貌为核心，加强城乡历史文化保护传承。推进历史文化街区修复和历史建筑修缮工作，加强传统村落保护利用。在城市更新过程中如何保护、保留、活化、利用历史文化资源成为重要课题。

上位规划

场地所处光明区位于深圳边缘新区，毗邻东莞市。属于有一定历史价值的城市边缘区城中村，位于城中村综合整治范围内。

光明区在最新版规划中强调各层次公园建设，意在打造"一河九水润三区、半城山水半城园"的公园之区。

绿道（含碧道）不少于 **440 km**　人均公园绿地不低于 **8 m²/人**
公园 **260** 个以上　居民 **5分钟** 可达开放空间

构建全域公园体系
多维度全域增绿，构建"自然郊野公园、城市公园、社区公园"三级公园体系，实现出门见绿、300米进公园、1公里进森林。

实施山水连城计划
依托"山林型绿道、滨水型绿道、都市型绿道"三类绿道，构建山、水、城三大户外游憩及体验系统，促进"生态、生活、生产"三生融合，实现山水相连、贯城串趣。

"人"

	本地居民	租客	外来人员
人群感受	过去的岭南乡缘社会，**一个村一个姓**都是**一家人**	很多老邻居**都出国了**，年轻人**搬走**，和租户也没得**共同语言**，和年轻人**有代沟**	每天做环卫**早出晚归很辛苦**，不关心村里的事，只求不要**涨租**	为了带孙子搬过来，**听不懂粤语**，不知道还能**和谁说话**，很孤独。
	亲切感　归属感	孤独感	边缘感	陌生感

文化传承遭遇危机，传统亲缘社会与现代公民社会在融合与更新中阵痛

"城"

建成环境内外割裂，保护修缮成问题，城市更新难以开展

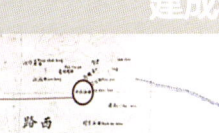

明朝（1432年）　麦氏氏族开基立业，属新安县辖
清朝（嘉庆年间）　族人武术中举，遂以武术扬名
民国（1912年）　墟村一体化，公明古墟建成
新中国成立（1949年）
改革开放（1978年）
现在（2023年）

陷入发展困局

2023「南粤杯」7+1 联合毕业设计竞赛
深圳市光明区公明古墟保护和更新设计

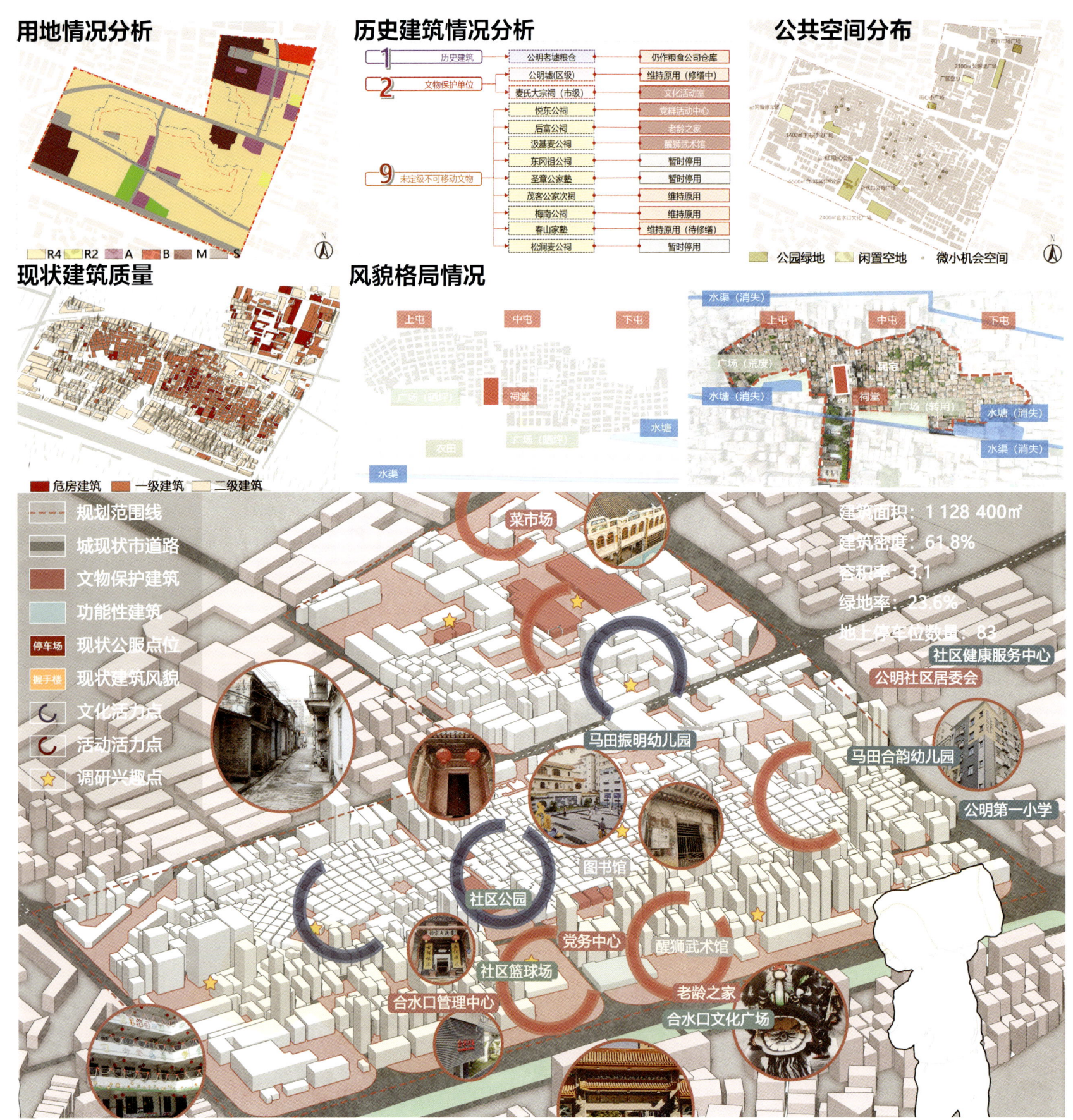

基地外部现状总结
周边交通分析

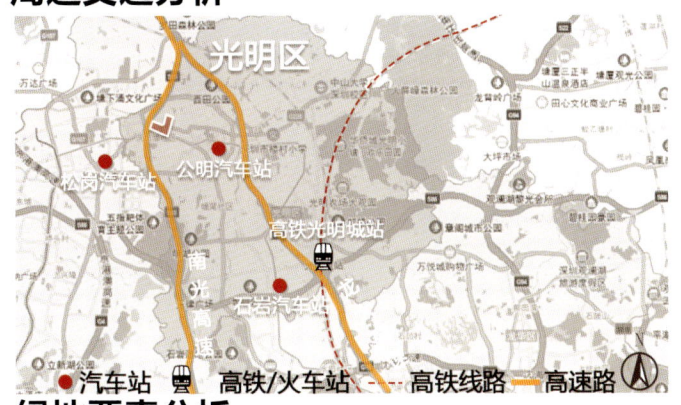

公共交通与对外交通便利，紧邻合水口地铁站，近公明汽车站公共交通出行方便快捷，跨市交通优势不明显。

公服配套分析

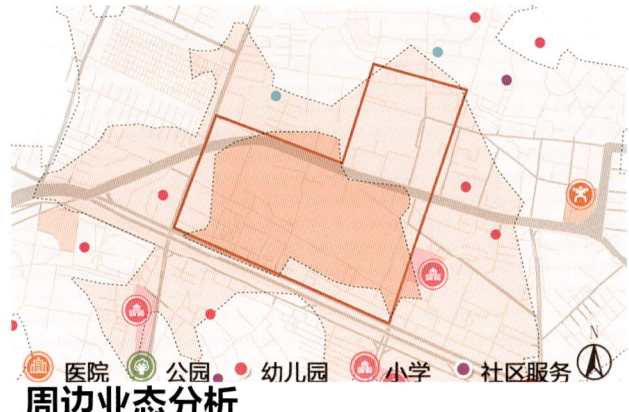

15分钟生活圈内教育、医疗和生活服务设施完备齐全。

绿地要素分析

场地位于城区腹地，周边缺乏小型绿地空间，上位规划区域连接绿廊连续性缺失，绿地被成片工业园区分割。

周边业态分析

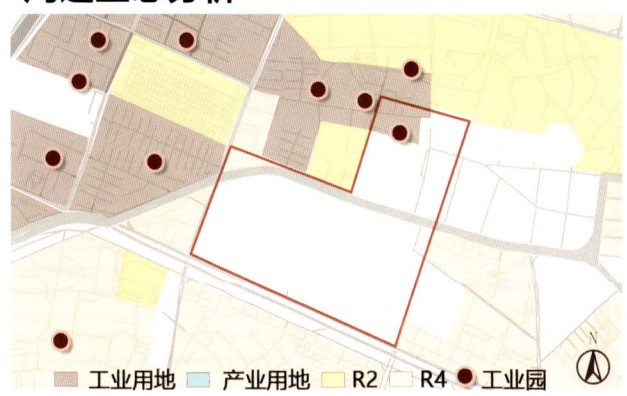

以二产为主，聚集分布，三产以商业广场为主，具有一定文创、智创产业园区的发展潜力。场地内部的缺乏产业支撑，无法与周边产业进行承接互动。

文化要素分析

公明墟所在的茅洲河墟市在深圳规模最大，聚集度最高，以区域级的墟市为主，在墟市文化中具有一定的代表性。

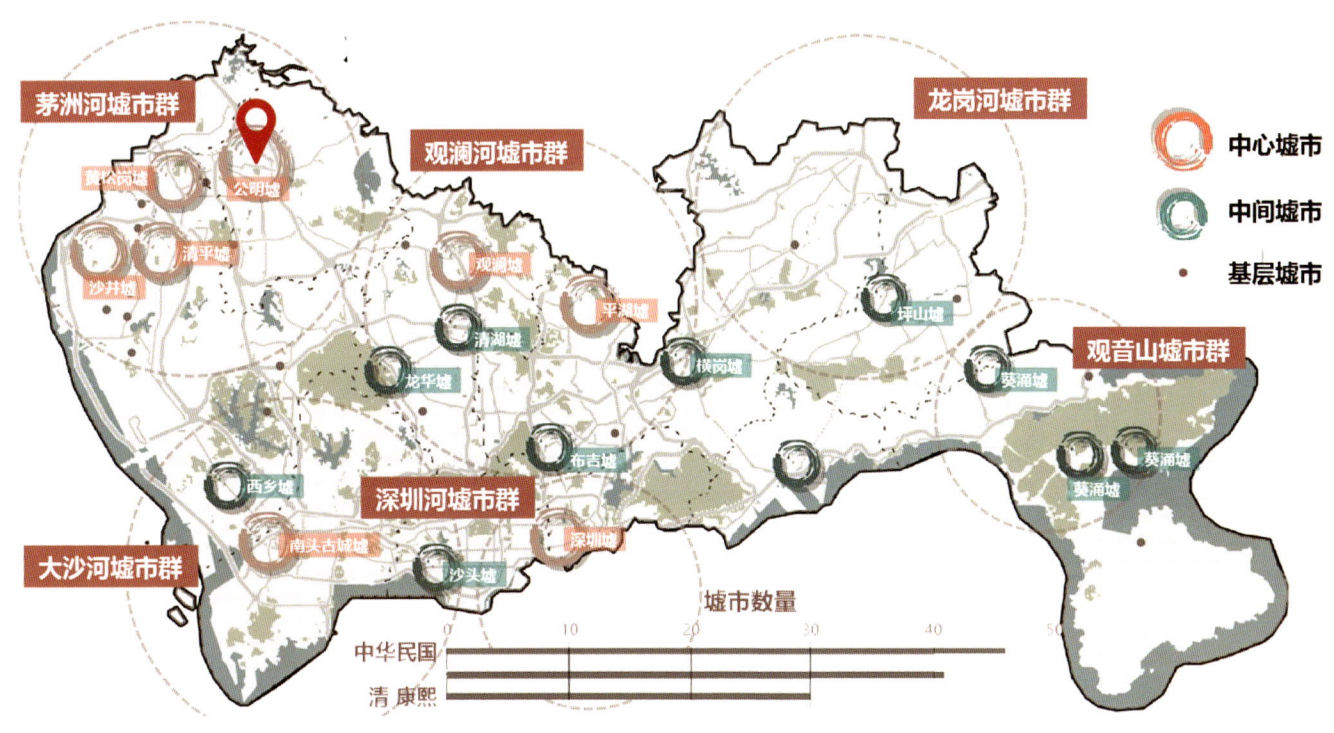

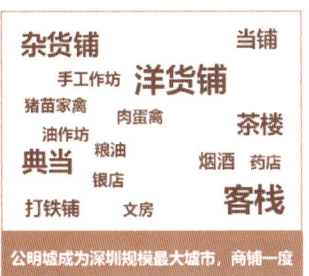

公明墟成为深圳规模最大墟市，商铺一度数量≥150铺

核心问题聚焦
核心问题一：社会割裂人群孤立，新老居民难相容

流动人口占比高，本地外地居民收入差距极大。场地人口以中青年人口为主，常住人口中，非户籍人口占到75%，其中以务工租住的占到75%，他们为初高中受教育水平，主要在工业、服务业和建筑业从事低端工作。

本地居民组成管理核心，与外来人口形成权利隔离。片区管理组织架构以本地居民为核心，实行村民自治，全体村民作为利益共同体，房屋租赁关系成为链接本地居民与外来人口的纽带。

核心问题二：本地居民组成管理核心，与外来人口形成权利隔离

公寓楼为村民带来巨额经济来源，村民作为受益方不愿动迁，天价拆迁补偿导致拆不起，历史遗留问题小产权房使用权混乱，拆改协调成本极高。

场地现状外高内低，产业空间低端，主要承载造纸、五金等制造业小加工厂，地方产业失力，无法进入产业升级到空间提升的正向循环。

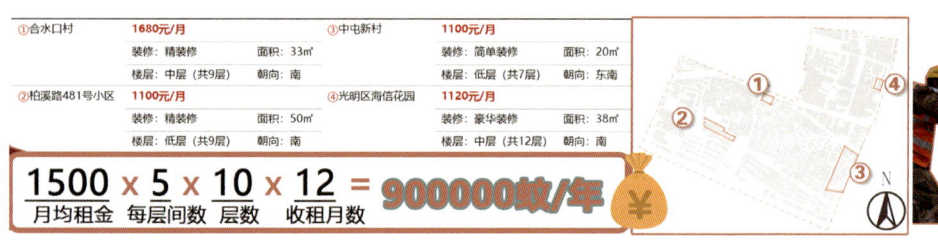

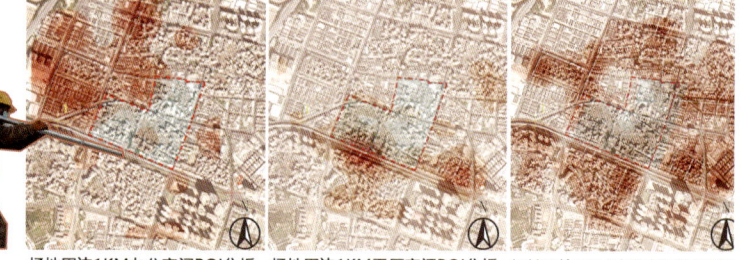

场地周边1KM办公空间POI分析　场地周边1KM工厂空间POI分析　场地周边1KM消费空间POI分析

核心问题三：场域割裂生产乏力，新老文化难相溶

一方面，场地原真文化式微；另一方面，新来人口和开发商将带来新的文化种类。

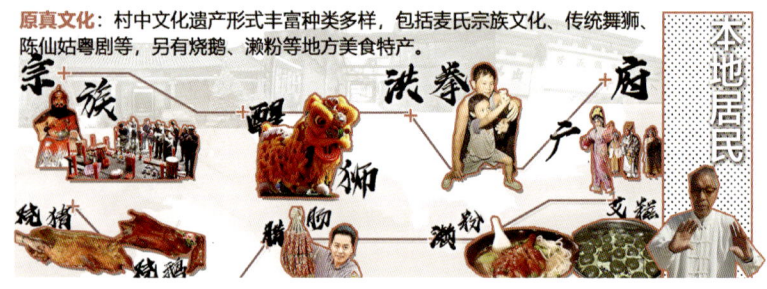

设计策略导出

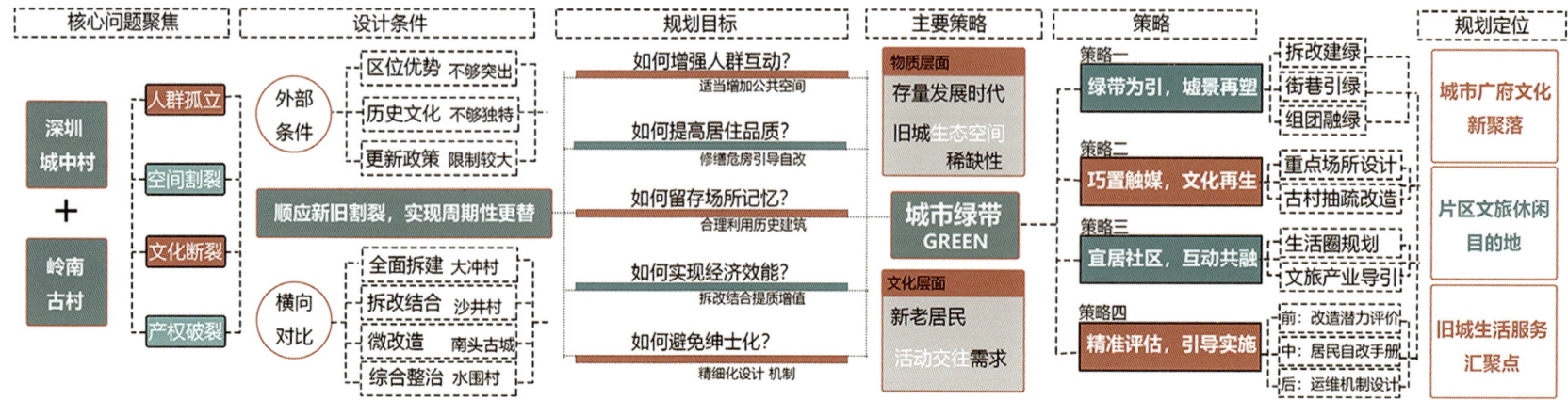

总平面

设计说明

基地位于深圳市边缘光明区的重要历史风貌保护地带，该场地物质空间恶化，人群联络割裂，周边创新产业蓄力而整体基础不足，亟待更新。设计方案以公共绿带赋能古村厂通过街巷、场所、组团、建筑层面的城市设计及周期性实施计划，打造古城新貌绿景，实现经济与生态综合效益时在存量时代背景下，为城中村综合整治提供一类发展模板。

规划设计分析

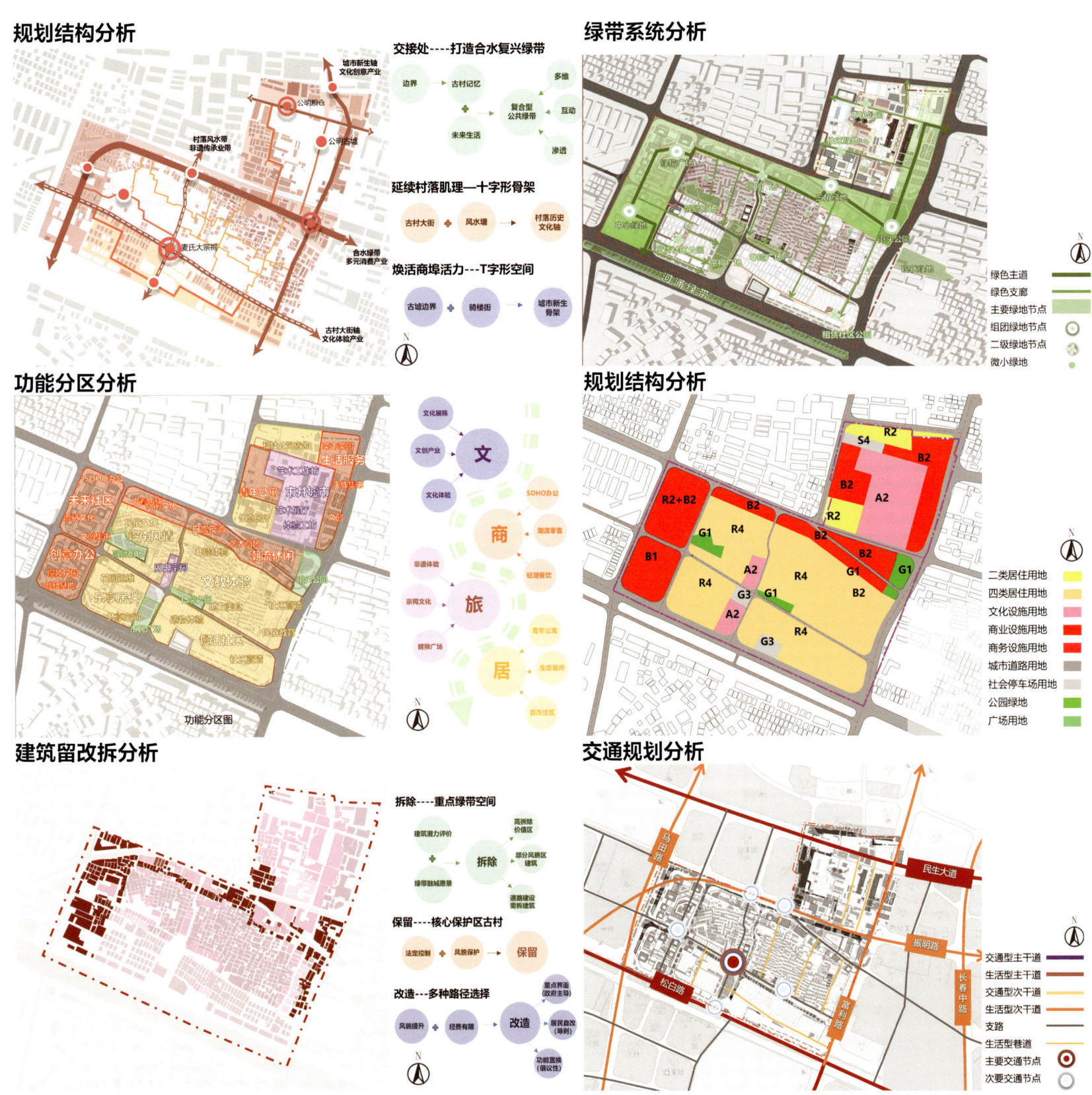

空间改造策略 Space strategy

■ 绿带为引，墟景再塑

① 区域联绿

麦氏大宗祠、公明墟是光明区老城体验组团的重要节点，兼具历史文旅价值。

场地周边片区以居住功能为主，分布大量城中村，西侧产业用地多，生态空间需求大。

规划开放性公共空间绿带，将慢行系统融合进城市休闲网络，绿带将为周边市民（下村、马田街道）提供休闲活动场地，形成文化历史环。与周边文化休闲、农林体验片区成为茅洲河活力带上一处亮丽的风景点。

同时，地铁 6 号线人流将深圳光明科创产业发展园地的人流带入绿带，服务光明区新型人才。

② 拆改建绿

留改拆增并举。首先，结合区位、居住品质、历史文化价值、改造实施成本，通过建筑改造潜力模型综合评价，对有潜力改造的建筑区块确定改造方法，包括现状保留、综合整治、拆除清理、拆除重建四种。其次，通过重塑道路网络，确定绿色综合带植入的空间边界。最后，结合周边要素，规划绿色复合空间带为科创办公、文化消费、居住生活三个主要的功能区段。另一方面，通过游径疏解、微小空间植入，将活动渗透进古村路径，以城市绿带实现古村古墟边界互动。

空间改造策略 Space strategy

■ 绿带为引，墟景再塑

③ 组团融绿

区段一：联绿增容

拆除原本废旧工业厂房等低效用地空间，新建置入科创办公社区，提供SOHO族居住空间、企业办公空间、共享办公空间、公共租赁空间等，可承载新兴产业发展植入，并承办公共活动，实现片区经济效益增值。设计以连贯的屋顶绿化步道及共享办公综合体实现绿色生态景观与人群活动的紧密结合，改造保留一处工业厂房为共享办公空间，遗存场所工业化发展记忆。

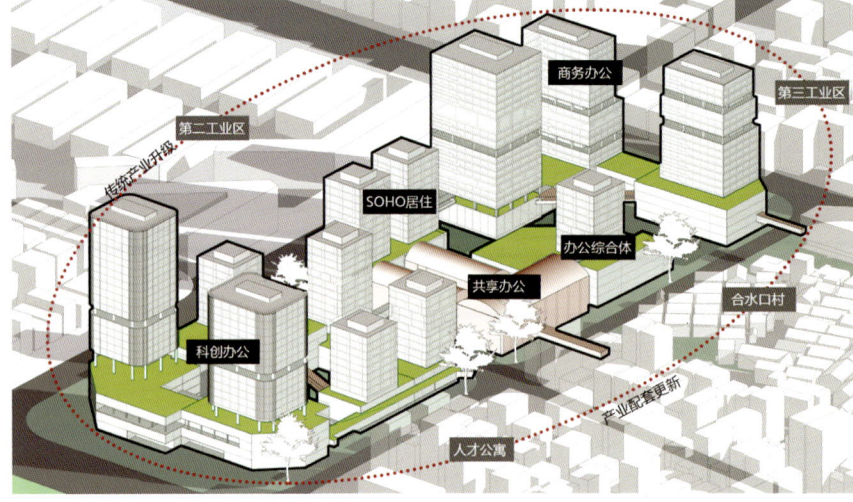
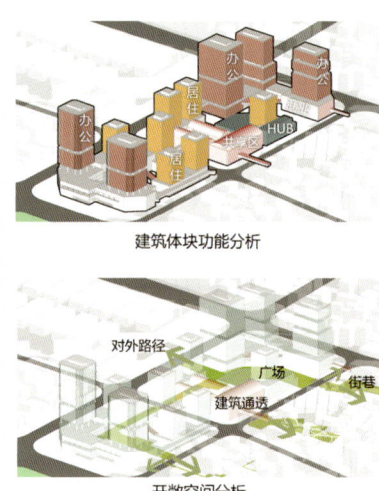

区段二：边界共融

这里位于合水口村与公明墟交接处的历史沟渠地段，低层民房与高层公寓相交混杂，握手楼现象普遍。设计采用剖切城市的方式，局部拆除建筑质量较差的民房，贯穿边界游径，拓宽街巷空间。采用首层架空、局部连廊的方式串联高层建筑，形成景观功能打开古村界面。对侧民房采用立面综合整治，部分改造为历史文化体验商铺的方式，实现一街双景，各有渗透，将城市公园绿带由道路界面引入古村空间。

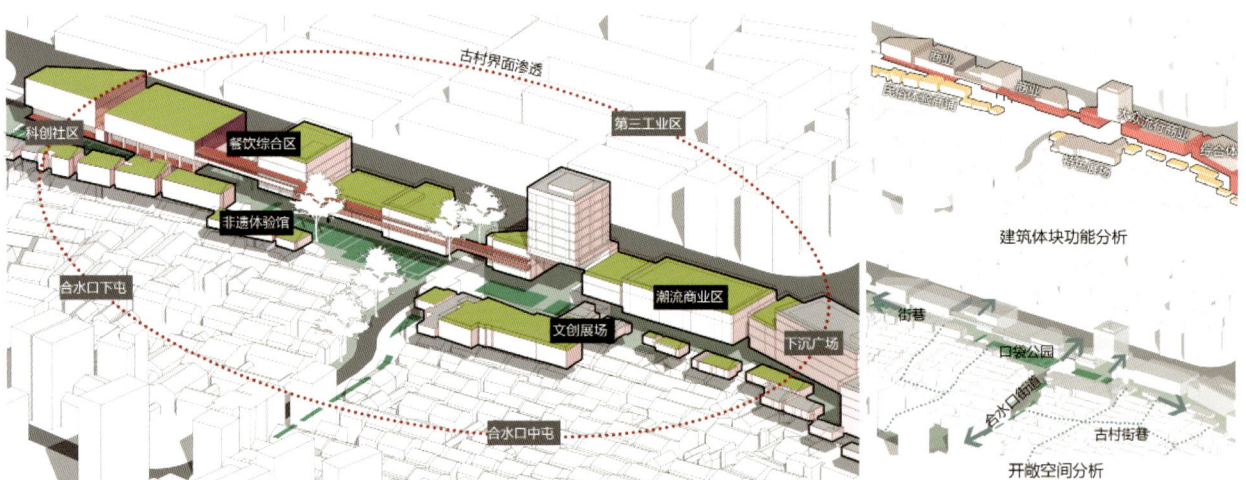

区段三：乐享生活

设计保留现状居住区房屋，通过部分拆除一层棚屋，改造为社区绿地公园，疏解路径，留存社区生活场景记忆，为古村片区和居住区居民提供活动场所。由下沉广场空间引入人流，可选择性地向东西两侧渗透，进入古墟文旅区或居住片区，最后，引导人流进入农贸市集联通下村社区。

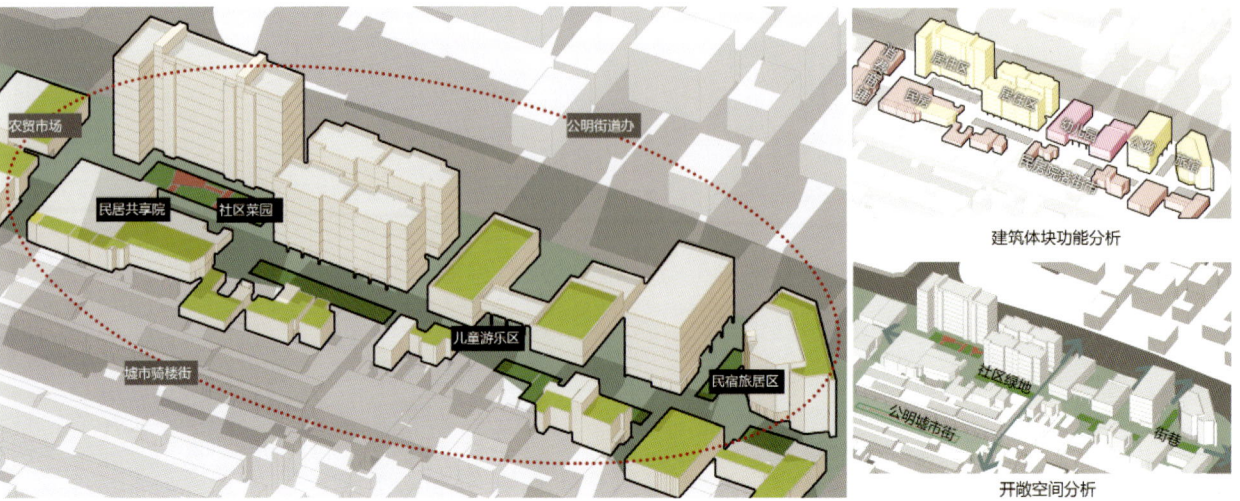

空间改造策略 Space strategy

■ 绿带为引，墟景再塑

④ 街巷引绿

街道空间分为两部分策划，包括主街及村脉，主街包括东西向柏溪路（25m宽）、合水街（10m宽），南北向侨辉路（25m宽）、公明解放街（10m宽），村脉包括村内三纵两横街巷（3m宽），共5条。

在设计中，分别运用乐游巷、绿景巷、与动巷、市集巷的设计手法，实现多尺度街巷策划。

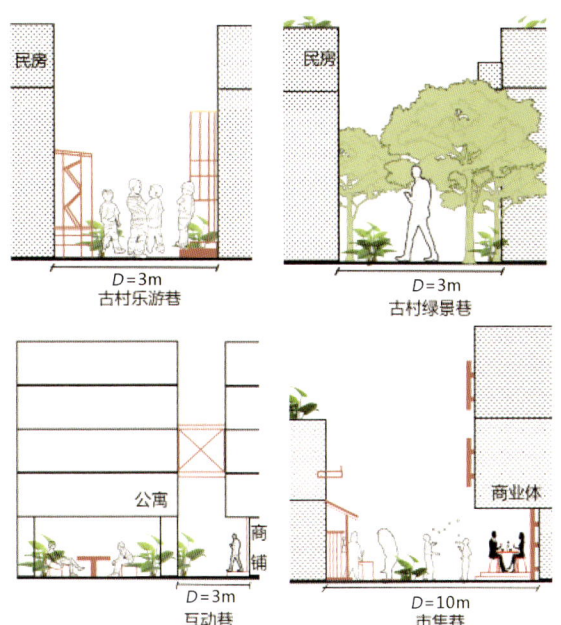

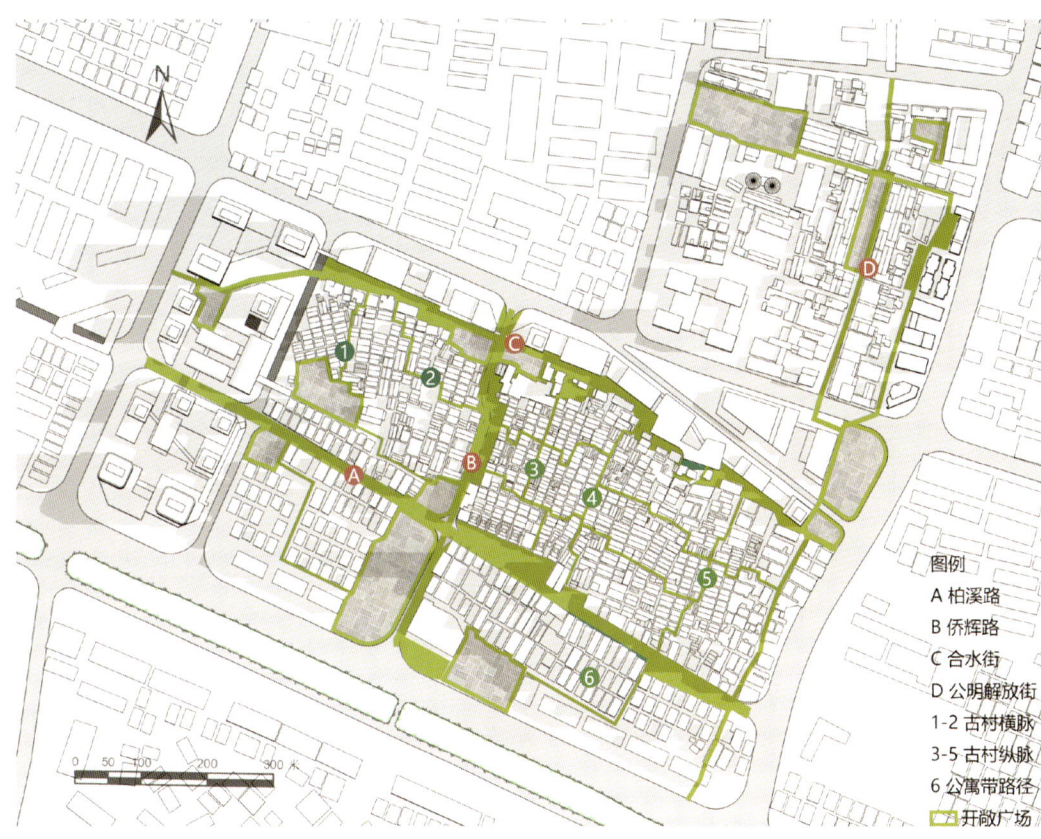

■ 巧置触媒，文化再生

深入分析场地乡土文化所在之地，选择大榕树、宗祠广场、粮仓等具有历史乡愁的节点空间作为触媒，分别串接历史要素节点，吸引新市民进入，丰富文化商业街巷维度。另一方面，场地打造为适应多种体育锻炼与文化活动的户外广场，适应新青年人群需求。

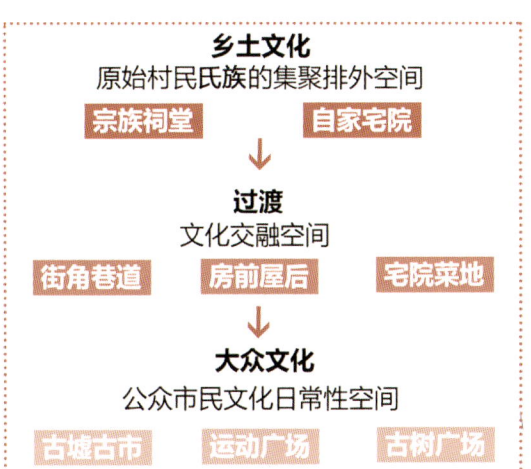

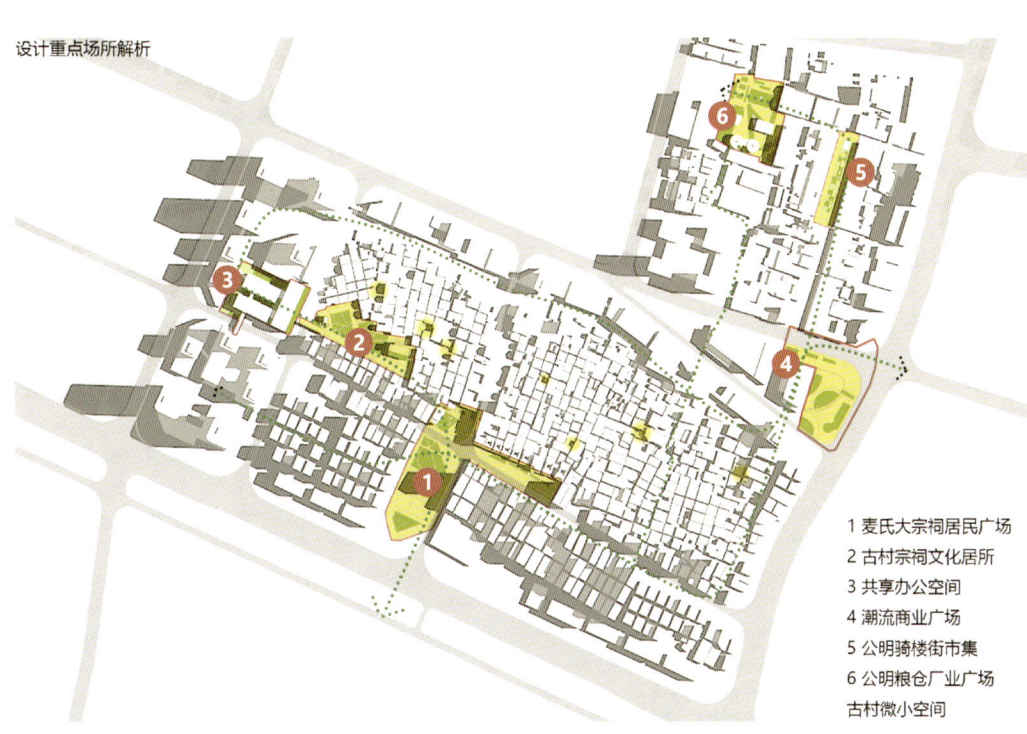

空间改造策略 Space strategy

■ 绿带为引，墟景再塑

重点场所解析

重点场所：麦氏宗祠居民广场
设计榕树广场，建设篮球场，吸引年轻租客与古村居民在宗祠前广场交往，推动邻里融合。

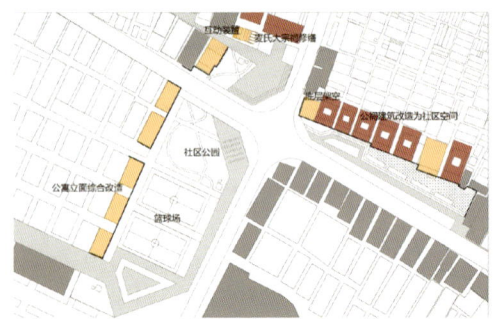

由社区游园升级为综合活动场

重点场所：古村宗祠文化聚所
通过公共空间的梳理和城中村界面的塑造，营造历史文化氛围，与古村民居形成互动。

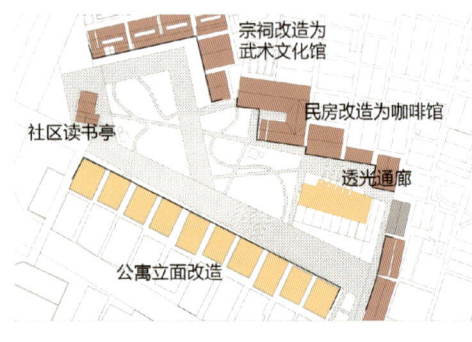

由私房院落到社区文艺园地

重点场所：共享办公空间
保留并微改造工业厂房为综合共享办公空间，保留基本结构，立面改造、玻璃连廊。

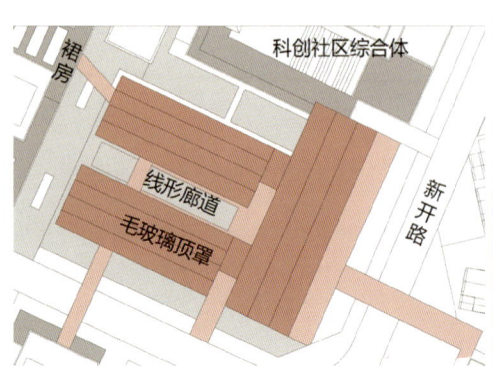

由制造厂房到综合展创中心

空间改造策略 Space strategy

■ 巧置触媒，文化再生

重点场所解析

重点场所：潮流商业广场

项目现状为低效工业厂房，于交通要塞处呈现出入口阻塞，设计拆除重建，打造新中式建筑组群及其下沉广场，通过架空连廊，打造多层次步行游径，玻璃立面增添场所通透趣味之感。

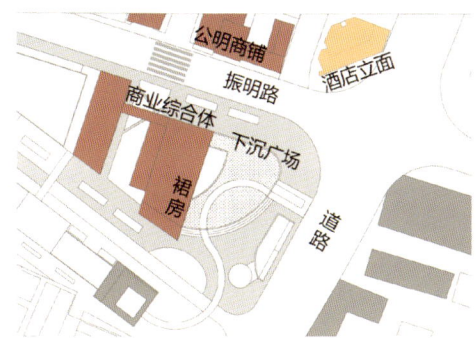

由交通堵点到开敞商业公园

重点场所：公明粮仓厂业广场

集聚公明筒型粮仓及板式粮仓建筑群，以保留结构改变立面的方式，微改造公明粮仓为艺术展厅，并结合传统厂房改造成潮流小艺术品街市，架空、缩进建筑底层，以路径串联球场与展场。

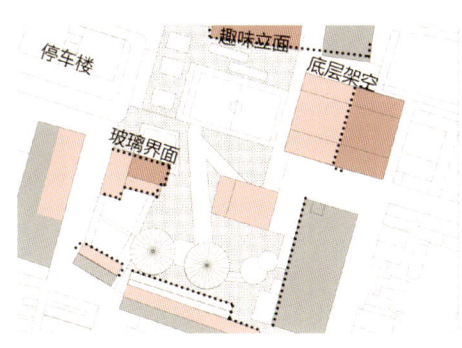

由低效仓库化身文化艺术展场

古村微小空间改造

对于古村民房中，清拆院落、坍塌危房，梳理出20处微小机会空间，放入城市装置，实现局部抽疏。

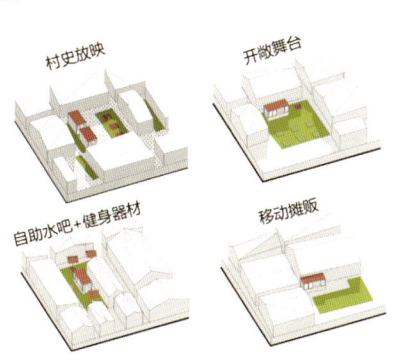

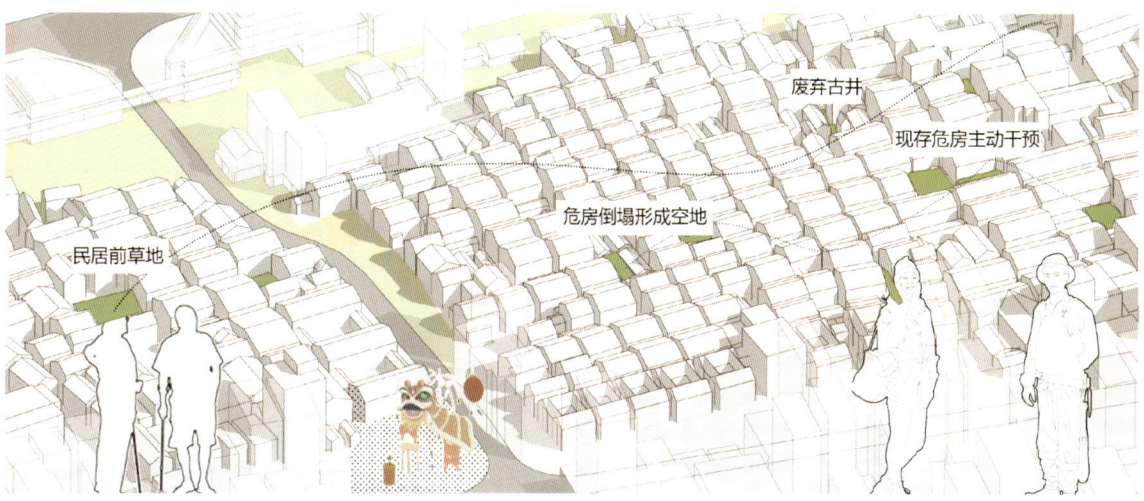

社区改造策略 Community strategy

■ 宜居社区，互动共融

■ 未来人群活动与交往模式

场地更新后期待未来的主要人群包括本地居民、未来租客和外来游客三大类。通过分析并组织相关活动，促进不同人群之间的融合。空间上路径交集，不同人群之间形成时空互动，促进社会融合。

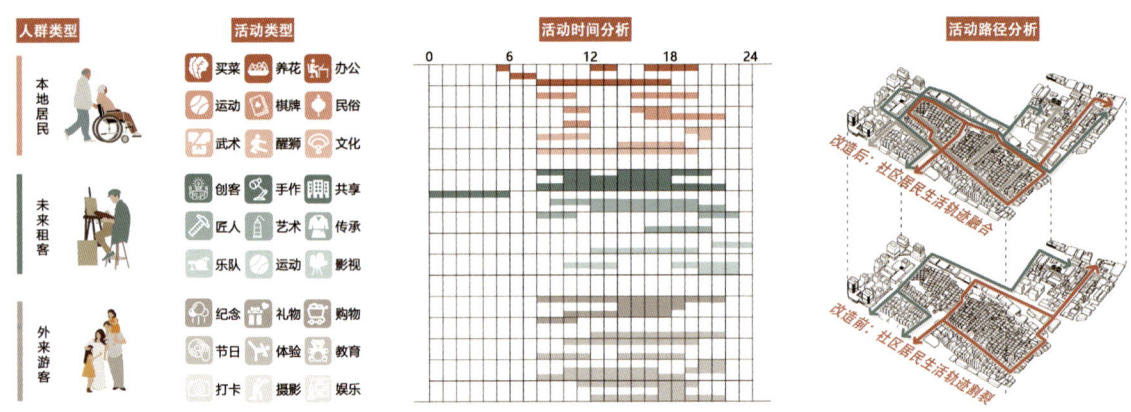

■ 综合服务植入微改民居

场地建筑通过整楼功能置换或仅首二层进行产业植入配置产业、服务业，满足居民日常需求。综合服务主要分为产业服务、生活服务及文旅服务三类。

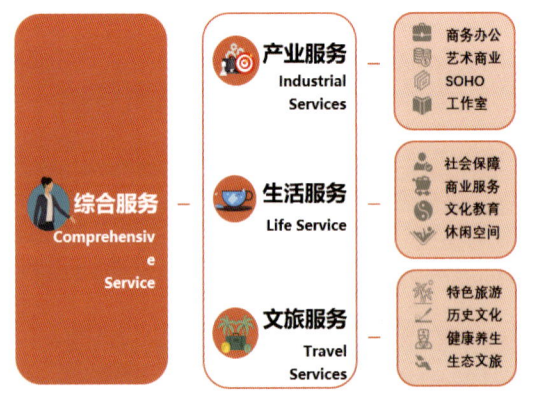

■ 文旅游径主线串联"活态文化"

梳理合水口村公明古城历史节点特征，植入针对文化民俗的配套服务业，挖掘古村层积文化，植入新的流行大众文化，实现多元文化交融。

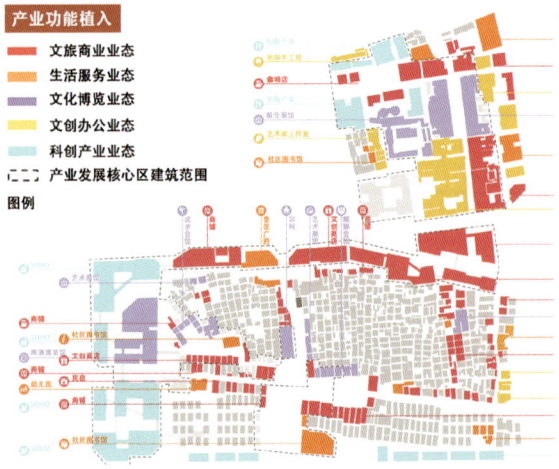

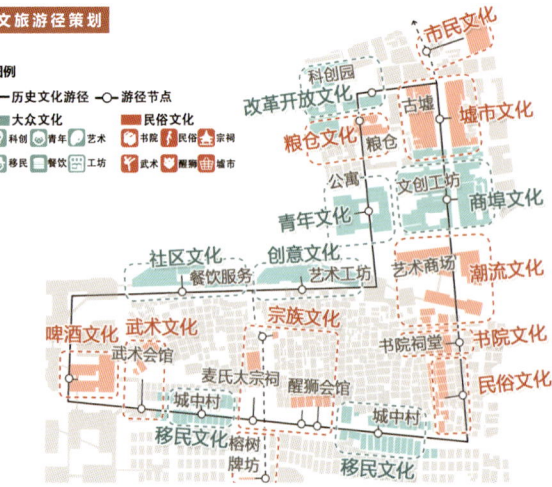

■ 民居整体改造

引导各类民居公寓进行更新改造，设置不同的改造机制促进更新实施。其中：古村民居进行微改造，主要利用结构外露、山墙改造、橱窗透明化等手法；城中村民居以底商改造为主，橱窗透明化、底层缩进改造；新建公寓建成更多的公共空间、连廊，供年轻租客社交。

■ 古村民居

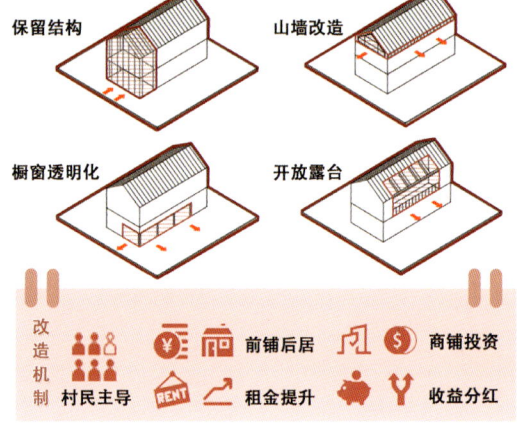

■ 城中村民居

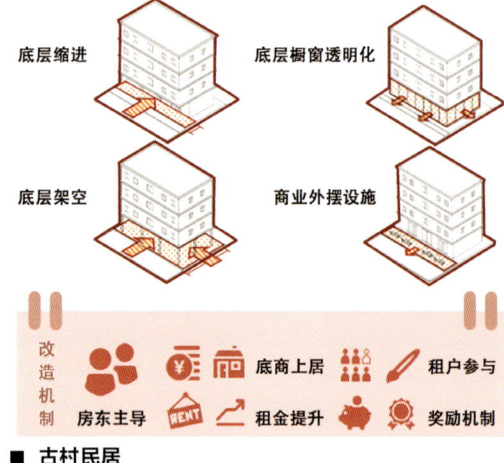

■ 古村民居

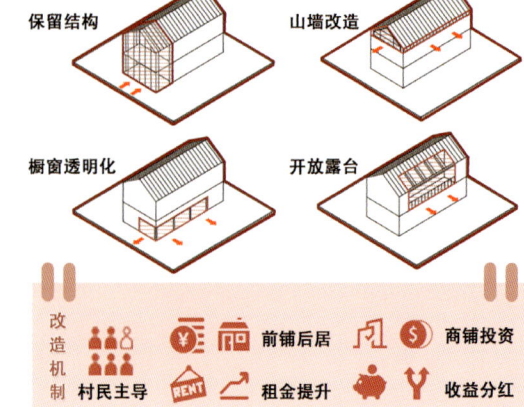

实施策略 Enforcement Strategy

■ 精准评估，引导实施

■ 构建潜力模型研判拆改留

城市更新方式是指为实施城市更新所采用的改造方法和模式，主要方式包括现状保留、综合整治、拆除清理、拆除重建和功能改变这五种。设计以建筑轮廓为编号数据库，建立城市更新潜力模型，定量评价，得到特定建筑的改造方法。

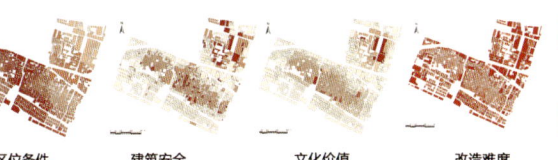

区位条件　建筑安全　文化价值　改造难度

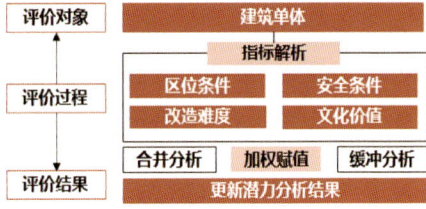

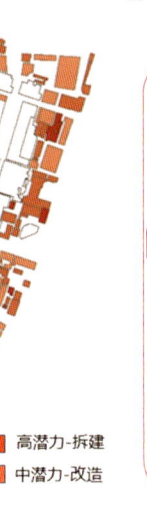

更新潜力分析结果

高潜力-拆建
中潜力-改造

■ 设置专项资金辅助实施

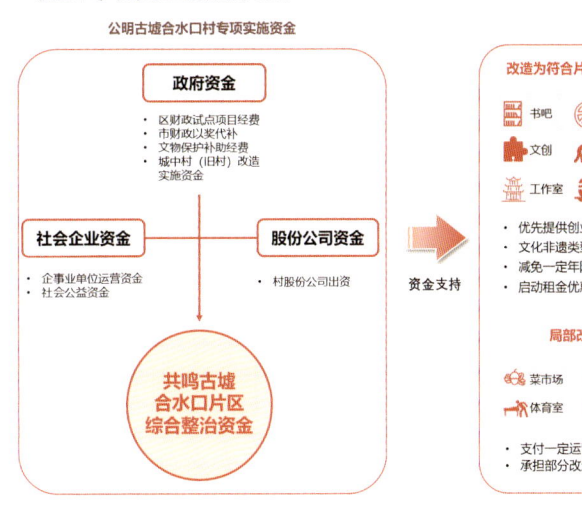

■ 营造居民自主改造氛围

基于本地居民主体，政府、企业投资扶持，设计师援助，艺术家参与的多种家园改造文化活动。每次活动由居委会与主办方制定规则，对参与者的改造成果进行评审，设定优胜奖和参与奖，以调动参与者积极性。

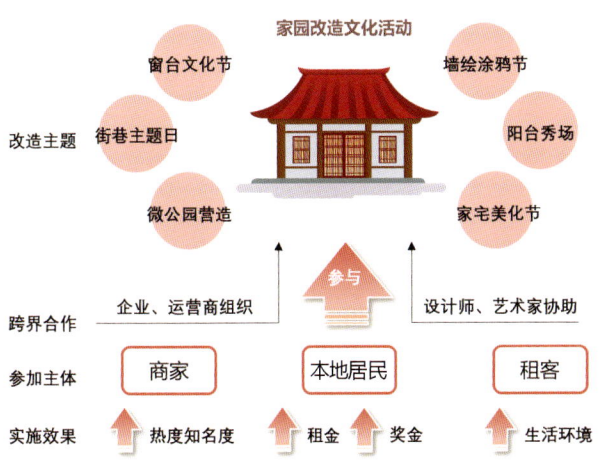

■ 平衡长期效益，盘活旧改效益

城中村改造经济效益是推动改造进行的关键。

本设计通过多方合作、投资、规划，短期内改造更新提升居民生活品质，文化宣传水平，未来房屋租金、店铺利润在运维帮助下稳步提升，远期实现居民村民迭代，吸引文化创意、新型产业人群入住，以期远期实现旧改效益。

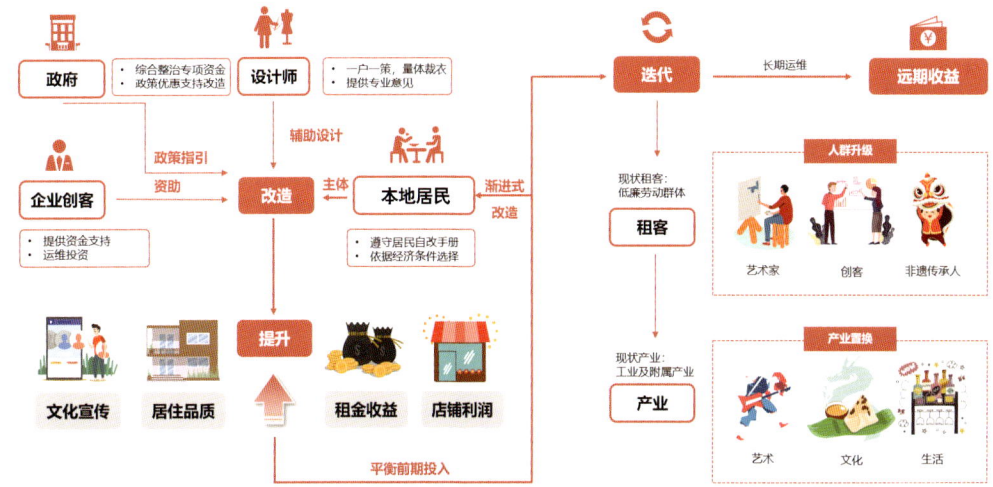

居民自改策略 DIY Renovation

■ 居民自改手册

■ 街巷改造
①居民自改建筑形态由居民根据实际情况选择具体改造模式和形态。
②位于重点街巷旁的民居自改建筑鼓励设置相应设施，以保证街巷界面形成有特点的连续界面。

■ 共享空间
①通过拆除改造部分零碎建筑，达到化整为零、化零为整的效果，引入企业布置可以共享的公共服务空间。
②强化屋顶平台第五立面的利用，串联连廊平台与空间，形成露天平台。

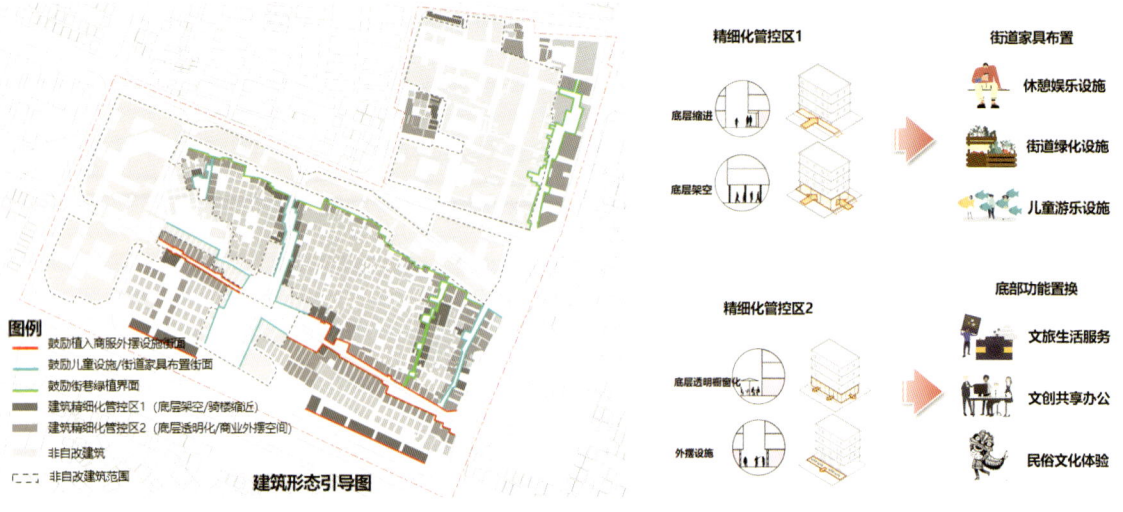

实例1：公共会客空间

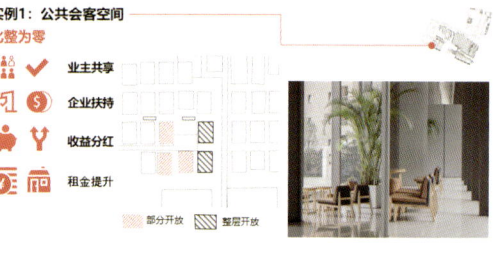

■ 功能植入
①居民自改建筑业态参考业态引导图，可依据实际情况选择具体功能。
②居民自改建筑的主入口应向主要界面打开。

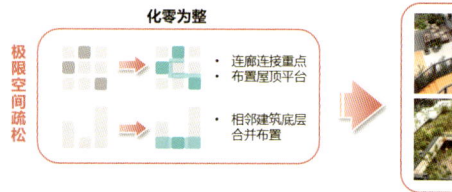

实例2：社区小菜市

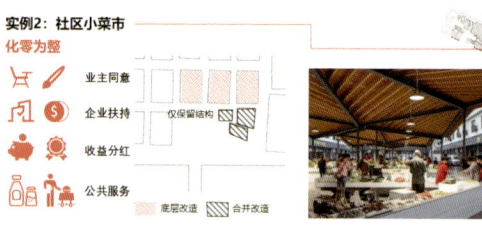

■ 渐进式改造
依据建筑是否位于历史风貌保护区对原有建筑功能、功能置换、形态引导、建筑风貌等方面进行引导，依据经济能力进行渐进式改造。

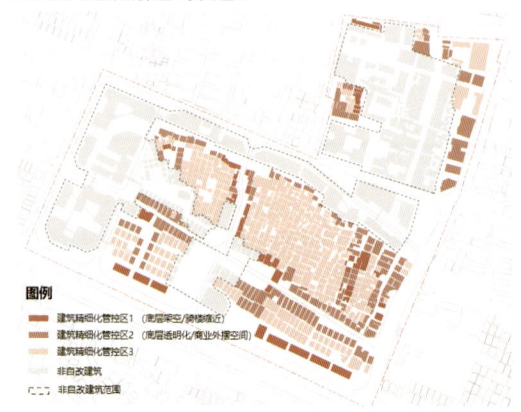

规划愿景 Plan Vision

■ 核心节点

设计核心区域是绿带核心区，通过一整条新建、改造带激活场地旧城改造进程。选择具有代表性的古城古村节点，打造全域开敞融通的日常空间，在保持原有特征的基础上，节点与节点之前形成触媒作用，连接场地各区域，增加场所吸引力。

各节点之间通过历史文化游径串联，旨在形成连续完整的步行游径。

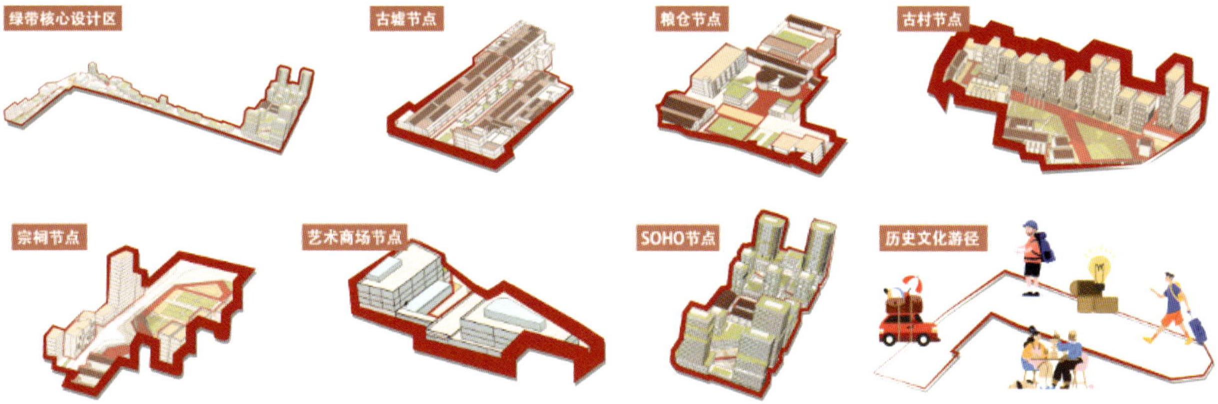

| 绿带核心设计区 | 古墟节点 | 粮仓节点 | 古村节点 |

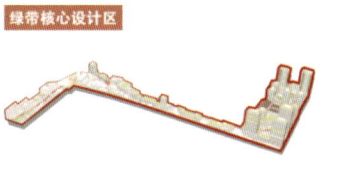   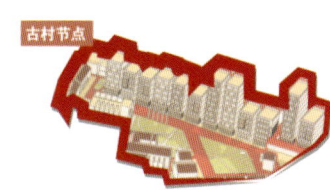

| 宗祠节点 | 艺术商场节点 | SOHO节点 | 历史文化游径 |

■ 效益测算

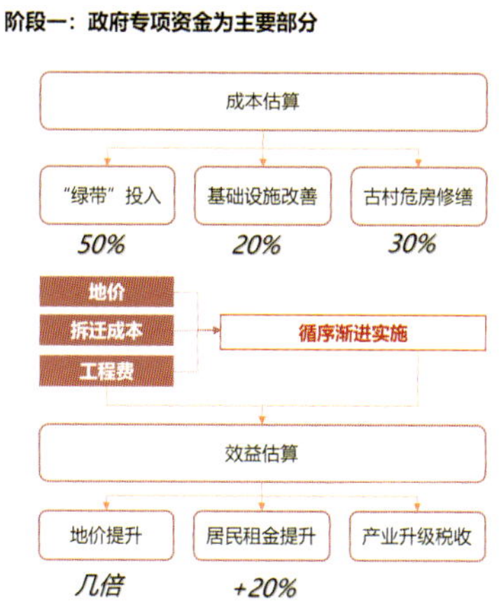

阶段一：政府专项资金为主要部分

成本估算
- "绿带"投入 50%
- 基础设施改善 20%
- 古村危房修缮 30%

地价 / 拆迁成本 / 工程费 → 循序渐进实施

效益估算
- 地价提升 几倍
- 居民租金提升 +20%
- 产业升级税收

阶段二：企业与社会力量介入

环境升级 → 新居民进入 → 主动投资，发展新产业

居住服务 | 办公 | 文创

■ 更新时序

启动 绿带示范	首期建设计划——绿带示范	中期建设计划——节点改造	长期建设计划——居民自改
中期 节点改造	拆改结合核心项目	综合整治核心项目	家园美化核心项目
长期 居民自改	南段-新建SOHO公寓 中段-局部拆建，功能置换 北段-综合整治，功能置换	古村-局部拆建，功能置换 宗祠-综合整治，功能置换 粮仓墟市-综合整治，功能置换	古村-局部拆建，自我更新 城中村-局部拆建，功能置换

■ 鸟瞰图

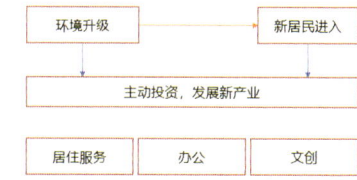

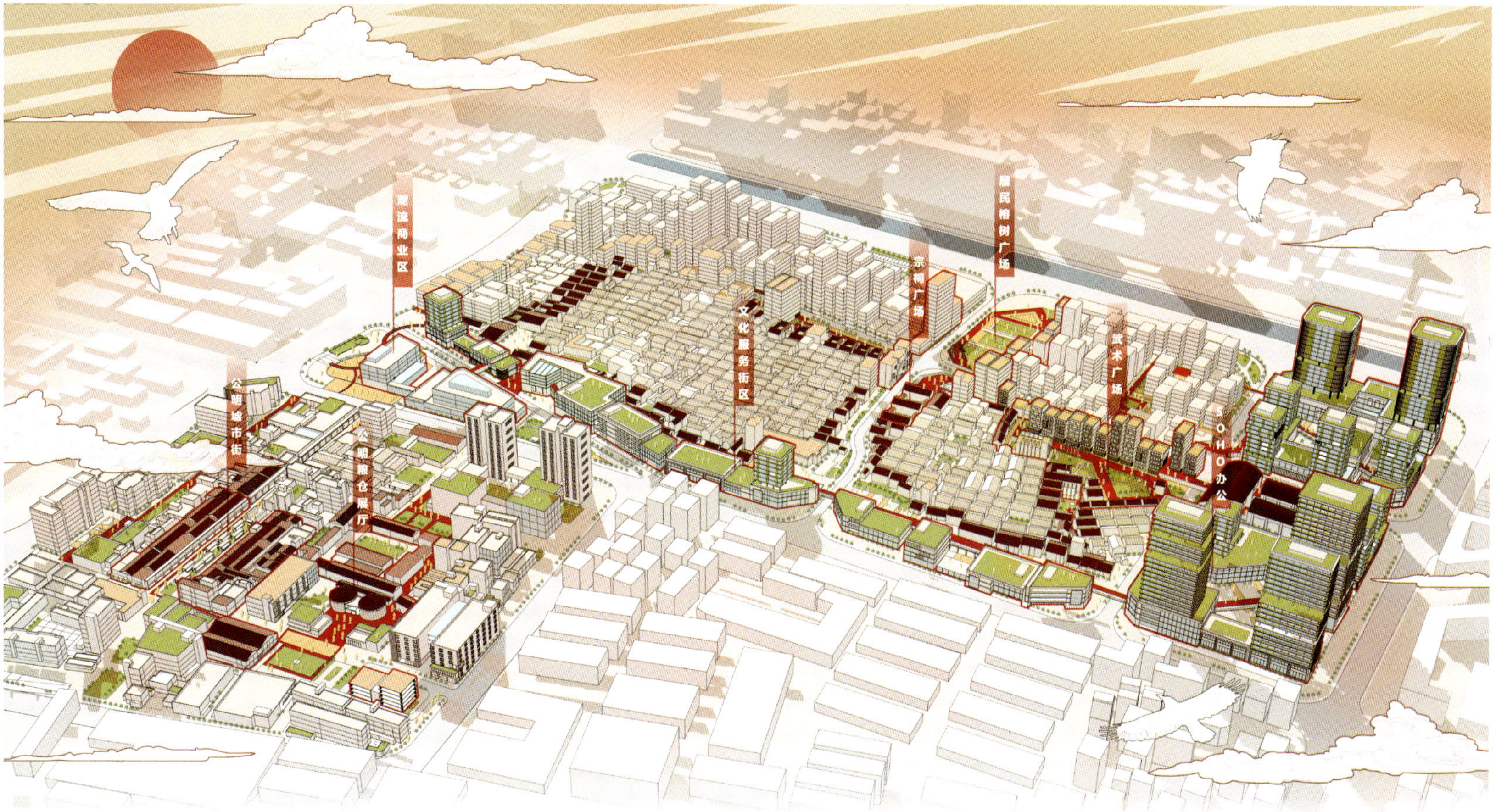

华中科技大学

Huazhong University of Science and Technology

张玉洁

参加此次"南粤杯"收获颇丰，多个专业的交流合作中见识了各个专业的魅力与风采，多个地方的调研与汇报也让我有机会领略各个城市的风光。另外，经过有趣的场地调研，充实的中期工作营，让我结识了不同院校的朋友，并与此次一同完成设计的同窗发展出深刻的革命友谊。最后感谢各位院校的老师的付出，希望"南粤杯"越办越好!

肖馨瑶

参加建筑学联合毕业设计，不仅是对我五年学习成果的综合考验，更是一次全面提升专业技能和团队合作能力的机会。

首先，我深刻感受到了与同学们共同探讨和交流的重要性。在毕业设计过程中，我拓宽了视野，还学到了许多新的设计思路和方法。其次，毕业设计锻炼了我的时间管理能力。最重要的是，参与联合毕业设计让我意识到建筑是一个多学科交叉的领域。通过与规划专业的同学合作，我深刻理解到每个人的专业知识和技能都是宝贵的贡献。

戴欣怡

时光飞逝，"南粤杯"联合毕业设计转眼已经走到了终点，非常荣幸能在五年建筑学生涯的最后时光参与这个课题，这是一段令人难忘的经历。从华中到华南再到昆明、四川，感谢一路以来粤规院和七校老师的悉心指导，感谢其他六校同学的陪伴，感谢队友们的辛苦付出，也感谢各位组长的认真负责，因为每一个人的努力，我们才有了最后丰富的成果，为大家的本科生活画上圆满的句号，最后祝大家毕业快乐，前程似锦!

陈宇航

长达三个月的"南粤杯"，最终迎来毕业设计的尾声，也即将为自己的本科学习阶段画上句号。感谢"南粤杯"七校联合毕设大家庭的相遇，感谢在此期间广东省规划院的鼎力支持，有幸听到宝贵的专家讲座，很开心遇到来自五湖四海的大家。在这里我收获了许多不一样的体验：拍调研视频、做艺术装置……最后收获颇丰。

感谢指导老师和团队小伙伴，同甘共苦。前路漫漫，希望我们都一直拥有自由的灵魂，未来可期。

华 为

在本科的结尾接触到"南粤杯"联合毕设是一次新奇有趣的体验，十分开心有这样一个机会与建筑学的同学合作，前往各个城市领略到了不同风光，同时也深刻体会到了建筑学和规划思维的不同，在交流中收获颇丰。感谢省规院的大力支持和其他院校小伙伴的陪伴，感谢各位老师的指导和组员的合作与支持，希望大家都能在未来万事胜意，在海阔天空中自由舒展。

翟 薇

"南粤杯"联合毕业设计这趟不可复制的旅程走向了尾声，一路留下无数美好的回忆。在这段旅程中，我们一起前往不同的城市，和来自不同学校的同学进行跨学科的交流合作，在一次次的讨论中完善设计方案，在一天天的相处中积累了深厚情谊。随着这次毕设的结束，我们也迎来了新的人生阶段。感谢粤规院和七校老师的指导，感谢团队小伙伴们的齐心合作。祝大家前程似锦，未来可期!

古墟寻脉 和融共栖

深圳市光明区公明古墟保护和更新设计

2023"南粤杯"七校联合毕业设计

学校：华中科技大学
指导老师：万谦 刘晓晖
组员：华为 翟薇 戴欣怡 肖馨瑶 陈宇航 张玉洁

背景解读

■ 基本区位

光明区，隶属于广东省深圳市，位于深圳市西北部，东至观澜街道，西接松岗街道，南抵石岩街道，北与东莞市接壤。光明区属亚热带海洋性气候，气候温和，年均气温22℃。

规划基地位于深圳市光明区，地处珠江三角洲地区的交界区。村墟建制历史可追溯至明清时期，合水口古村历史风貌区研究范围为松白路、振明路、马田路以及公明第一小学围合范围，面积大约27.5公顷；公明老墟历史风貌区研究范围为北至下工路，东至福利路，面积约10.5公顷。

■ 周边分析

■ 上位规划

 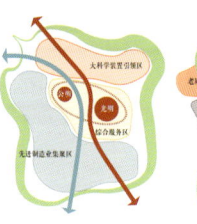 

光明科学城空间规划中，公明作为光明副中心，临近茅洲河创想活力走廊。

在光明区全域旅游发展规划中，规划基地位于老城体验组团上，并提出构建公明墟历史文化街区为核心的老城历史文化游径。

（底图来源：光明区政府在线http://pnr.sz.gov.cn/gm/）

■ 历史沿革

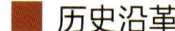

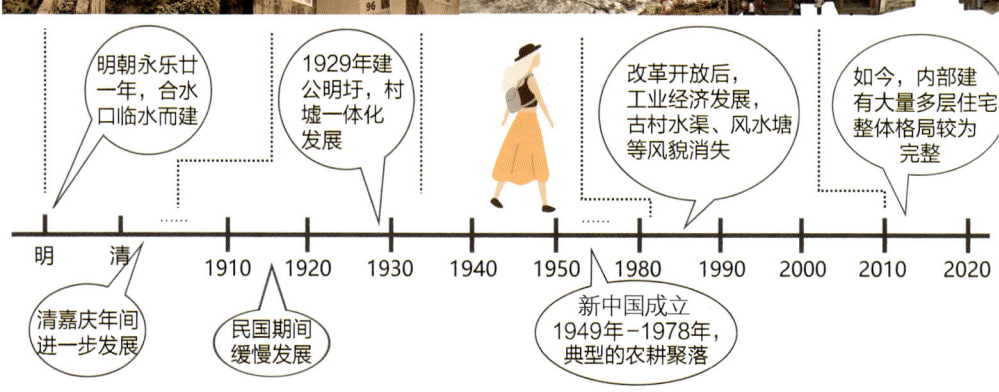

■ 广府文化

保留了许多民俗文化活动，展示了当地的民间文化和风俗习惯。

■ 美食文化

传统美食丰富多样，代表了当地的饮食文化和传统菜肴。

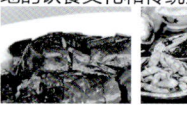 

■ 商业文化

商业繁荣，商铺市集众多，为周边村民提供了重要的生活物资。

■ 建筑文化

保存大量明清时期传统建筑。

人群分析

人群构成

外来者：游客、上班族、普通市民
在地者：本地居民、租户、商户

基地内部人口构成较为复杂，外来务工人口涌入。古村人口密度高，常住人口中外来务工人员占多数，主要为低收入人群；古墟人口密度相较较低，以商业功能为主。

年龄结构：儿童 13%，老年 3%，中青年 84%
性别结构：男性 57%，女性 43%
从事行业：其他 33.9%，工业 44.7%，商业 6.8%，服务业 14.6%
暂住事由：经商 4%，投亲靠友 6.3%，务工 74.9%

社会族群分析

人群需求分析

本地居民 / 租户 / 游客

居住、社交、休闲、停车、餐饮、体验、民俗、购物、游玩

院落 ←打通连接 功能衔接→ 街巷 ←引导参观 文化展示→ 公园

需求逐渐增加（6:00 - 22:00）：院落、街巷、公园

人群现状总结

本地居民的流失
原生生活网络的支解
在地文化氛围的缺失
原有社区活力的遗失

本地商户
商业活力的激活
商业空间的破碎
业态组织的混乱

外来租户的涌入
原有社区归属感低
人际关系网络破碎
场地记忆割裂缺失

游客的进入
街区活力的激发
要素受众的增加
业态活力的提升

景观 —— 最需要整合的
记忆 —— 最需要表达的
场所 —— 最需要增加的

场地记忆

"这里确实有不少深圳难得的历史建筑，只可惜都损坏了，也没有利用起来。"

"原来骑楼这片还是很热闹的，现在商家都搬到市场去了。"

"村里已经没有多少人了，为了传承本地文化，我们会在小学组织一些活动。"

"在这边租房子就是因为便宜，对这里的历史什么的不太了解，我们也没时间。"

标注：公明粮仓、公明墟、麦氏宗祠、茂客公家祠、汲基麦公祠（醒狮武术馆）、春山家塾

· 传统风貌犹存，重重包围难见"天日"
· 外来人口涌入，传统生活方式消逝
· 保护动力不足，发展陷入负面循环

场地现状

■ 用地现状分析

■ 开放空间分析

■ 开放空间分析

■ 道路密度分析

■ 道路系统分析

■ 公服设施分析

■ 街巷空间分析

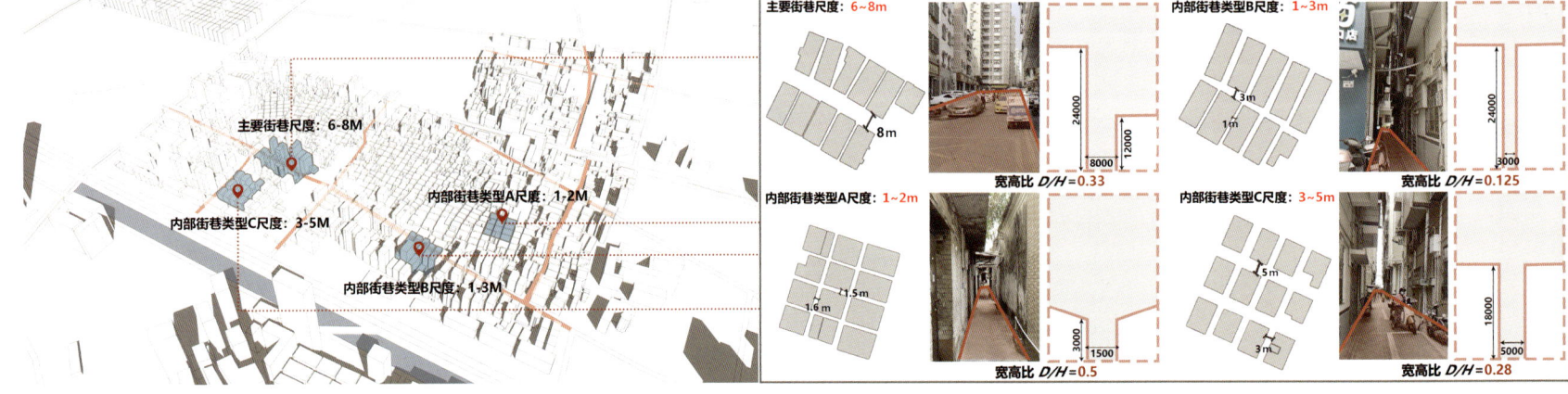

主要街巷尺度：6~8m　宽高比 D/H=0.33
内部街巷类型B尺度：1~3m　宽高比 D/H=0.125
内部街巷类型A尺度：1~2m　宽高比 D/H=0.5
内部街巷类型C尺度：3~5m　宽高比 D/H=0.28

■ 问题总结

看不见的古村
古村传统风貌犹存，但被四周的高楼重重包围难见"天日"，风貌不协调、难感知。

较差的空间品质

街巷空间：宽高比 D/H 全都小于0.5，视觉空间受限，街道狭窄，高楼耸立，给人压抑感。

公共空间：人均公共空间严重不足，缺乏系统性的设计营造，空间体验性、通达性差。

绿化景观：场地仅有一块较大的绿地公园，其他多为碎片散点分布，自然景观匮乏。

破败的历史建筑
历史建筑调查对象多为宗祠建筑，80%建筑保存状况较差，大部分为危房，且已封堵。

滞后的服务

公共服务：公共设施数量不足，分布不均，且现有建设空间不足，难以满足需求。

商业服务：以生活服务业和房屋租赁业为主，缺少主题注入以及在地化、持续性的文化培育。

建筑潜力识别与评估

建筑改造潜力识别与评估

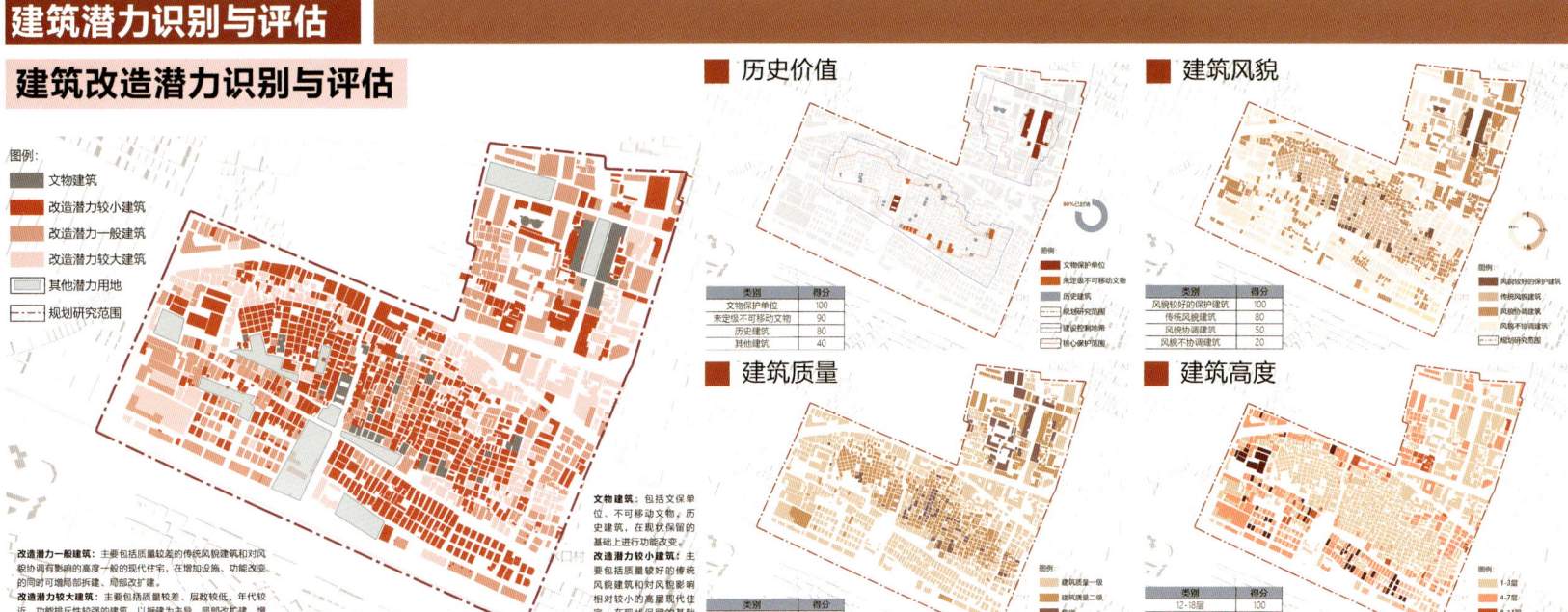

历史价值
建筑风貌
建筑质量
建筑高度

主题生成

政策机遇

深圳提出建设社会主义现代城市文明典范，随着一系列历史风貌保护与城中村整治政策密集出台，**政策机制与开发模式的双重创新**将给合水古村的进化再生带来新的契机。

| 综合整治政策创新 | 2019年3月《深圳市城中村（旧村）综合整治总体规划（2019-2025）》 | 2019年6月《关于深入推进城市更新工作促进城市高质量发展的若干措施》 | 2019年10月《关于推进城中村历史文化保护和特色风貌塑造综合整治试点的工作方案》 | 开发运营模式创新 | 政府主导 政策制定搭建协商平台保障公共利益引入社会资本(BOT) | + | 企业运营 承办古村修缮改造，特定年限经营管理 | + | 居民参与 参与方案制定、参与运营管理、建筑自改等 |

简化审批流程鼓励复合式更新允许30%局部拆建多路径安置　　加大财政扶持，鼓励市场资本参与整治与运营

规划定位

传承文脉、创意示范的古村文化客厅

城村共荣、历久弥新的活态体验街区

底蕴深厚、多元活力的市井文化展示区

规划目标

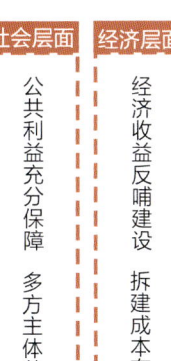
社会层面：公共利益充分保障 多方主体共建共享

经济层面：经济收益反哺建设 拆建成本有效控制

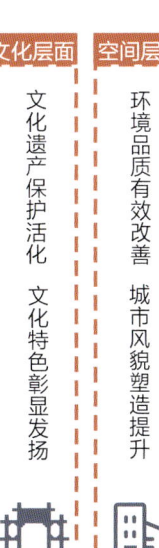
文化层面：文化遗产保护活化 文化特色彰显发扬

空间层面：环境品质有效改善 城市风貌塑造提升

主题概念

古墟寻脉　　城市 → 历史 + 未来　　和融共栖
历史意境再现　　　　　　　　　　　　　多元人群共享

规划策略

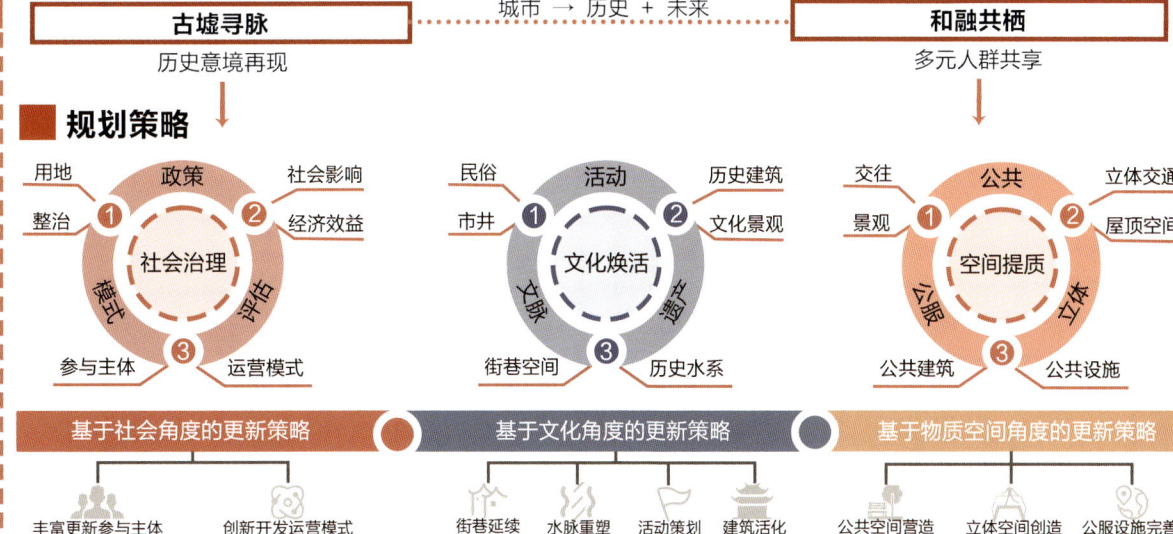

基于社会角度的更新策略：丰富更新参与主体　创新开发运营模式
基于文化角度的更新策略：街巷延续　水脉重塑　活动策划　建筑活化
基于物质空间角度的更新策略：公共空间营造　立体空间创造　公服设施完善

总平面图

技术经济指标：

总用地面积：38 hm² 　　容积率：2.1 　　总建筑面积：79.92 hm² 　　开放空间率：0.57 　　建筑密度：43%

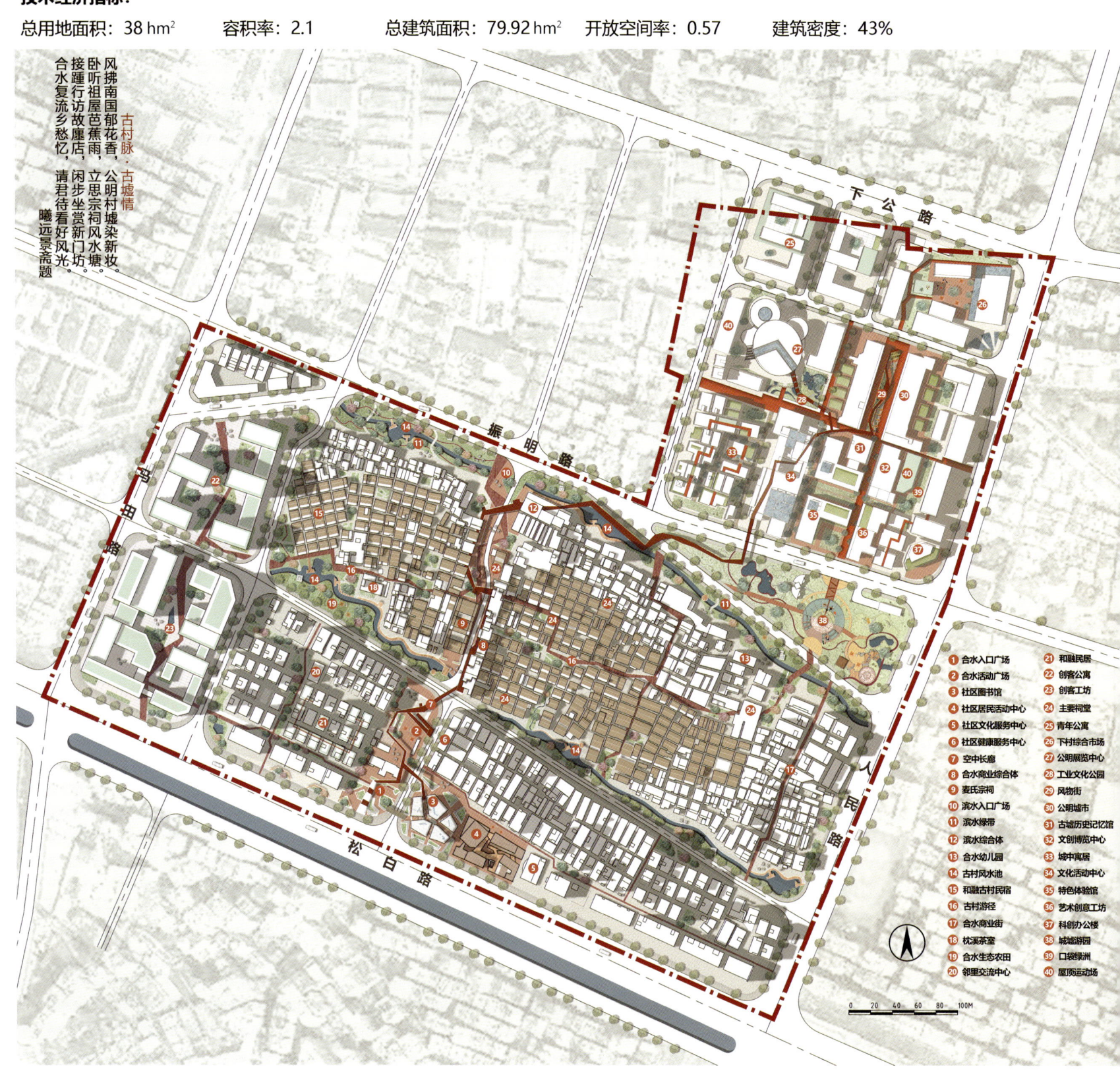

古村脉·古墟情

风拂南国郁花香，公明村城染新妆。
卧听祖屋芭蕉雨，立思宗祠风水塘。
接踵行访故虚店，闲步坐赏新门坊。
合水复流乡愁忆，请君待看好风光。

——曦远景斋题

图例：
① 合水入口广场　② 合水活动广场　③ 社区图书馆　④ 社区居民活动中心　⑤ 社区文化服务中心　⑥ 社区健康服务中心　⑦ 空中长廊　⑧ 合水商业综合体　⑨ 麦氏宗祠　⑩ 滨水入口广场　⑪ 滨水绿带　⑫ 滨水综合体　⑬ 合水幼儿园　⑭ 古村风水池　⑮ 和融古村民宿　⑯ 古村游径　⑰ 合水商业街　⑱ 枕溪茶室　⑲ 合水生态农田　⑳ 邻里交流中心　㉑ 和融民居　㉒ 创客公寓　㉓ 创客工坊　㉔ 主要祠堂　㉕ 青年公寓　㉖ 下村综合市场　㉗ 公明展览中心　㉘ 工业文化公园　㉙ 风物街　㉚ 公明城市　㉛ 古城历史记忆馆　㉜ 文创博览中心　㉝ 城中寓居　㉞ 文化活动中心　㉟ 特色体验馆　㊱ 艺术创意工坊　㊲ 科创办公楼　㊳ 城城游园　㊴ 口袋绿洲　㊵ 屋顶运动场

结构分析

功能分区

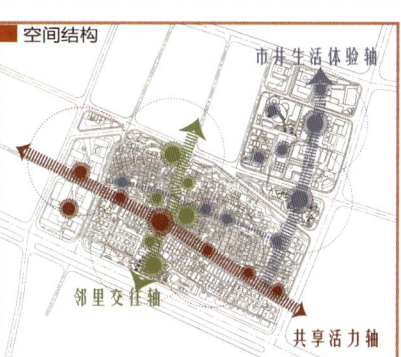
空间结构

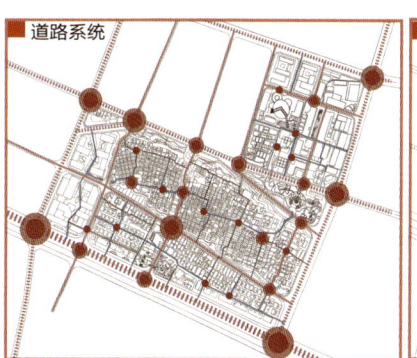
道路系统

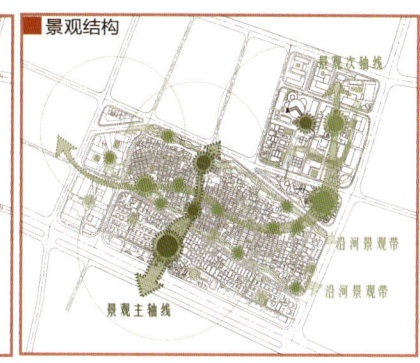
景观结构

立体廊道

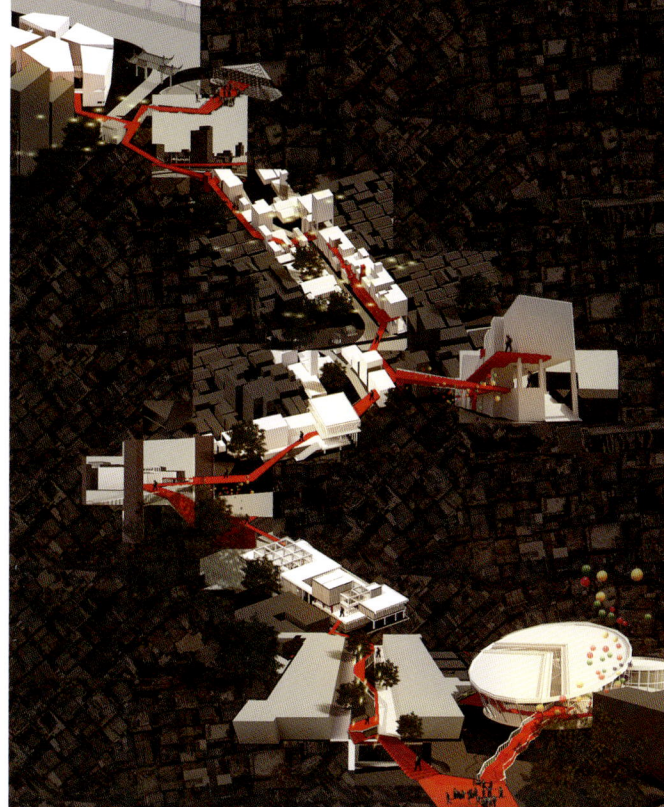

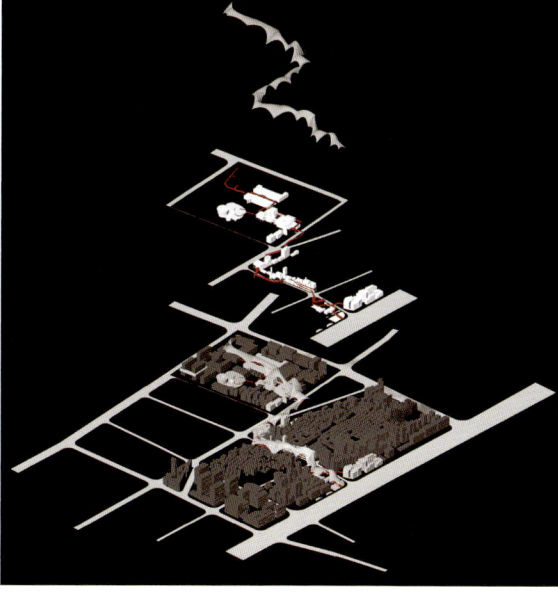

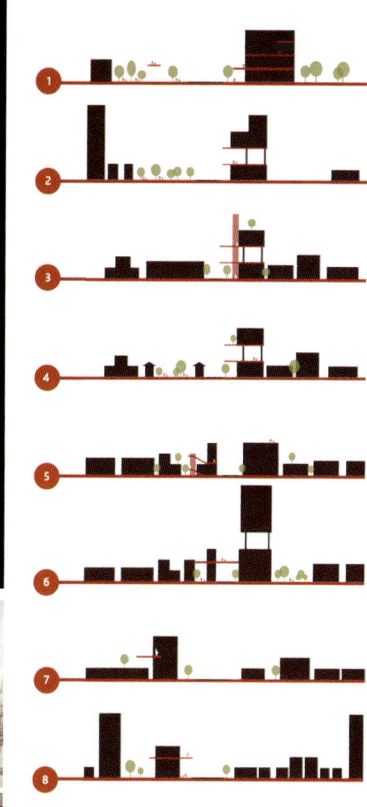

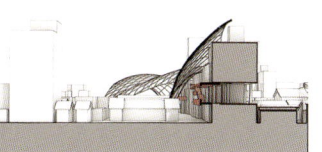
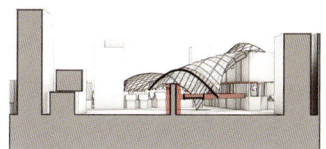
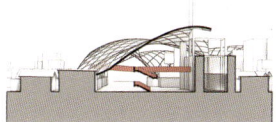
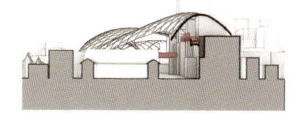

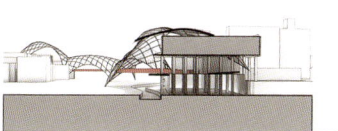
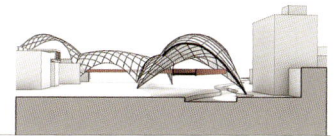
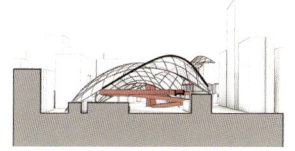
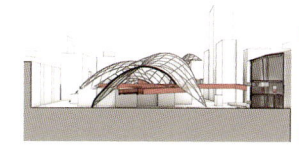

古村节点——社区图书馆

缝隙，是走入合水口村的第一步，也是贯穿整个街区的脉络。从600年前合水口村最初的建立至今，作为被动产生的元素，缝隙在这里自发生长，逐渐变成了阴暗狭小的夹缝，成为城中村个性中的一部分。

此设计通过前期调研与城市规划设计，重新对这片街区进行布局规划。而缝隙，不再是消极难以进入的角落，通过空中廊道的置入与原始河流的还原，新的活力缝隙将成为场地的新脉络。廊道端头的社区图书馆被裂缝一分为五，自由生长的连廊穿过缝隙。至此合水口村成为未来深圳漂泊者与原住民共同的理想居所。

深圳城中村布局模式

合水口村民居平面类型

  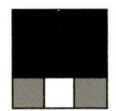    

生成过程

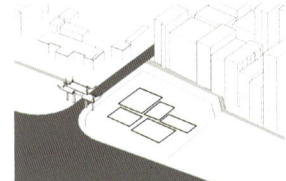

STEP 1 在选取的村口原社区图书馆地块上，依据合水口村原有肌理与尺度进行初步平面组织

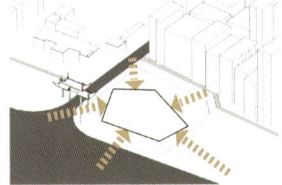

STEP 2 作为村口主要节点，接纳多个方向人流，依据人员来向进行建筑外轮廓削切退让

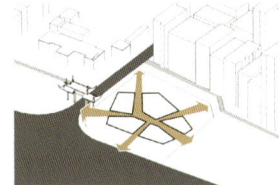

STEP 3 引入场地原有特征缝隙，利用尺度更适合通行的巷道还原一层的公共交通功能

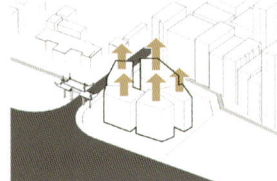

STEP4 挤出平面形成体块，缝隙在三维实体中作为光线与自然侵入建筑的途径

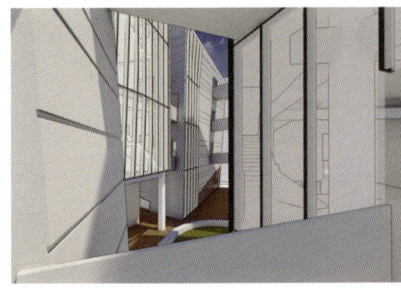

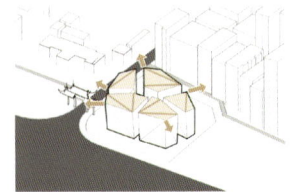

STEP 5 将体块角点向四周移动，缝隙上端扩大，更多光线引入，下层形成上部微挑出空间

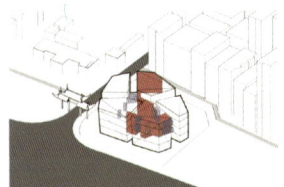

STEP 6 依照城中村原先的平面处理规律，置入内部庭院，增加公共属性，体块间加入廊道，还原自生长的城中村交通系统

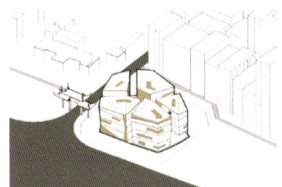

STEP 7 立面延续缝隙规律开窗

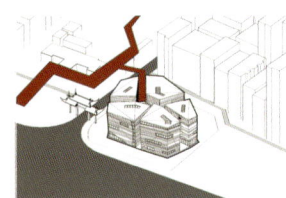

STEP 8 接入贯穿场地的空中连廊，成为合水口村步行系统的起点

功能分布

 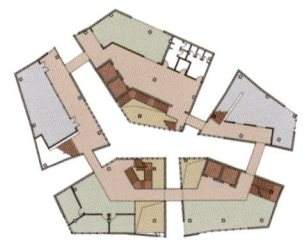 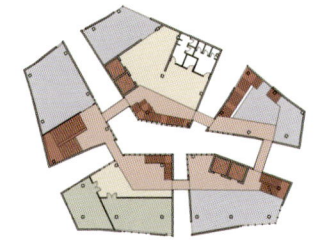 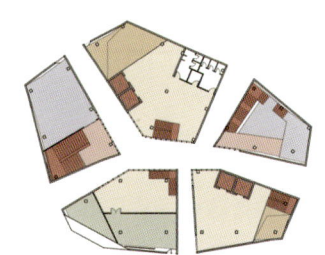

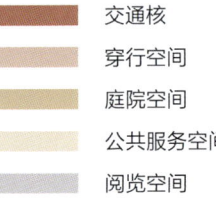

- 交通核
- 穿行空间
- 庭院空间
- 公共服务空间
- 阅览空间
- 自习/办公空间

古村节点——社区图书馆

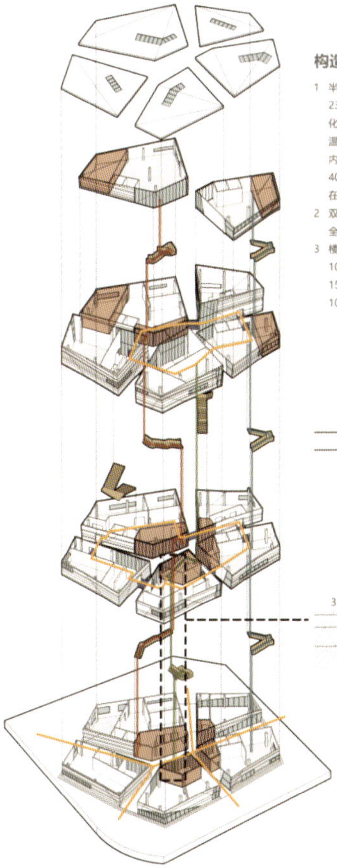

2023「南粤杯」7+1 联合毕业设计竞赛
深圳市光明区公明古墟保护和更新设计

构造大样 1:20

1. 半透明玻璃窗：
   232mm喷砂玻璃，铁氧化物含量低，带半透明保温层
   内衬的毛细管状PMMA由40mm塑料管组成，安装在铝框内
2. 双层玻璃窗：铝框层压安全玻璃
3. 楼板构造：
   100mm混凝土
   150mm发泡玻璃保温层
   100mm混凝土基础层

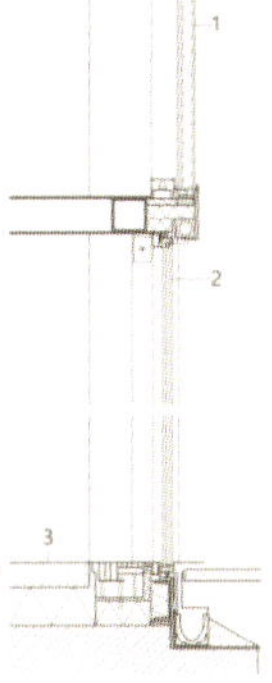

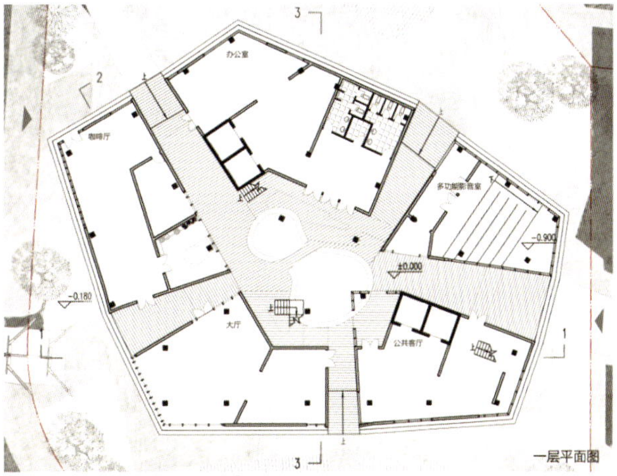

一层平面图

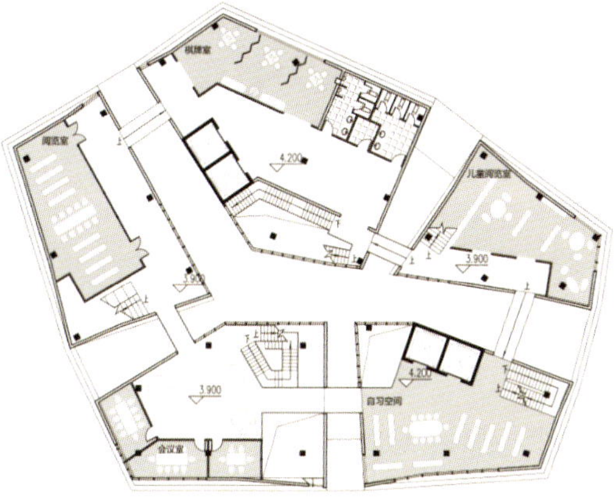

二层平面图

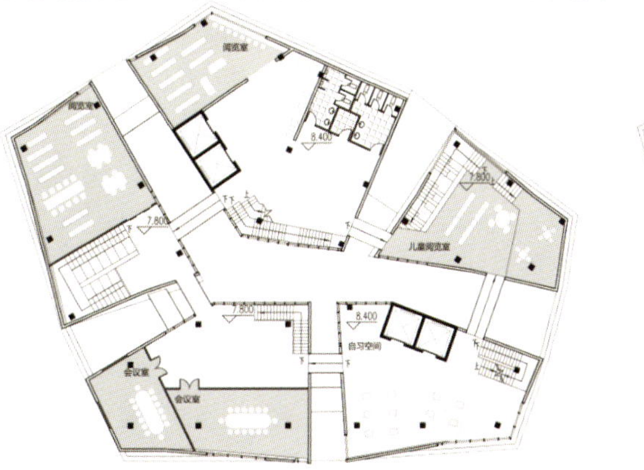

三层平面图

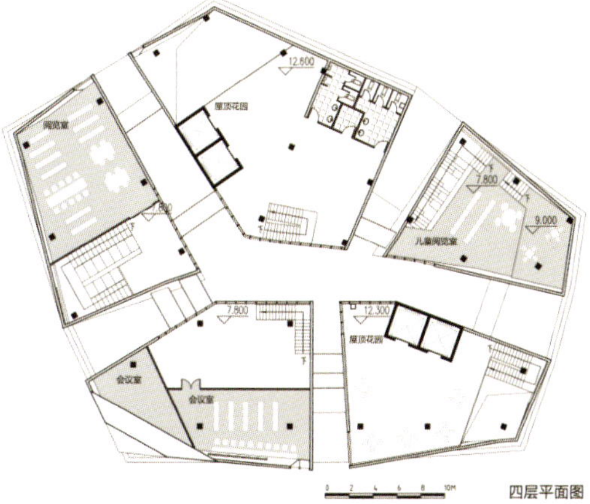

四层平面图

古村节点——商业服务综合体

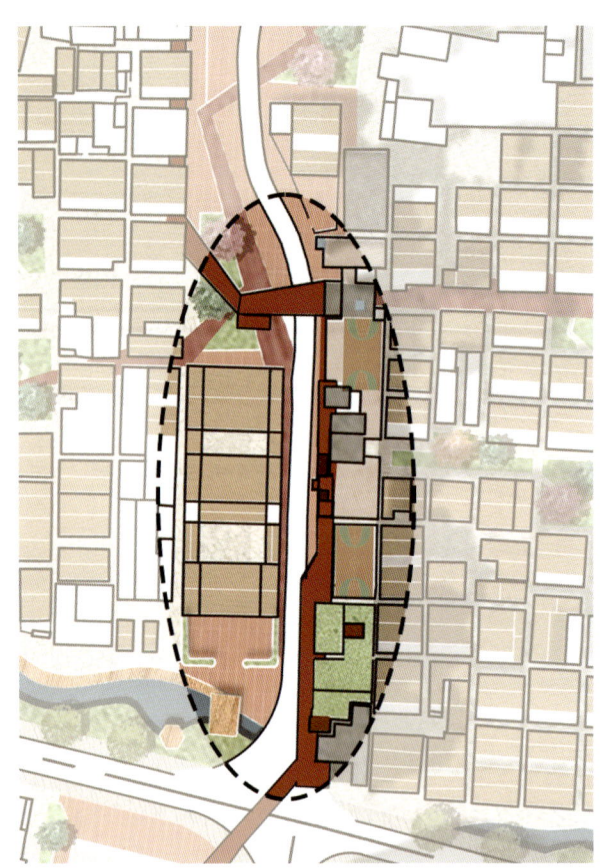

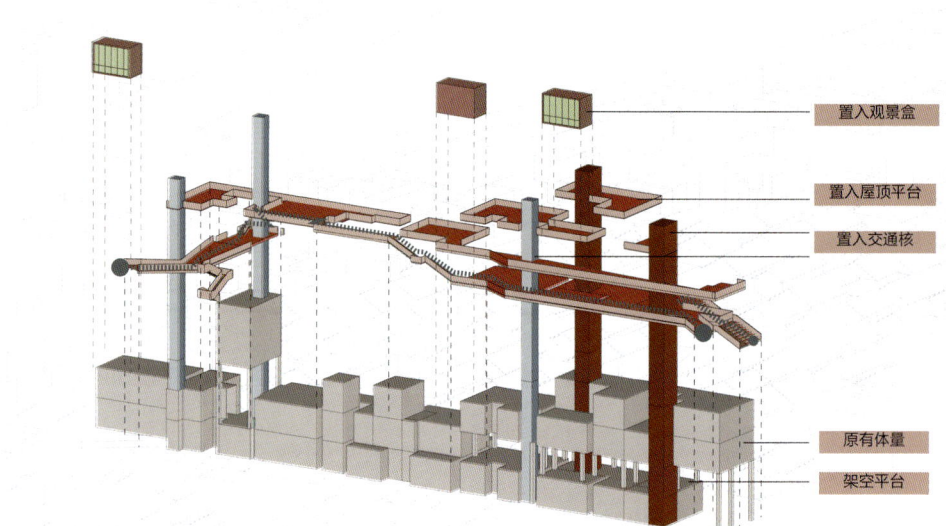

置入观景盒
置入屋顶平台
置入交通核
原有体量
架空平台

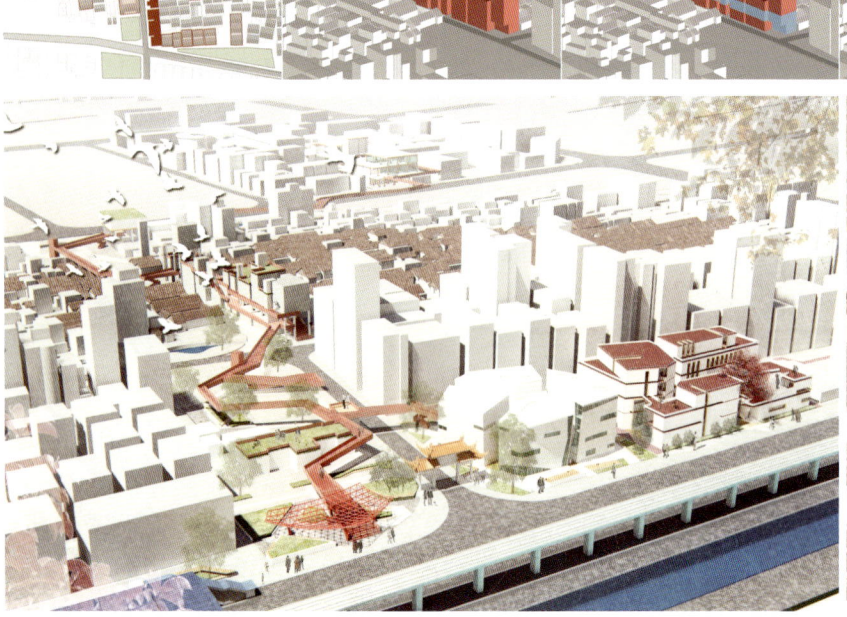

古村节点——居民活动中心

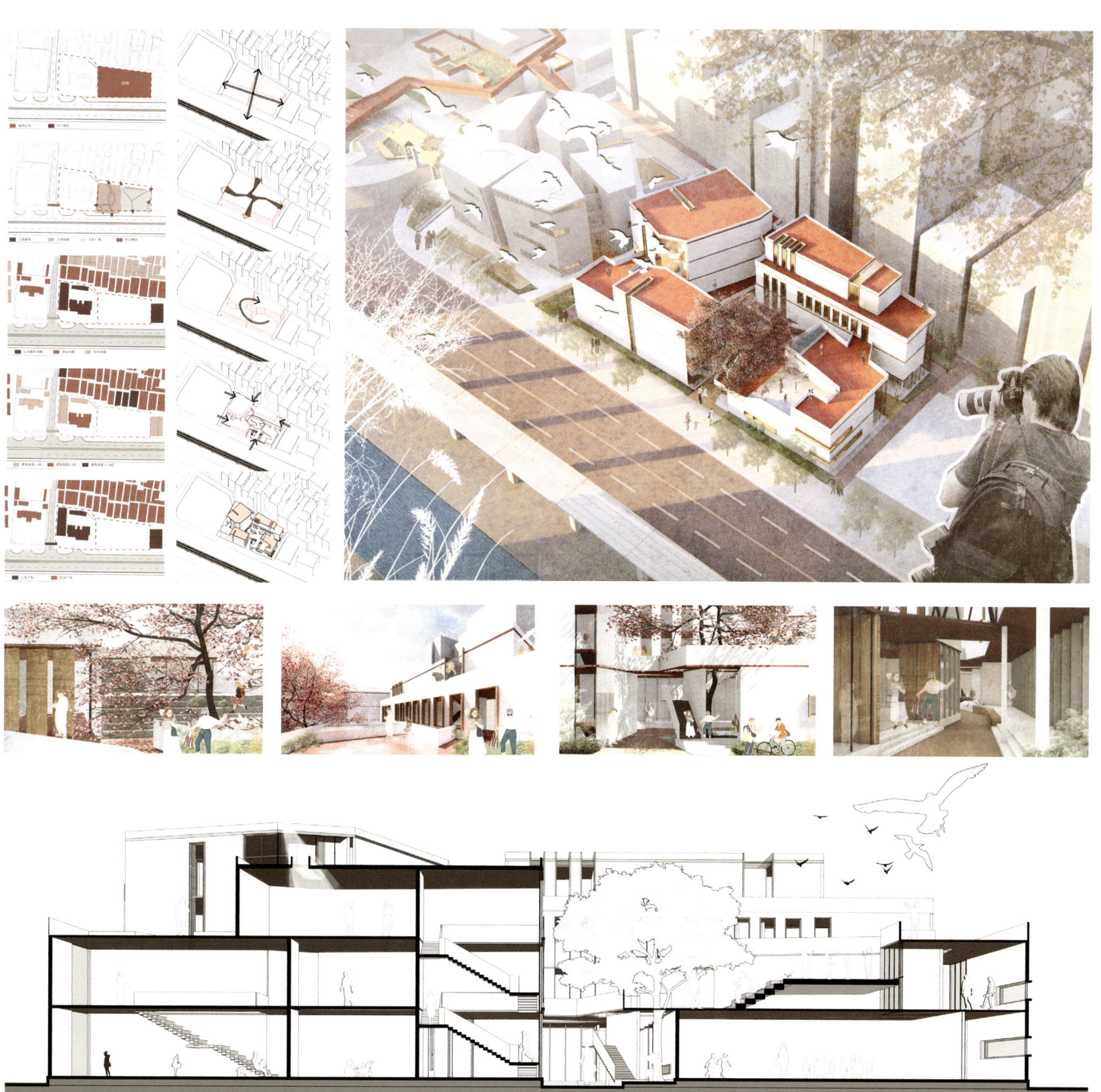

古村节点——社区商业服务综合体

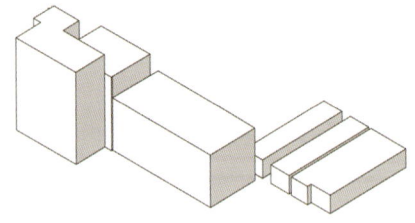

step1：现状保留建筑

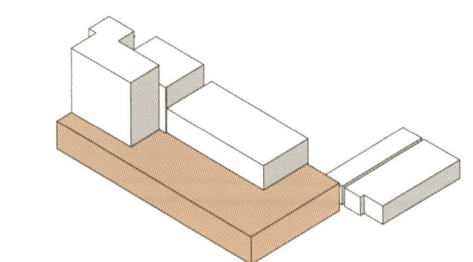

step2：整合体块，增加临街界面的连续

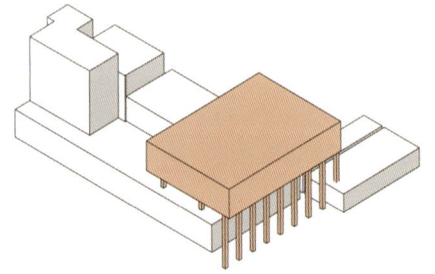

step3：增加临街转角体量，融入骑楼语素

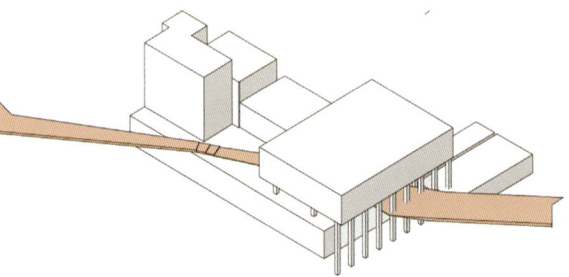

step4：结合廊道，设置二层步行流线

公明墟节点——粮仓改造+文化展览馆

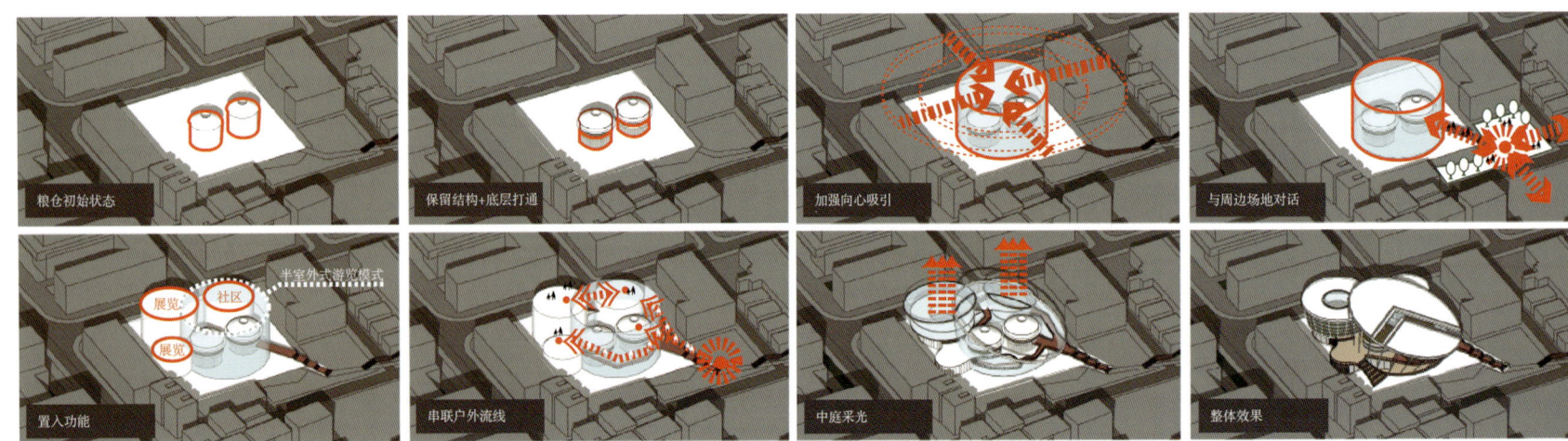

■ 轴测流线分析

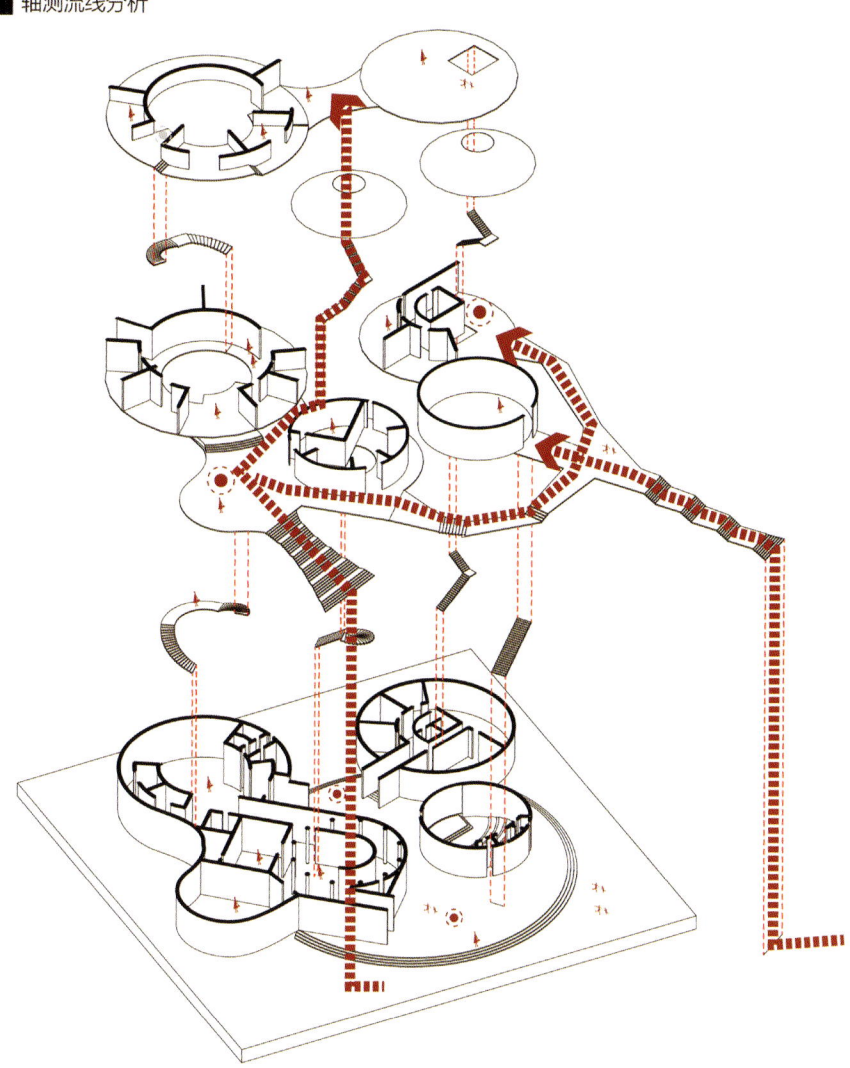

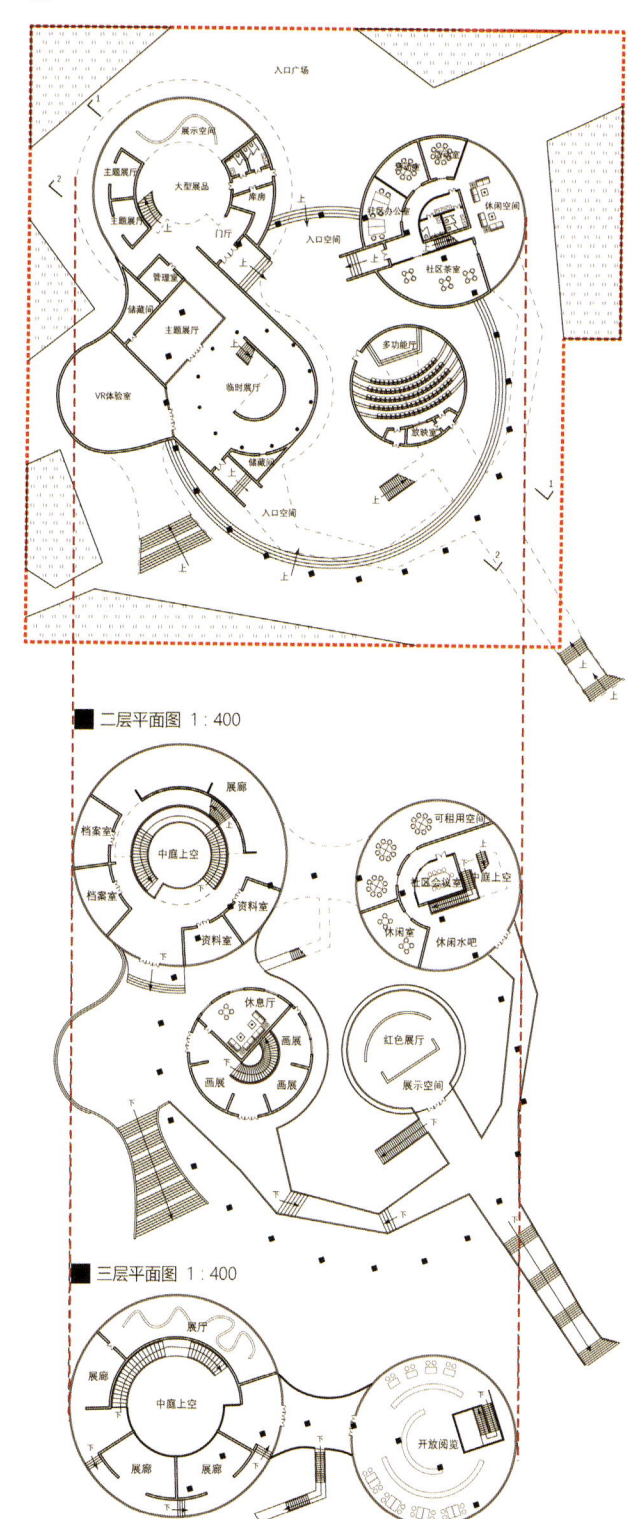

■ 一层平面图 1:400

■ 二层平面图 1:400

■ 三层平面图 1:400

2023「南粤杯」7+1 联合毕业设计竞赛
深圳市光明区公明古墟保护和更新设计

古墟节点——线性公园

节点介绍：

　　该节点位于公明古墟骑楼老街中间的线性区域，为整体城市廊道设计的终点之一，北侧为公明综合市场，南侧为三角形街角公园。

　　该节点功能定位为游园+公共活动，主要包括游憩广场、开放舞台、大阶梯等公共空间和水景、绿化景观等园林设计，站在廊道上可观赏骑楼立面，充分发挥历史建筑的观赏价值，为居民和游客提供一个商业街中可观可游可逛的绿岛。

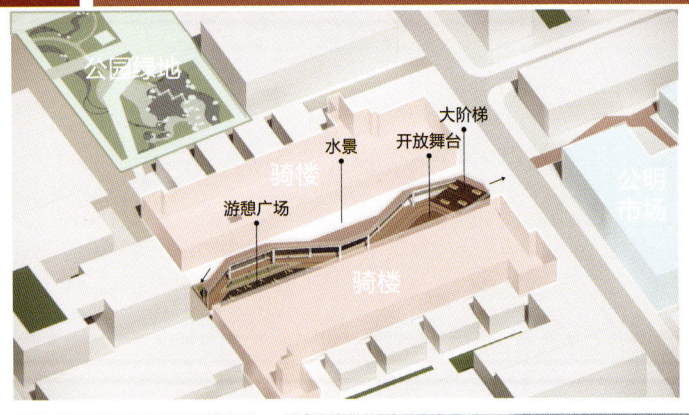

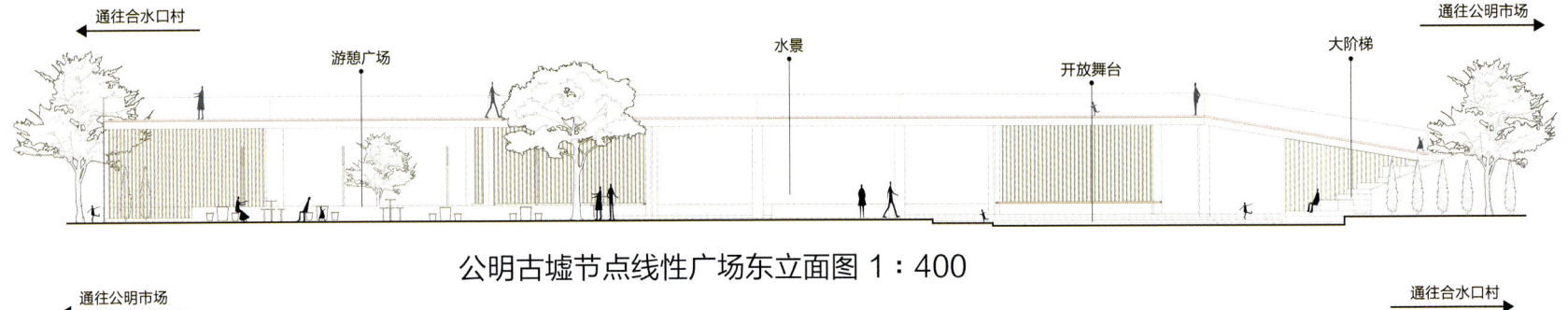

公明古墟节点线性广场总平面图 1：400

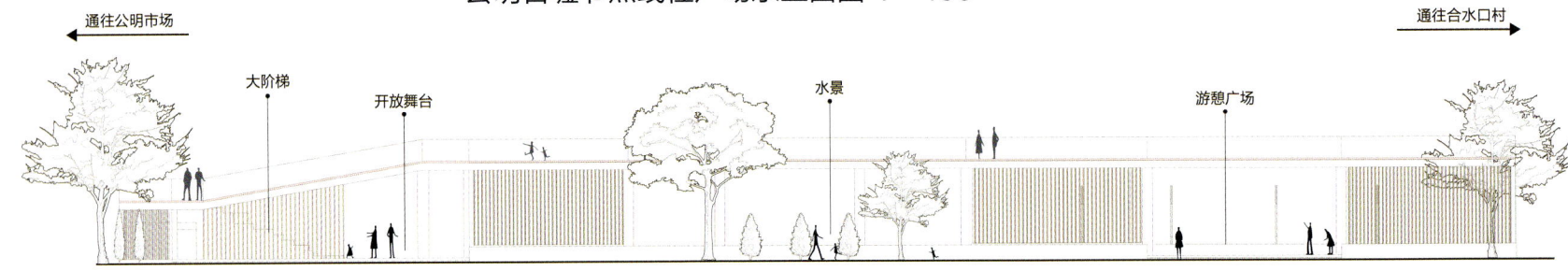

公明古墟节点线性广场东立面图 1：400

公明古墟节点线性广场西立面图 1：400

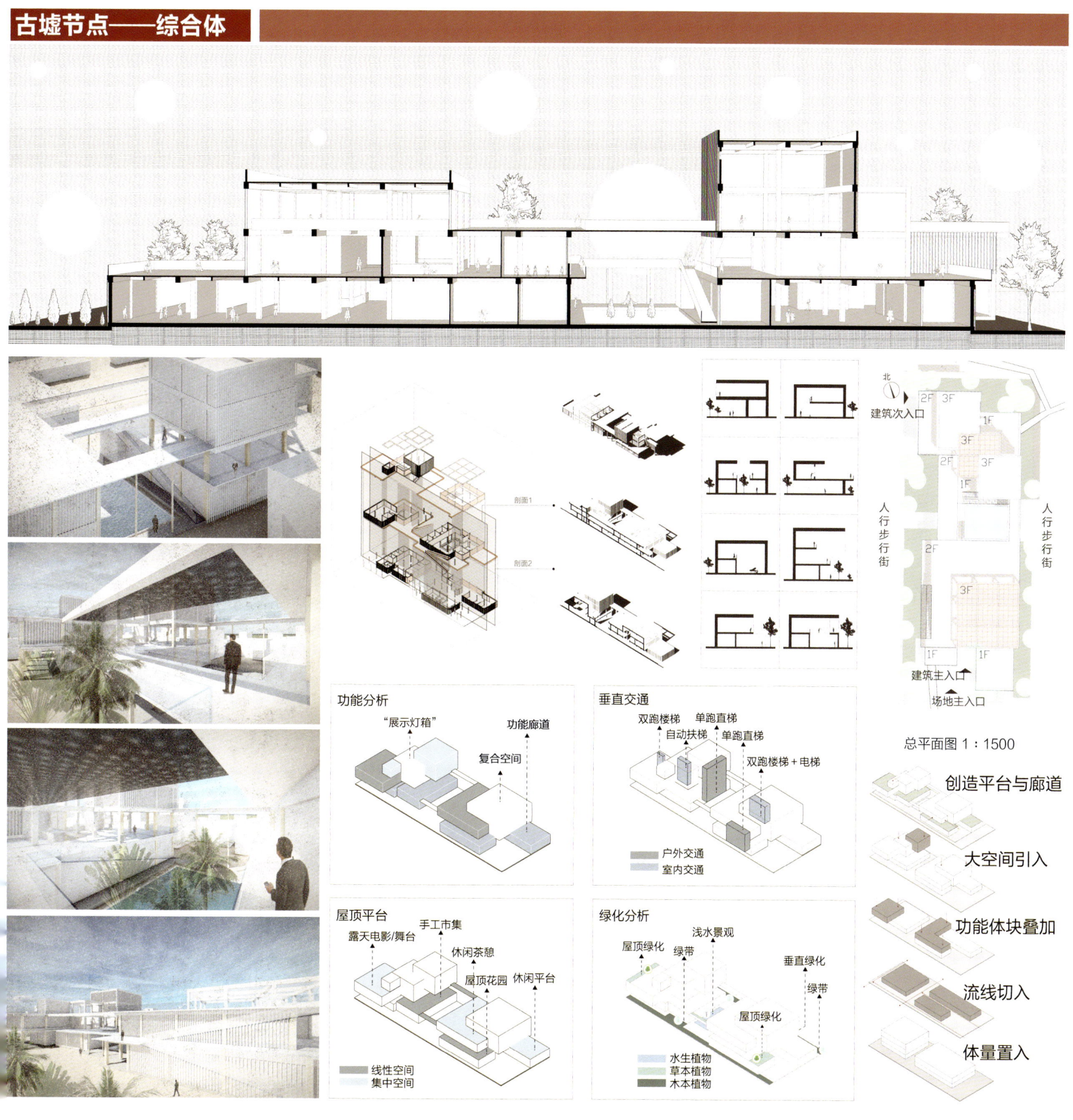

广州大学　漆　平

  一个十年的联合教学活动，已经成为生活的一部分，这个过程虽有波折，有迷惘，有困惑，然而幸运的是，还有信任，有宽容，有陪伴，温暖的团队就是前行的力量。回顾昨天很感慨，展望明天很期待。今次的感言很简短，这是一个寡言的感言，一个感恩的感言。谢谢你们，十年来所有的参与者、支持者！

广州大学 骆尔提

光阴荏苒，日月如梭，去年此时，漆老还因为顾忌疫情做着各种联合毕设的预案，一转眼，又要开始谋划明年的毕业设计选题了。回顾2023年联合毕设，不仅圆满完成了教学活动，更重要的是举办了联合毕设十周年庆，对十年的心路历程做了一个总结。

十年庆典活动中，看着学生那活力四射的青春，分享着那成就的喜悦，再环顾老师们，不知不觉中，白发已悄悄爬上了许多老师的两鬓，却丝毫不影响老师们的幸福感。十年时光留下的不仅仅是一份份优秀的作品，更是一份份的友谊和快乐。

感谢大家！祝福大家！

广州大学 石艳

粤规院联合七校师生，一起参加这个特殊的教学过程，各方汇聚，交流碰撞，有合作也有竞争，这过程有趣；来自五湖四海的一群老师谈天说地，评方案讲教学，这群人有味；转眼就到了写总结的季节，期待看到精彩的成果PK。有幸参加七校联合毕业设计，遇到一群有趣的人做一件有趣的事，这样的活动比较有意思。感谢活动的发起者和组织方。下次还来，争取每个集中汇报环节都到场。

昆明理工大学 陈 桔

　　2023是一个线下教学、会议等交流活动迅速复苏的年份，联合毕业设计2020、2022年都未能到现场调研和开展中期的工作营。如今师生的联合团队能够再次到广东省规划院见到老朋友，能一同乘车到调研现场，能共进早餐，能一起到公明古墟走访和座谈……每一个场景都让人倍感亲切，愈发感受到每一次联合毕业设计现场交流的必要性和重要性。阳春三月于昆明理工大学的中期工作营再次开营，顺利完成两周的教学和中期汇报，五月到四川大学迎接"南粤杯"联合毕业设计终期答辩暨十周年庆。2023年5月28日，这是一个值得纪念的日子，一个大团聚的日子。我们先后12所参与设计活动的高校的教师共同培养了十届以城乡规划专业为主的本科毕业生，过去的风风雨雨更让我们懂得珍惜和坚守，过往同学的回首一望和挥手致意都让我们这群老师倍感欣慰！期待2024年的相聚！

昆明理工大学 项振海

　　光阴似箭，三个月的"南粤杯"7+1联合毕业设计又告一段落。今年是"南粤杯"7+1联合毕业设计的第十年，也是我带毕设的第五个年头，一路走来，"教学相长"、收获颇多。从广州、深圳开题和现状调研到昆明中期工作营、成都终期答辩，都是一次次学习、相聚和美好的回忆。

　　本次选题聚焦湾区深圳，探讨光明区公明古墟的保护和更新设计。基于存量更新背景，高度发达的深圳与城中村合水口村、快速发展的深圳与历史的公明古墟形成强烈的反差与映射，大量流动人口集聚、高密度的"握手楼"、复杂的土地产权关系等，均需在方案中予以考虑，对于教学团队和学生都是一次有益的尝试与挑战。七所学校、不同专业、不同时空，从不同的角度解析，都交上一份精彩的答卷。

　　感谢广东省城乡规划设计研究院对教学的支持，感谢广州大学漆平老师对联合毕设全过程的把控和费心，感谢各位老师、同仁的关心与帮助，感谢各位同学的拼搏与付出！

昆明理工大学 张欣雁

  2023年是"南粤杯"联合毕业设计第十年的重要节点。十年间成果丰硕，教学团队致力于城乡空间高质量发展、历史文化保护认知探究。深感荣幸在2023年参与教学交流，亲身体验同行前辈们教学、治学的严谨以及对学生的关怀。经历疫情限制的"云联合"教学后，面对面互动、现场观察分析的教学更显重要和不可或缺。在信息时代不断同化的时空中，设计更需要关注空间"新"与"旧"的形成方式。传承公共、开放、友好的生活场所，隐含于在地的日常生活中，也是本次设计教学的重要议题。

南昌大学 周志仪

  今年是"南粤杯"联合毕业设计十年，过去三年，大家克服种种困难采用多种手段完成了各种教学环节。新春开始，本年度毕业设计的开题、调研、学术讲座、工作营有条不紊地进行着。当中期汇报时看见学生的短视频、艺术装置和角色扮演激动不已，终于在十周年恢复了我们富有特色的活动。本项目里有多对概念，"城市"VS"城中村"、"本地居民"VS"外来户"、"现代"VS"传统"，只有通过现场短视频、艺术装置和角色扮演，学生才能更深刻地理解项目的复杂性，而不是采用刻板化的印象。

  感谢广东省规划院对项目一贯支持，他们对工作认真负责的态度也是我们一直学习的楷模。其他学校师生的工作思路和成果总给我们以启迪，有这些优秀榜样的力量，我相信今年一定会给十周年的联合毕业设计交一份优秀的答卷。

教师感言 2023

南昌大学　梁步青

非常荣幸能够加入"南粤杯"联合毕业设计的大家庭。"南粤杯"联合毕业设计经过多年的教学实践，已经形成了一套相对成熟的校企合作教学模式。在这里，遇到了很多知名专家以及其他高校的老师们和同学们，收获颇丰。感谢省规院的全力支持，感谢漆老师的精心组织和用心付出，感谢各位老师和专家的高水平指导，感谢同学们的刻苦努力和团结协作。经过大家的共同努力，呈现出非常优秀的作品。希望同学们在今后的人生道路上勤勉自强，砥砺前行，再创佳绩！

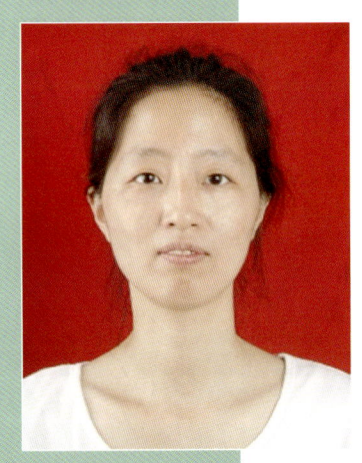

南昌大学　江婉平

十年芳华，今年是"南粤杯"高校联合毕业设计竞赛十周年庆，也是我加入这个快乐大家庭的第三年，深深感受到2023年度"南粤杯"联合毕业设计竞赛教学组大家庭的温暖和博大胸怀。这个大家庭的家长就是我们广大的漆老师，兄弟姐妹们就是广大的骆老师、李老师、石老师，昆工的陈老师、项老师、张老师，厦大的王老师、郁老师，川大的赵老师、牛老师，华工的赵老师、车老师、李老师及华科的赵老师、万老师、刘老师，还有一直陪伴我们师生的广东省规划院的肖院、罗总，能和他们相遇相知相惜，真是三生有幸！

我们秉承"古村脉·古墟情"的理念，20位教师和44位学生共同绘制深圳市光明区公明古墟保护和更新设计蓝图，我们依次遵循课题开题、现场调研、中期工作营、专题讲座、中期成果汇报及终期答辩等各教学环节，按部就班地演绎推演教学各场景，以期达到毕业设计的完美效果。

今年的毕业设计，比较大的感受就是师生的互动与理解。既要让学生的毕业设计顺利进行并能取得不错的成绩，又要照顾学生的考研面试、考公、就业等个人学业升造、职业生涯的顺利推进，两者之间的时间分配、协调就比较重要！我相信20多年的教学感悟和体验，会让我向更广阔、更全面、更纵深的方向发展，也会让我们的学生飞得更高、更远、更好！

厦门大学　王量量

　　2023年"南粤杯"联合毕业设计迎来了十周年庆典，十年对于一项教学活动而言是非常难得的坚持。回顾此次毕设，最大的感受就是题目难度有了大幅度提升，而让指导老师们感到欣慰的是同学们很好地完成了此次挑战，做出的成果比预想的还要精彩。联合毕业设计提供了完美的舞台，让七校学子们有了同场竞技，相互学习的机会。在十周年的里程碑上，我首先要感谢广东省规划院的同仁能够始终不渝地支持这项活动。其次要感谢各位指导老师，大家除了要指导学生毕业设计，还要组织选题、开题、看现场、中期工作营、中期评审、最终答辩等各个环节，各种辛苦不言而喻。当然，我也要感谢我的学生们。对他们来说这必将是一次既辛苦又"开心"的毕业设计，让他们毕生难忘。联合毕设恢复了线下活动，各位同仁可以相聚探讨学术与人生，感受颇丰，希望明年的联合毕业设计更加丰富多彩。

厦门大学　郁珊珊

　　我已是第五次参加"南粤杯"联合毕业设计竞赛。从竞赛选题到调研，从中期汇报到最终答辩，每一站都倾注了主办方和许多老师的心血，给了学生们一个非常好的竞技与展示的平台。非常感谢各位老师的辛勤付出，也祝"南粤杯"越办越好！

四川大学 赵 炜

　　和各位老师一样，又回到了期待的、熟悉故事节奏之中。多年来，"南粤杯"联合毕业设计给人的印象并不是重在竞争，而是通过联合，增进了解，碰撞思想，建立友谊和合作机制。这种令人愉悦的氛围在各所大学，以及持续支持我们的企业中已经形成了一种社区环境。今年是我最后一次带城乡规划本科生参加竞赛，也更加珍惜这次活动。深圳城中村的选题还是很有难度的，场地中复杂的空间和社会关系对来自不同地域的本科生显然很有挑战。印象特别深刻的是在昆明理工大学的工作营，专家都提出了很好的观点。在成都的"十年芳华"与联合毕设答辩，也在接近毕业季，愉快地进行了总结。一切似乎如同往年般的平常，又似乎有些不太一样，期待下一年。

四川大学 牛韶斐

"南粤杯"联合毕业设计走到了第十个年头，非常荣幸我可以作为十周年的见证者之一参与其中。诸位前辈老师各具风格，但无不春风化雨，倾心相授，令我深受感动，又获益良多。半年多以来，大家的脚步从深圳、昆明再到成都，面对城中村保护与更新这一复杂选题，在多样化的交流中碰撞出思想的火花，一步步感受到同学们的成长与蜕变。真诚祝福"南粤杯"越来越好，所有的相聚都是久别重逢，那我们就期待下一次的重逢吧。

华南理工大学 车 乐

三个月的时光倏忽而过，青涩的开题探讨还在耳边，最后华丽呈现的毕业答辩就已在眼前。很快，你们不得不为各自的理想而奔赴四方，老师祝福你们理想和现实就这样交互实现。让我们一起感恩联合毕设，感恩我们地北天南的同窗情谊，品味我们一起建模一起争执方案的场景，还有，用眼睛记录下大家灿烂的笑容和甜甜的Goodbye。大家向成人出发啦！祝福你们！毕业快乐！

教师感言 2023

华南理工大学　李　昕

　　第三年参加"南粤杯"联合毕业设计，从佛山、东莞到深圳，从三龙湾到威远岛再到公明古墟，依旧激情澎湃，依旧收获满满。不同于城市中心区的高强度、高空间价值、高标识性的大冲、岗厦、皇岗村，高企的市场令其改造/更新的未来已经完全没有想象空间。公明村更像是一个体现墟镇和区域、核心外围关系的真正的村落，区域性的历史文化传承叠加了适度工业化城市化冲击后的变形，他的未来应该如何走？各个学校的同学都给出了自己的答案，跳出了安全区，令人欣喜。在超大特大城市城中村改造的滚滚浪潮中，对于地处城市外围地区、强度中等、保护价值中等、辐射力中等的城中村，他们的更新模式有何选择？公共投入带动、微增量更新、自主更新等都成为新的关键词，而公明古墟则给大家一个全新的深圳城中村的更新样本。

华南理工大学　赵渺希

　　正如所有安稳过活的人都会老去一般，正常运转的城市建成区总有一天也将步入生命周期的中后期。不同的是，任何生命有机体的结局都会被明确的休止符所定义，而城市或旧或新并无确切的停止时间，即算是全部建筑归于零也不过是一种循环往复——大自然的地震造山与人类的沧海桑田，哪管曾经地表的璀璨亮丽。从这个角度而言，脱离了经济算计的遗产保护与城市更新规划，在长周期的山海资源循环中不过是一种可能的选择。我们毕业设计方案的各种纠结，其实正是对于各自心心念念的执着——多少的集体经济、多少的保留建筑不过是都市车水马龙中的过往序章，方案或许没有对错，生命的意义在于折腾，祝福大家都在今后的人生中活出精彩！

教师感言

华中科技大学　万　谦

　　作为建筑学专业的教师，在2020年通过网络第一次与规划专业的师生们合作进行毕业设计，对于城市设计的问题又有了一些新的感受。城市设计问题绝不是一个建筑形态问题，但其最终会以建筑实体限定的城市空间形态呈现出来。而构成城市形象的建筑会如何成型，又与其所在的场地及经营内容密切相关。城市设计的任务就是要在这一系列因果关系中，清楚地理解我们现在的设计工作处在城市发展过程中的哪一个阶段，需要解决的设计问题关键又在哪一个环节。从这个角度来看，建筑、规划、景观专业在当下的融合，可能比十年前的细分更加重要。

　　十年过去了，新的十年又来了。

华中科技大学　刘晓晖

　　2022年我第一次加入这个多校联合毕设团体，又恰逢团体十周年庆。十年来团体在漆平老师的带领下不减初心、持续发展。教学过程生动有趣，对老师和学生都很有启发性；教学地点涵盖广东、昆明和成都，都是学生们向往之地，得到了分别以漆平老师、陈桔老师和赵炜老师为主的三地老师的悉心指导和照顾。能加入这个团体我感到非常有幸。

华中科技大学 赵 逵

  2023年七校联合毕业设计终于完成了完整的线下交流活动，从华南理工的开题仪式，到深圳的古墟考察，再到昆明理工的中期汇报、四川大学的终期答辩，每一步不仅凝聚了同学的汗水、老师的心血，更有七校交流难忘的记忆。特别是十周年庆典，更把七校联合毕设推向高潮，许多联合毕设学生已经成才，成为建设岗位的栋梁；许多老师参加毕设十年，青丝染上白发，流逝的岁月在每张毕业照中历历在目。在十年的关口，回忆过去，展望未来，期待七校联合设计越办越好，持续永久。

结语 陈桔

2023年的规划基地位于深圳光明区西部，包含两个社区的历史风貌区。在完成现场调研后，让人体会到选址的特殊意义至少包括两点：其一是位于广深交界处的光明区正在融入"粤港澳大湾区"的快速发展，已经将"先进制造业集聚区、大科学装置引领区"作为未来的规划蓝图，规划基地作为光明区的综合服务中心具有广佛和深港的两个面向；其二是作为我国改革开放先行区的现代都市深圳越来越关注内涵式的发展，希望通过合水口古村、公明老墟两个历史风貌区的活化利用来让居民和房客体验广府文化和岭南文化，展现地域特色。

对场地的认知和规划的思考。现状核心保护区近8公顷，占规划基地总用地面积的1/5，保护区内外有别。"内"是公共文化空间的载体，公明墟、粮仓、麦氏大宗祠、牌坊、古井等传承着历史风貌和记忆，但多数地方已经人去楼空、封闭破败；"外"是城中村、公寓、餐饮、商铺、物流、加工，有社区公共服务和地铁等现代交通设施的配套，人头攒动、充满生机。显然，"内"暂时被限制了土地的再开发、虽然有潜力但缺少空间的发展权，"外"早已脱去传统风貌的外衣，产权人通过房屋的重建和增高获得了空间的经济收益。规划师应该如何平衡、协调这种内外差异，如何保障"内"的土地与空间发展权才是我们本次规划最核心的问题，需要规划师去思考空间治理最本质的矛盾。未来的规划不仅仅是三维空间上的有序和美好，更需要对空间使用得恰如其分，需要对空间利益再分配的公平公正，那么未来的规划师、建筑设计师的角色扮演也应当做一种适时的转变。

对联合毕业设计教学与实践的启示。疫情之后，我们更加清晰地认识到，面对面的教学与交流是如此地难能可贵和不可或缺。无论我们可找到多少网络开放数据、可以查阅多少图文资料，都不能替代身临其境的体验和感知，要靠我们的五官多维度地去捕捉那种地域特有的场所精神。来自不同文化或专业背景师生的讨论、生生的互动才能碰撞出灵感和思想的火花。第十一届联合毕业设计的开启，让我们总结和回望了过去十年的来之不易，坚守和创新才能有更美好的未来。需要联合教师团队坚守的是对教育事业的初心和奉献，广东省规划院持之以恒助力教育是给我们联合毕业设计学生开设的最生动的一节实践课，教育每个人始终铭记自己的社会责任。同时，我国的空间规划从内涵和属性都在发生着历史性的转变，国家对新时代空间治理的需求在考验着我们规划设计机构和人才培养的教育体系，这个过程充满了挑战，也不乏机遇。本次课题提供给我们一次在真实场景中实践的机会，每个学校的学生作品都有相应的思考和创意，这才是我们联合毕业设计教学最有价值和意义的收获。

希望"南粤杯"联合毕业设计的每一个参与者能继续携手共进，不走寻常路，再创新征程！

后记

赵炜

本次联合毕业设计竞赛的主题是"古村脉·古墟情",基地是深圳具有历史和风貌特色的城中村片区。明朝永乐年间立村的合水口古村和公明古墟的格局保存较为完整,还有以麦氏大宗祠为代表的明清古建筑留存。这个片区紧邻6号线合水口站,区位和交通条件好,顺应经济发展的形势,以公司化运作的集体产业与社区发展和建设有着显著的特色。但人地关系的脱离,导致建筑空间的衰败现象,也较为显著。

经过认真的调研,中期汇报和终期答辩的全过程,7个小组各有细致的观察和深入的工作,最终形成了各有千秋的创意方案。按照答辩顺序将各校方案思路提炼如下:

华南理工大学《绿带融城,触墟而动》从人群、空间和文化融合的困境出发,构建城绿共融的空间体系,建设城村共生的宜居生活区。方案从"榕树"节点引出复合绿色活动带,巧置触媒,增强场地活力,互动共融,促进文化再生。

四川大学《趁时而墟·市之所在》引入日常公共生活理念,从业态、活动、组织三方面对场地进行激活。方案试图恢复公明墟骑楼街的商业功能,并将业态延展到合水口村,空间布局强调依托地铁站设置了人才公寓和社区综合体,并以粮仓为中心营造了艺术广场。

广州大学《织体栖社·合墟共生》运用织体城市的理念,将城市建造和改造活动交织、叠合在城市发展中,探索当代人对未来城市理想的一种现实的、个性的"理解和期望"。着重保护了古村与古墟两处具有高文化价值的地区并活化利用使其重焕生机。

厦门大学《趁"墟"而入,里应外"合"》从场地外部价值显著和内外价值脱节两个方面导出场地内向性强的核心问题。通过"三入"和"五合"原则,激活公明古墟,打破现有场地平衡,激发合水口村内力与古墟共同作用,最后实现古村和古墟复兴的价值。

昆明理工大学《三味漫城·烟火重缘》以场地的烟火味为切入点,将如何发掘、营造与保护烟火味作为破题关键。提出通过延续人情味,兴盛江湖味,聚合市井味的设计概念,努力将三味漫延整个场地,打造宜人、宜业、宜居的合墟。

华中科技大学《古墟寻脉 和融共栖》提出社会、经济、文化、空间四个层面的目标,解决了基地"看不见、走不进"的问题,将基地规划成传承文脉、创意示范的城市文化客厅,城村共荣、历久弥新的活态体验街区以及底蕴深厚、多元活力的市井文化展示区。

南昌大学《合光同城,墟势待发》提出"家园同美""利益同生""文化同荣"的三大策略,规划"一心两轴六片"的结构,将基地营造为传承历史、历久弥新的"旧公明"活态体验街区,以及产业焕活、包容开放的"新公明"综合服务中心。

两个重量级奖项,一等奖由厦门大学获得,最佳创意奖由南昌大学获得,实至名归。各校方案的总体水平获得了各位专家的一致好评,标志着本次联合毕业设计教学取得了圆满的成功。